航天器有效载荷
（第2版）

Spacecraft Payload (Second Edition)

李怡勇　王卫杰　王伟林　倪淑燕　刘　通　编著

国防工业出版社
·北京·

内 容 简 介

本书从航天器有效载荷的基本概念出发,通过系统梳理与总结有关研究成果,并结合作者从事相关教学科研工作的经验积累,详细分析了航天器有效载荷的工作环境及其效应,归纳了有效载荷系统研制的一般规律和做法,系统阐述了遥感、通信、导航、科学与对抗五类有效载荷的相关内容,探讨了有效载荷设计、制造、应用新技术,努力做到系统覆盖、知识丰富、深入浅出。

本书可供航空宇航科学与技术专业教学使用,也可供相关专业/行业中的教师、学生、科研人员、工程技术人员和管理人员等参考和使用。

图书在版编目(CIP)数据

航天器有效载荷/李怡勇等编著. —2版. —北京:国防工业出版社,2022.10
ISBN 978-7-118-12626-6

Ⅰ.①航… Ⅱ.①李… Ⅲ.①航天器-有效载荷 Ⅳ.①V414

中国版本图书馆 CIP 数据核字(2022)第 165789 号

※

国防工业出版社出版发行
(北京市海淀区紫竹院南路23号 邮政编码100048)
天津嘉恒印务有限公司印刷
新华书店经售

*

开本 710×1000 1/16 印张 22¼ 字数 398千字
2022年10月第2版第1次印刷 印数 1—1500册 定价 156.00元

(本书如有印装错误,我社负责调换)

| 国防书店:(010)88540777 | 书店传真:(010)88540776 |
| 发行业务:(010)88540717 | 发行传真:(010)88540762 |

第 2 版前言

自 1957 年 10 月 4 日苏联利用运载火箭把世界上第一颗人造地球卫星送入太空,迄今已经过 60 多年的发展,航天领域已成为目前最活跃和最有影响力的科学技术领域之一。航天器是开展航天活动的物资基础,也是航天系统中最核心的组成部分。航天器有效载荷是航天器发挥使命作用最重要的分系统,它的功能和性能将直接影响到最终特定航天任务实现的品质。

航天器有效载荷是指航天器上装载的为直接实现航天器在轨运行要完成的特定任务的仪器、设备、人员、实验生物及试件等。由于有效载荷与航天任务密切相关,故其种类繁多、涉及学科范围广、专业交叉性强。按照目前主流的观点,可以把航天器有效载荷从大的方面分为遥感类、通信类、导航类、科学类、对抗类等几大类,每一类都有各自的专业基础和研究领域。所以,在本书第 1 版出版前,一直未有一本能够系统地论述航天器有效载荷的正式出版物,一般只是阐述航天器有效载荷中的某一类或部分内容。但是,作为航天系统中最重要的一个分系统和航天技术的一个重要分支,编写一部系统论述航天器有效载荷的书籍是十分必要的。我们在长期教学科研实践的基础上,不断梳理和完善航天器有效载荷的知识体系和教研内容,逐渐形成了本书第 1 版的文稿,并于 2013 年 6 月由国防工业出版社正式出版发行。

本书第 1 版出版后,在高校、科研院所等单位的教学和工程实践中得到应用,有些读者还直接与作者联系进行技术沟通,这让我们为所做的工作感到特别欣慰。近十年来,航天器有效载荷技术与应用发生了不小的变化,近期陆续收到部分读者和出版社的信息反馈,希望能够修订再版本书。这些期望与信任,成为我们继续工作的原动力。经过一段时间的筹备,第 2 版的编写工作于 2020 年底正式启动了。第 1 版的合作者邵琼玲教授、李小将教授考虑自己已经不再从事该方面的具体工作,主动提出更换为从事一线工作的编者,使本书能够尽快再次为读者服务,感谢第 1 版书两位作者的突出贡献。

第 2 版图书通过对航天器有效载荷基本概念、工作环境、研制规律和专门知识的论述,系统阐述了航天器有效载荷的知识体系,尽可能理论联系实际,兼顾理论性和实用性。本书共分为 9 章。第 1 章概述,介绍航天、航天器、航天器有效载荷的基本概念和知识；第2章有效载荷工作环境与效应，阐述航天器外部空间环境及效应和航天器平台内部环境及效应；第3章有效载荷系统研制，论述有效载荷系统研制的程序和要求、有效载荷分析与设计、有效载荷试验与测试；第4章至第8章，遥感类、通信类、导航类、科学类、对抗类有效载荷，分别论述各类有效载荷的基础理论、组成、工作原理、特点及应用等内容，多项被新修；第9章有效载荷设计、制造、应用新技术，为新增章节，着重围绕近年来新兴的平台载荷一体化、软件定义卫星、空间在轨制造、搭载有效载荷等内容进行论述。

  本书在编写过程中，参考了有关专家的著作，在此表示由衷的感谢。感谢北京控制工程研究所与航天工程大学的装备预研联合项目组(项目编号：31511070601)对本书编写、审查、出版给予的大力支持和资助。感谢所有为本书的编写出版给予过支持和帮助的同行、朋友、出版社和读者。

  本书涉及多学科知识，内容覆盖广，由于作者水平有限，不妥之处在所难免，敬请批评指正。

作 者

2022年1月

第 1 版前言

自从 1957 年 10 月 4 日苏联利用运载火箭把世界上第一颗人造地球卫星送入太空,迄今已经过半个多世纪的发展,航天也已成为目前最活跃和最有影响的科学技术领域之一,该领域取得的重大成就标志着人类文明的高度发展,也表征着一个国家科学技术和综合实力的先进水平。航天器是开展航天活动的基础,是航天系统中最核心的组成部分。而航天器有效载荷是航天器发挥使命作用的最重要的一个分系统,它的功能和性能将直接影响到最终特定航天任务实现的品质。

航天器有效载荷是指航天器上装载的为直接实现航天器在轨运行要完成的特定任务的仪器、设备、人员、实验生物及试件等。由于有效载荷与航天任务密切相关,故其种类繁多,涉及学科范围广,专业交叉性强。按照目前主流的观点,可以把航天器有效载荷从大的方面分为遥感类、通信类、导航类、科学类、对抗类等几大类,每一类都有各自的专业基础和研究领域。所以,直到目前尚未见到一部能够系统地论述航天器有效载荷的正式出版物,一般只是阐述航天器有效载荷中的某一类或部分内容。但是,作为航天系统中最重要的一个分系统和航天技术的一个重要分支,编写一部系统论述航天器有效载荷的书籍是十分必要的。我们在长期教学科研实践的基础上,不断梳理和完善航天器有效载荷的知识体系和教研内容,逐渐形成了本书的文稿。

本书通过对航天器有效载荷基本概念、工作环境、研制规律和专门知识的论述,系统阐述了航天器有效载荷的知识体系,尽可能理论联系实际,兼顾理论性和实用性。本书共分为 8 章:第 1 章概述,介绍航天、航天器、航天器有效载荷的基本概念和知识;第 2 章有效载荷工作环境与效应,阐述航天器外部空间环境及效应和航天器平台内部环境及效应;第 3 章有效载荷系统研制,论述有效载荷系统研制的程序和要求、有效载荷分析与设计、有效载荷试验与测试;第 4 章至第 8 章,遥感类、通信类、导航类、科学类、对抗类有效载荷,分别论述各类有效载荷的基础理论、组成、工作原理、特点及应用等内容。

本书在编写过程中,参考了有关专家的著作和兄弟院校的教材,在此表示由衷的感谢。感谢装备学院航空宇航科学与技术专业的老师和学生对本书编写、修改给予的大力支持和帮助,感谢所有为本书的出版给予过支持和帮助的领导、同事、学生、同行和朋友。

  本书涉及多学科知识,内容覆盖广,由于作者水平有限,不妥之处在所难免,敬请批评指正。

作 者

2013 年 1 月

目 录

第1章 概述 ··· 1
  1.1 航天 ··· 1
    1.1.1 空域划分 ··· 1
    1.1.2 航天资源 ··· 2
    1.1.3 航天活动 ··· 3
    1.1.4 航天系统 ··· 5
  1.2 航天器 ··· 5
    1.2.1 概念 ·· 5
    1.2.2 分类 ·· 7
    1.2.3 组成 ··· 14
    1.2.4 特点 ··· 16
  1.3 航天器有效载荷 ··· 17
    1.3.1 概念 ··· 17
    1.3.2 分类 ··· 18
    1.3.3 地位与作用 ·· 19

第2章 有效载荷工作环境与效应 ·· 22
  2.1 外部空间环境 ··· 22
    2.1.1 地球大气环境 ··· 25
    2.1.2 等离子体环境 ··· 31
    2.1.3 地球磁场 ··· 34
    2.1.4 粒子辐射环境 ··· 36
    2.1.5 空间光辐射环境 ·· 39
    2.1.6 空间引力场 ·· 41
    2.1.7 微流星体与空间碎片 ·· 43
    2.1.8 行星际空间环境 ·· 45
  2.2 空间环境效应 ··· 45
    2.2.1 大气环境效应 ··· 47

  2.2.2 等离子体环境效应 ………………………………………… 50
  2.2.3 地磁场效应 …………………………………………………… 51
  2.2.4 粒子辐射环境效应 …………………………………………… 51
  2.2.5 空间光辐射环境效应 ………………………………………… 53
  2.2.6 失重效应 ……………………………………………………… 54
  2.2.7 微流星体与空间碎片的危害 ………………………………… 55
 2.3 平台内部环境 ……………………………………………………… 57
  2.3.1 力学环境 ……………………………………………………… 57
  2.3.2 热环境 ………………………………………………………… 58
  2.3.3 电磁环境 ……………………………………………………… 58
 2.4 平台内部环境效应 ………………………………………………… 59
  2.4.1 力学环境效应 ………………………………………………… 59
  2.4.2 热环境效应 …………………………………………………… 59
  2.4.3 电磁环境效应 ………………………………………………… 60

第 3 章 有效载荷系统研制 …………………………………………………… 62
 3.1 航天器系统研制阶段 ……………………………………………… 62
 3.2 有效载荷系统研制的程序和要求 ………………………………… 65
  3.2.1 研制程序 ……………………………………………………… 65
  3.2.2 研制要求 ……………………………………………………… 67
 3.3 有效载荷分析与设计 ……………………………………………… 68
  3.3.1 约束条件分析 ………………………………………………… 68
  3.3.2 环境适应性分析与设计 ……………………………………… 70
  3.3.3 性能参数分析与选择 ………………………………………… 71
  3.3.4 热控设计 ……………………………………………………… 72
  3.3.5 电磁兼容性设计 ……………………………………………… 73
  3.3.6 寿命与可靠性设计 …………………………………………… 77
  3.3.7 个性化特殊设计 ……………………………………………… 78
  3.3.8 配置与布局设计 ……………………………………………… 81
  3.3.9 常用分析与设计工具 ………………………………………… 83
 3.4 有效载荷试验与测试 ……………………………………………… 89
  3.4.1 环境适应性试验 ……………………………………………… 90
  3.4.2 电磁兼容性试验 ……………………………………………… 92
  3.4.3 可靠性试验 …………………………………………………… 93
  3.4.4 在轨测试 ……………………………………………………… 93

第4章 遥感类有效载荷 · 94
4.1 遥感理论基础 · 94
4.1.1 电磁波与电磁波谱 · 94
4.1.2 辐射度学与光度学 · 98
4.1.3 地球大气对太阳辐射的影响 · 104
4.1.4 地物的反射辐射与热辐射 · 108
4.1.5 航天遥感基本原理 · 110
4.2 光学成像遥感器 · 113
4.2.1 基本概况 · 113
4.2.2 胶片型空间相机 · 118
4.2.3 光机扫描仪 · 123
4.2.4 空间CCD相机 · 127
4.2.5 空间相机的典型应用 · 131
4.3 微波遥感器 · 132
4.3.1 雷达组成与工作原理 · 133
4.3.2 微波高度计 · 135
4.3.3 微波散射计 · 136
4.3.4 微波辐射计 · 137
4.3.5 成像雷达 · 137
4.4 电子侦察卫星有效载荷 · 145
4.4.1 天线 · 146
4.4.2 接收机 · 147
4.4.3 信号处理设备 · 148
4.5 典型的遥感类有效载荷应用系统 · 148
4.5.1 光学成像侦察 · 149
4.5.2 雷达成像侦察 · 151
4.5.3 电子侦察卫星 · 154
4.5.4 导弹预警卫星 · 156
4.5.5 空间监视卫星 · 159

第5章 通信类有效载荷 · 160
5.1 卫星通信概述 · 160
5.1.1 卫星通信的概念 · 160
5.1.2 卫星通信的特点 · 161
5.1.3 卫星通信系统的组成 · 163

  5.1.4 卫星通信系统的工作过程 …………………………… 164
  5.1.5 卫星通信系统的分类 …………………………………… 165
 5.2 有效载荷组成与基本参数 …………………………………… 166
  5.2.1 有效载荷组成 …………………………………………… 166
  5.2.2 基本参数 ………………………………………………… 167
 5.3 星载通信天线 ………………………………………………… 172
  5.3.1 全球波束天线 …………………………………………… 172
  5.3.2 区域波束天线 …………………………………………… 173
  5.3.3 多波束天线 ……………………………………………… 176
  5.3.4 自适应调零天线 ………………………………………… 180
 5.4 星载转发器 …………………………………………………… 181
  5.4.1 透明转发器 ……………………………………………… 181
  5.4.2 处理转发器 ……………………………………………… 184
 5.5 典型的通信类有效载荷应用系统 …………………………… 186
  5.5.1 宽带全球卫星 …………………………………………… 186
  5.5.2 移动目标系统 …………………………………………… 189
  5.5.3 军事星及先进极高频卫星 ……………………………… 191
  5.5.4 星链卫星 ………………………………………………… 193

第6章 导航类有效载荷 …………………………………………… 196
 6.1 卫星导航概述 ………………………………………………… 196
  6.1.1 卫星导航定位和测速方法的分类 ……………………… 196
  6.1.2 卫星导航的性能指标 …………………………………… 197
  6.1.3 卫星导航发展简介 ……………………………………… 198
 6.2 低轨测速导航系统及有效载荷 ……………………………… 199
  6.2.1 系统组成 ………………………………………………… 199
  6.2.2 工作原理 ………………………………………………… 200
  6.2.3 有效载荷 ………………………………………………… 200
 6.3 全球导航定位系统及有效载荷 ……………………………… 201
  6.3.1 系统组成 ………………………………………………… 201
  6.3.2 工作原理 ………………………………………………… 202
  6.3.3 有效载荷 ………………………………………………… 204
 6.4 地球同步卫星无线电测定系统及有效载荷 ………………… 205
  6.4.1 系统组成 ………………………………………………… 205
  6.4.2 工作原理 ………………………………………………… 206

  6.4.3 有效载荷 ··· 207
 6.5 典型的导航类有效载荷应用系统 ······································ 208
  6.5.1 全球定位系统 ··· 208
  6.5.2 北斗卫星导航系统 ··· 210
  6.5.3 伽利略系统 ··· 212
  6.5.4 格洛纳斯系统 ··· 214

第7章 科学类有效载荷 ··· 217
 7.1 空间环境探测有效载荷 ·· 217
  7.1.1 磁场测量仪器 ··· 217
  7.1.2 重力梯度仪 ··· 220
  7.1.3 质谱计 ··· 224
  7.1.4 光谱仪 ··· 226
  7.1.5 空间带电粒子探测器 ······································· 227
  7.1.6 空间碎片探测器 ··· 228
  7.1.7 空间辐射效应探测器 ······································· 232
 7.2 深空探测有效载荷 ·· 233
  7.2.1 环绕探测类有效载荷 ······································· 233
  7.2.2 就位与巡视探测类有效载荷 ································· 238
 7.3 空间科学试验有效载荷 ·· 240
  7.3.1 空间材料科学试验 ··· 240
  7.3.2 空间生命科学试验 ··· 241
  7.3.3 空间药物生产试验 ··· 242
 7.4 典型的科学类有效载荷应用系统 ······································ 243
  7.4.1 GOCE 重力场探测卫星 ····································· 243
  7.4.2 "实践十号"微重力科学实验卫星 ···························· 244
  7.4.3 "墨子"号量子科学实验卫星 ································ 245

第8章 对抗类有效载荷 ··· 247
 8.1 天基攻防技术 ·· 247
  8.1.1 天基攻击技术 ··· 247
  8.1.2 卫星系统脆弱性及防御技术 ································· 250
 8.2 天基激光载荷 ·· 257
  8.2.1 研究概况 ··· 258
  8.2.2 光源——激光器 ··· 262
  8.2.3 激光武器破坏效应 ··· 276

8.3 天基微波载荷 ·················· 277
8.3.1 天基微波武器的类型 ·················· 278
8.3.2 高功率微波武器组成与工作原理 ·················· 279
8.3.3 高功率微波产生器件 ·················· 279
8.3.4 微波功率合成 ·················· 281
8.3.5 微波武器破坏效应 ·················· 283
8.4 天基动能载荷 ·················· 283
8.4.1 KKV组成与关键技术 ·················· 284
8.4.2 KKV拦截方式 ·················· 286
8.4.3 KKV拦截精度 ·················· 287
8.5 天基电子对抗载荷 ·················· 287
8.5.1 电子对抗的类型 ·················· 288
8.5.2 天线 ·················· 290
8.5.3 天基电子对抗武器工作原理 ·················· 291
8.6 天基在轨操控载荷 ·················· 293
8.6.1 在轨操控的类型 ·················· 294
8.6.2 国外飞行试验 ·················· 296

第9章 有效载荷设计、制造、应用新技术 ·················· 304
9.1 新型设计技术 ·················· 304
9.1.1 平台载荷一体化 ·················· 304
9.1.2 软件定义卫星 ·················· 305
9.1.3 弹性分布式设计 ·················· 307
9.2 新型制造技术 ·················· 310
9.2.1 批量化制造 ·················· 310
9.2.2 空间在轨制造 ·················· 315
9.3 新型应用技术 ·················· 325
9.3.1 集约化搭载 ·················· 325
9.3.2 智能化操作 ·················· 333

参考文献 ·················· 340

第 1 章　概　　述

人类为了扩大社会生产,必然要开拓新的活动空间。从陆地到海洋,从海洋到大气层,再到宇宙空间,就是人类逐渐扩展活动范围的过程。航天是人类拓展宇宙空间的产物。

遨游太空、探索宇宙是人类自古以来就有的美好梦想。在古代,中国就流传着嫦娥奔月的美好传说,有着腾云驾雾的遐想。到唐宋时期,中国在世界上最早发明了火药和火箭,并为近代火箭和航天技术的发展奠定了基础。20 世纪初,在俄国的齐奥尔科夫斯基(К. Э. Циолковский)、美国的戈达德(R. H. Goddard)和德国的奥伯特(H. Oberth)等航天先驱的杰出贡献下,近代火箭和航天飞行技术取得了重大突破。1957 年 10 月 4 日,苏联首先利用运载火箭把世界上第一颗人造地球卫星送入轨道,成为世界史上航天纪元的开端。经过半个世纪的快速发展,航天已经成为 21 世纪最活跃和最有影响的科学技术领域之一,该领域取得的重大成就标志着人类文明的高度发展,也表征着一个国家科学技术和综合实力的先进水平。

1.1　航　　天

1.1.1　空域划分

相比地球上的陆地和海洋,人们习惯上把地球外面的空间称为"天空"。它从地球表面向上连续无限延伸,如图 1-1 所示。人类在探索外空的活动中,为

图 1-1　无限延伸的天空(地球→太阳系→银河系→宇宙)

了便于区分,根据不同飞行器的活动范围,将地球表面以上的空域进行了划分,按照由低到高的顺序依次划分为航空空间、临近空间和航天空间。

1. 航空空间

飞机等航空器活动的主要场所,包括大气层的对流层和平流层的底部,大部分是从海平面到20km高度的空间范围。航空空间具有大气环境中特有的物理特性,主要体现为大气的状态参数(压强、温度和密度)、连续性、黏性、可压缩性、声速和马赫数。

2. 临近空间

一般指距地面20~100km的空域。这个高度处于现有飞机的最高飞行高度和卫星的最低轨道高度之间,也称为亚轨道或空天过渡区,大致包括大气平流层区域、中间大气层区域和部分电离层区域。在这个空间范围里,由于空气稀薄,不利于航空器飞行;但又不是真空环境,有大量的电荷存在,所以也不适合航天器飞行。因此,它既不属于航天的范畴,也不属于航空的范畴,对于情报收集、侦察监视、通信保障以及对空对地作战等很有发展前景。

3. 航天空间

在地球以外离地表100km的高度上,大气密度为地表的五百万分之一,已接近真空,非常适合航天器的飞行。因此,通常把离地表100km以上的区域作为航天空间,亦称太空,并进一步细分为近地空间(100~40000km)、远地空间(40000~384000km)和星际空间(>384000km)。目前大多数航天器是在近地空间里飞行。

1.1.2 航天资源

1. 轨道资源

航天空间是人类继陆地、海洋、大气层之后的第四个活动领域。航天器环绕地球按天体力学规律沿着特定轨道运动,飞行时位置高、速度快,可以快速、大范围地覆盖地球表面,从而达到通信、遥感、定位等目的。如航天器在200km轨道高度、20°视角时的视场为10000km^2,是普通飞机视场的100倍;一颗静止轨道卫星可以覆盖超过40%的地球表面。各种航天器轨道本身就是重要的宝贵资源。例如,赤道上空的地球静止轨道只有一条。为了避免相邻航天器之间的无线电干扰,要求每隔2°才能布置一颗相同无线电频率的卫星。这样,在这种静止轨道上只能布置有限数量的卫星,因此许多国家都在争夺这种轨道位置。

2. 频率资源

频率资源虽然不属于空间自然的资源,但是,地球静止轨道资源的紧张与航天器所用频率有关。早期,静止轨道通信卫星所用的频段为C波段,后来发展了 Ku 和 Ka 频段,现在仍然不够使用,还需要向更高的频段发展。但是,频率资源也是有限的,这样,各国发射的静止轨道通信卫星的位置和频率就需要协调。

国际电联(International Telecommunications Union,ITU)的任务之一就是负责协调各国发射的航天器轨道和频率,尤其是静止轨道通信卫星的位置和频率。每一个国家在研制和发射静止轨道通信卫星之前,要向国际电联申报和登记所需求的轨道和无线电频率,并与相邻卫星的国家和地区进行协调。只有在协调好并确认没有干扰后,才可发射,所以无线电频率也是一个很重要的资源。

3. 环境资源[1]

航天器在空间飞行时,在航天器的周围具有高真空、强辐射、高洁净、改变昼夜规律的环境以及稳定的太阳能等,在航天器内部形成地面无法获得的微重力环境,这种特殊的环境本身就是极为宝贵的资源。

利用太阳能为航天器获取电能和热能;地球重力场和磁场可以用作航天器姿态控制;有人设想建造空间电站,并将电能传至地面,在未来地球能源枯竭时,空间电站有可能成为取之不竭的清洁能源;利用微重力环境可以制造出地面无法做到的高性能的晶体材料、药品和生物制品;在空间环境中,农作物种子会引起变异,带回地面繁殖后代,出现产品产量大增的奇异现象。

4. 物资资源

月球及太阳系各行星上都蕴藏着极为丰富的资源。月球岩土中含有地球地壳里的全部化学元素,并有大约60多种矿藏。其中包括地球上极为缺乏的同位素氦-3,它是核聚变反应堆理想的燃料,可能成为人类未来能源原料,还可能发现地球上没有的能源和矿藏,以开发出新的能源和材料。

如果大胆设想,将来人类在月球及其他行星上建立有人居住和生产的场所,就可以就地取材,获得各种能源,加工成各种产品。

1.1.3 航天活动

航天是指进入、探索、开发和利用太空以及地球以外天体的各种活动的总称。航天的实现必须使航天器克服或摆脱地球的引力,如想飞出太阳系,还要摆脱太阳引力。在相当长的时间里,航天基本上还是在太阳系以内的航行活动。

航天活动包括航天技术(又称空间技术)、空间应用和空间科学三大部分[2]。航天技术是指为航天活动提供技术手段和保障条件的综合性工程技术。空间应用是指利用航天技术及其开发的空间资源在国民经济、国防建设、文化教育和科学研究等领域的各种应用技术的统称。空间科学是指利用航天技术对宇宙空间的各种现象及规律的探索和研究。航天技术、空间应用与空间科学三大领域之间有着不可分割的联系：航天技术为空间应用和空间科学提供技术手段和保障条件；空间应用运用航天技术成果转化为现实生产力和国防实力，并对航天技术和空间科学的发展提出需求；空间科学为航天技术和空间应用的持续发展提供科学研究基础。

航天技术是一门重要的军民两用技术，也是在航天工程实践中逐渐形成和发展起来的一门综合性工程技术。它主要包括：喷气推进、火箭制导和控制、航天器轨道控制、航天器姿态控制、航天器热控制、航天器电源、航天遥测、火箭设计与制造、航天器设计与制造、火箭与航天器试验、飞行器环境模拟、航天器发射、航天器返回、航天测控、航天器信息获取和处理、航天系统工程等。航天技术与其他技术，如通信、导航、遥感、探测和科学实验等技术的交叉和渗透，产生了一些新技术，如卫星通信技术、卫星遥感技术、卫星导航定位技术和空间科学应用技术等。这些新技术统称为空间应用技术。各种空间应用技术的发展，大大扩展了航天技术的应用范围。

目前，航天技术已被广泛应用于军事（见图 1-2），包括侦察监视、导弹预警、通信中继、导航定位、海洋监视、大地测量、气象测绘等多个方面。美军从空间作战（Space Operations）的角度，将航天技术的军事应用概括为 4 大任务领域，即：空间力量增强（Space Force Enhancement）、空间支持（Space Support）、空间控制（Space Control）和空间力量应用（Space Force Application）。这些广泛的应用已使空间成为国家安全的新的战略制高点，极大地提高了军队的综合作战能力，对现代战争和军队建设产生了巨大而深远的影响。

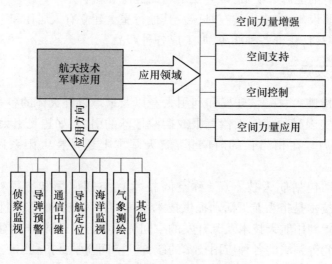

图 1-2　航天技术的军事应用

同时，航天技术的民用和商用价值也十分巨大。空间物理探测、空间天文探测、卫星气象观测、卫星海洋观测、卫星广播通信、卫星导航、卫星遥感、太空旅游、地外生命与资源探索等都是航天技术的重要应用领域；微重力环境下完成的各种化学、物理和生物实验成果是航天技术为人类文明与进步所做的直接贡献。

从宏观上看，半个多世纪的世界航天发展进程大致可以分为两个阶段：2000年前为第一阶段，这一阶段以发射人造卫星，实现卫星应用为主要特征，以观测地球、传输和获取信息为主要内涵；2000年后为第二阶段，该阶段航天活动将以实施载人航天、开展深空探测为主要特征，以利用空间环境资源为主要内涵。研制与发射人造地球卫星、实施载人航天和深空探测已经成为世界航天活动的三大主导领域。当今世界航天发展已经形成"需求牵引主要面向地球，技术推动主要面对深空"的极富远见的理念与发展格局。

1.1.4 航天系统

人类要实现航天活动，就要建立庞大的以航天器为核心的航天工程系统，简称航天系统。航天系统是由航天器、航天运输系统（如运载火箭或其他运载器）、航天发射系统（航天发射场）、航天测控系统和航天应用系统组成的完成特定航天任务的工程系统。航天发射系统、航天测控系统等可为不同的航天器和航天运输系统所用。

航天系统按航天器是否载人可分为无人航天系统和载人航天系统；按用途可分为民用航天系统和军用航天系统；按航天器类型可分为卫星航天系统、载人飞船航天系统等。在目前的航天系统中，卫星航天系统的数量最多，种类也多，如通信卫星航天系统、气象卫星航天系统、导航卫星航天系统、侦察卫星航天系统等。

航天系统是现代典型的复杂工程大系统，具有规模庞大、系统复杂、技术密集、综合性强，以及投资大、周期长、风险大、应用广泛和社会经济效益十分可观等特点，是国家级大型工程系统。完善的航天系统是一个国家航天实力的重要标志，目前世界上只有为数不多的国家拥有这种实力。

1.2 航 天 器

1.2.1 概念

航天器是为执行一定任务，在地球大气层以外的宇宙空间（太空）基本按照天体力学规律运行的各类飞行器，又称空间飞行器或航天飞行器[3]。但是与自然天体不同的是,航天器可以在人的控制下改变其运行轨道或回收。航天器是航天系统的核心,为了完成航天任务,还必须具备发射场、运载器、航天测控和数据采集系统、用户台站以及回收设施的配合。

从地球表面发射的航天器,环绕地球、脱离地球和飞出太阳系所需要的最小速度,是航天器在空间飞行所需的三个特征速度,分别称为第一、第二和第三宇宙速度。

根据忧思(Union of Concerned Scientists,UCS)网站公布的数据,至2021年1月1日全世界在轨工作航天器总数为3372颗,分别处在不同的轨道,如图1-3所示。其中,LEO:偏心率$e<0.14$,高度h为80~1700km,周期$T<2h$;MEO:偏心率$e<0.14$,高度h为1700~35700km,周期T为2~24h;GEO:偏心率$e<0.14$,高度h约为35700km,周期T约为24h;Elliptical:偏心率$e\geq 0.14$。

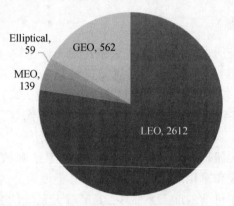

图1-3 各种轨道的在轨航天器的数量(2021-1-1)

1. 第一宇宙速度 v_1

一般抛射体在均匀重力场中将沿抛物线回到地面。当速度不断增大,并达到第一宇宙速度 v_1 时,该物体受到的离心力恰好等于地球引力,它将不再返回地面,而成为一个围绕地球转动的人造卫星。假设在地球表面发射航天器,使离心力等于地球引力,即有

$$mg_E = m\frac{v_1^2}{R_E}$$

$$v_1 = \sqrt{g_E R_E} \approx 7.91 \text{km/s}$$

这就是第一宇宙速度 v_1。式中:g_E 为地球表面重力加速度(9.81m/s²);R_E 为地球平均半径(6371km);m 为抛射体质量。

2. 第二宇宙速度 v_2

第二宇宙速度 v_2 是指航天器从地球表面发射并能脱离地球引力场所需要

的速度。根据能量守恒定律,其所需速度 v_2 应使航天器在地球表面的动能等于航天器从地球表面到无穷远克服引力场所做的功。地球表面的势能 A 和动能 E_E 分别为

$$A = -\int_{R_E}^{\infty} \frac{\mu m}{r^2} dr = -\frac{\mu m}{R_E}, \quad E_E = \frac{1}{2}mv_2^2$$

则有

$$v_2 = \sqrt{\frac{2\mu}{R_E}} = \sqrt{2g_E R_E} = \sqrt{2}v_1 \approx 11.18 \text{km/s}$$

式中:r 为地心距;μ 为地球引力常数,$\mu = 3.986 \times 10^5 \text{km}^3/\text{s}^2$。

3. 第三宇宙速度 v_3

第三宇宙速度 v_3 是指航天器从地球逃逸太阳系所需要的总速度。这需要两部分动能,一部分动能是脱离地球引力所需的动能,另一部分动能是脱离太阳系所需要的动能。

脱离太阳系所需要的速度为

$$v_3' = \sqrt{\frac{2\mu_S}{R_S}} \approx 41.12 \text{km/s}$$

式中:R_S 为太阳系中地球轨道平均半径,即平均日地距离,$R_S = 1.496 \times 10^8 \text{km}$;$\mu_S$ 为太阳引力常数,$\mu_S = 1.327 \times 10^{11} \text{km}^3/\text{s}^2$。

由于地球的公转速度为 29.76km/s(使发射方向与公转方向相同),所以,脱离太阳系所需要的速度只需要 $v_3'' = 42.12 - 29.76 = 12.36 \text{km/s}$。这样,从地球逃逸太阳系所需要的总速度 v_3 为

$$v_3 = \sqrt{v_2^2 + (v_3'')^2} = \sqrt{11.18^2 + 12.36^2} = 16.67 \text{km/s}$$

1.2.2 分类

航天器按是否载人可分为无人航天器和载人航天器两大类。按照各自的用途和结构形式,航天器还可进一步细分,如图 1-4 所示。

1. 无人航天器

无人航天器包括人造地球卫星(简称卫星)、空间平台和空间探测器。

1)人造地球卫星

人造地球卫星是发射和使用数量最多的一类航天器,世界各国发射的人造卫星占航天器发射总数的 90% 以上。人造地球卫星有多种分类方法。按照卫星规模的大小,可以分为微型卫星、小型卫星、中型卫星和大型卫星;按照卫星的轨道特征,可以分为近圆轨道卫星和椭圆轨道卫星,其中近圆轨道卫星又可分为

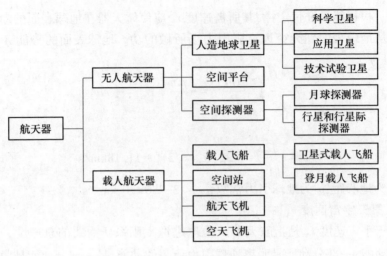

图 1-4 航天器的分类

低地轨道卫星(LEO)、中地轨道卫星(MEO)和静地轨道卫星(GEO);按照卫星的功能用途,可以分为科学卫星、应用卫星和技术实验卫星。

科学卫星用于科学探测和研究,主要包括空间物理探测卫星和天文卫星等。直接为国民经济、军事和文化教育服务的人造地球卫星称为应用卫星,主要有通信及广播卫星、气象卫星、测地卫星、地球资源卫星、导航卫星和侦察卫星等,还有专门军事用途的截击卫星,部分卫星还具有多种功能。技术试验卫星是对航天领域中的各种新原理、新技术、新系统、新设备以及新材料等进行在轨试验的卫星。多数情况下,科学卫星也兼有技术试验功能。

1957 年 10 月 4 日,苏联成功发射了世界上第一颗人造地球卫星(也是第一个航天器),人类从此进入空间时代。20 世纪 70 年代,卫星开始全面进入应用阶段,并向专门化(侦察、通信、导航、预警、气象、测地、海洋和地球资源等)、长寿命、高可靠和低成本方向发展。

80 年代后期兴起的单一功能的微小卫星具有质量轻、成本低、研制周期短、见效快的特点,是卫星发展上的新动向。在此基础上,90 年代人们提出了分布式卫星的概念,取得了重要进展,目前已进入工程实践和初期应用阶段。进一步,人们又提出了"分离模块航天器"(fractionated spacecraft modules)的新概念,如图 1-5 所示,希望能够把一个航天器按功能分解为有效载荷、动力、能源、通信等专门模块,这些模块物理分离,通过编队飞行和无线传输方式构成一颗虚拟的大卫星,以完成特定的任务。这种"分离模块航天器"的概念一经提出,就得到了美国军方的高度关注,成为近年航天领域的热点问题。2007 年美国国防高级研究计划局(DARPA)为了试验这种理念提出了 F6 计划,该计划已成为"空间快速响应作战"(ORS)计划的一个重要组成部分。

图 1-5 分离模块航天器的概念示意图

2) 空间平台

空间平台是无人航天器的新发展,其不同于人造地球卫星的特点是可在轨道上进行维修、更换仪器、加注燃料、补给消耗品或回收、攻防对抗等。空间平台设计成易于装拆更换,能适应携带不同的有效载荷和不同运载器的发射,可重复使用,寿命可达数十年。以此为基础,人们提出并开始发展"在轨服务技术"。

2007 年 3 月美国发射的"轨道快车"(orbital express,OE)是这一发展思路的典型体现,如图 1-6 所示。该次发射的"轨道快车"项目由两个部分组成,旨在

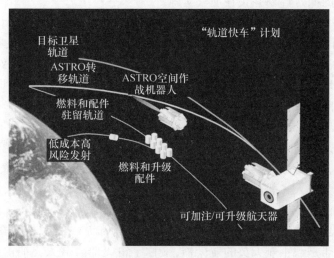

图 1-6 "轨道快车"计划示意图

验证在轨自主服务能力和空间机器人活动的有效性,用于支持未来美国国家安全和商业应用的在轨服务技术。

3) 空间探测器

空间探测器是指对月球和月球以远的天体和空间进行探测的无人探测器,也称深空探测器,如图1-7所示。专门用于对月球进行探测的称为月球探测器,其他统称为行星和行星际探测器。探测器的基本构造与一般人造地球卫星差不多,不同的是探测器携带有用于观测天体的各种先进观测仪器。

图1-7 空间探测器示意图

月球是人类进行空间探测的首选目标。进入21世纪,世界上兴起了新一轮的探月热潮,美国、俄罗斯、日本、印度、中国、欧洲航天局(简称欧空局)等分别公布了各自的探月计划并正在加紧实施。

中国在2003年启动了名为"嫦娥工程"的月球探测计划,该计划分"绕—落—回"三个阶段实施:首先发射环绕月球的卫星,深入了解月球;接着发射月球探测器,在月球上进行实地探测;最后送机器人上月球,建立观测站,实地试验采样并返回地球,为未来的载人登月及月球基地选址做准备。整个计划在20年左右的时间内完成。

2. 载人航天器

载人航天器是人类在太空进行各种探测、试验、研究、军事和生产活动所乘坐的航天器,与无人航天器的主要不同是载人航天器具有生命保障系统。载人航天器可分为载人飞船(或称宇宙飞船)、空间站(或称太空站、航天站)、航天飞机及空天飞机等。

1) 载人飞船

载人飞船是载乘航天员的航天器,又称宇宙飞船。载人飞船由运载火箭发射,容积较小,所运载的消耗物资数量有限,不具备再供给能力,而且只能一次使用。载人飞船上除具有一般人造卫星基本系统的设备外,还设有生命保障系统及重返地球用的再入系统、应急逃逸系统、回收登陆系统等,这些系统的可靠性和复杂程度比一般的无人航天器高。按照运行方式的不同,目前已发射成功的载人飞船分为卫星式载人飞船和登月载人飞船两类,前者载人绕低地球轨道飞行,后者载运登月航天员。

1961年4月12日苏联航天员加加林乘"东方"号飞船进入太空,标志着人类开创了载人航天的新纪元,为人类直接探索、开发和利用外层空间提供了条件。此后,苏联/俄罗斯和美国又成功实现了多次载人飞行和登月计划。1969年7月20日美国人阿姆斯特朗和奥尔德林乘"阿波罗"11号飞船登月成功,创造了人类涉足地外天体的纪录。21世纪,人类还可望实现登上火星的载人飞行。

2003年10月15日,CZ-2F运载火箭托着中国第一艘载人飞船"神舟"5号胜利升空,如图1-8所示。中国第一位航天员杨利伟,乘坐这艘飞船进入太空,实现了中国人几千年来的飞天梦。"神舟"5号由3舱1段组成,即返回舱、轨道舱、推进舱和附加段,总长8.86m,总质量7790kg,返回舱直径2.5m。飞船在343km高度的圆形轨道上绕行地球14圈,杨利伟乘坐返回舱于10月16日安全降落在内蒙古主着陆场,全程飞行21h 23min,取得了中国首次载人航天飞行的圆满成功。中国成为继俄罗斯、美国之后,世界上第三个有能力把航天员送入太空的国家。

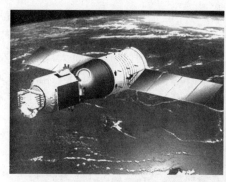

图1-8 "航天英雄"杨利伟和他乘坐的"神舟"5号载人飞船

2)空间站

空间站是一种长期运行在轨道上、具备一定试验条件、可供多名航天员生活和工作的航天器,又称轨道站或航天站,也是人在太空开展航天活动的重要基础设施。空间站通常由中心构架、对接舱、气闸舱、轨道舱、生活舱、服务舱、专用设备舱和太阳能电池阵列板等组成,一般采用模块化设计,分段送入轨道组装。空间站发射时不载人,也不载人返回地面,航天员和货物的运送由飞船或航天飞机完成。空间站的功能可以根据任务要求而变更或扩大,弥补了其他航天器功能单一的不足。

1971年4月19日,苏联成功发射了世界上第一个试验性空间站——"礼炮"-1号,标志着载人航天从规模小、飞行时间短的载人飞船进入规模较大、飞行时间较长的空间站应用探索与试验阶段。国际空间站是人类历史上最庞大的航天工程,共有16个国家参与研制和运行。国际空间站(见图1-9)结构复杂、规模大,由航天员居住舱、实验舱、服务舱、对接过渡舱和太阳能电池板等部件组成。

图1-9 国际空间站结构示意图

3) 航天飞机

航天飞机(见图1-10)是世界上第一种也是目前唯一一种可重复使用的航天运载器,还是一种多用途的载人航天器。20世纪70—80年代,美国、苏联、法国和日本等先后开展了航天飞机研制计划,但只有美国的航天飞机投入使用。航天飞机由一个轨道器、两个固体火箭助推器和一个大型外挂贮箱组成,可以把质量达23000kg的有效载荷送入低地球轨道。航天飞机提供了在空间进行短期科学实验的手段,有许多国家的航天员参加了航天飞机的飞行。

图1-10 航天飞机

4）空天飞机

空天飞机是航空航天飞机的简称。它是一种装有空气发动机和火箭发动机、能在特定机场水平起降、能在大气层外飞行的、可重复使用的带翼运载器和航天器的总称。和航天飞机一样，空天飞机是火箭技术、航空技术和载人飞船技术的综合产物，代表着当代航空航天技术的最高水平。但它技术复杂，不少关键技术尚未掌握，是尚未实现的新型航空航天器。

经过多年研制与发展，北京时间2010年4月23日7时52分，美国空军名为X-37B的轨道试验飞行器（OTV-1）搭载"宇宙神"5号火箭成功实现首飞，在轨飞行224天后返回地面；紧接着，美国空军又于北京时间2011年3月6日6时46分成功将第二架X-37B轨道试验飞行器（OTV-2）送入太空，在轨飞行469天后返回地面，大大超出了270天的设计要求。北京时间2012年12月12日01时03分，美国空军又成功地将维修后的第一架X-37B轨道验证飞行器（OTV-1使用的）发射入轨，开始执行第三次演示验证任务（OTV-3）。这引起了世界航空航天界、军界以及媒体的高度关注，表明美国已基本掌握可重复使用、长期在轨运行、轨道机动、再入防热和自主进场着陆等空天飞机的关键技术，向空天飞机的研制成功迈进了一大步。

X-37B的总体结构和性能参数如图1-11所示。

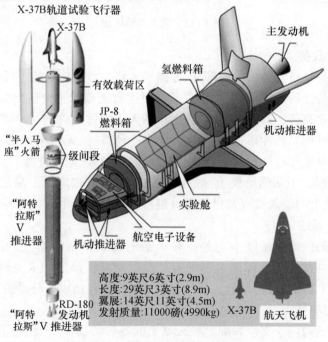

图1-11　X-37B的总体结构和性能参数

1.2.3 组成

航天器由不同功能的若干分系统组成,包括有效载荷、结构与机构、热控分系统、电源分系统、姿态控制分系统、轨道控制分系统、测控分系统和数据管理分系统等。其中,除有效载荷以外的分系统又统称为保障系统,为有效载荷的正常工作提供支持和保证。因此,尽管各类航天器的任务目标不同,外形、结构和规模差别也很大,但是,各类航天器都是由有效载荷(或称航天器的专用系统)和飞行运载平台(或称航天器的保障系统)两部分组成的[4],如图1-12所示。

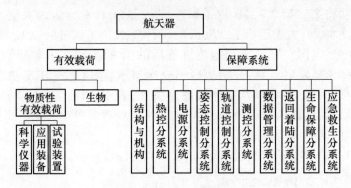

图1-12 航天器的组成

1. 有效载荷

有效载荷是航天器的核心部分,是指航天器上直接执行特定任务的分系统,包括各种物质性有效载荷、生物等。不同用途航天器的主要区别就在于装有不同的专用有效载荷。例如,科学探测卫星的天文望远镜、粒子探测器、光谱仪等;侦察卫星的可见光照相机、CCD相机、合成孔径雷达、无线电侦察接收机等;气象卫星的可见光和红外扫描辐射仪、空间激光雷达等;地球资源卫星的电视摄像机、CCD摄像机、主题测绘仪、合成孔径雷达等;通信和广播卫星的天线和转发器等;空间站上的航天员以及供航天员进行试验和观测用的各种专用设备等。

2. 保障系统

航天器的保障系统基本上是一种火箭的发展和衍生物,也可以说是一个"小火箭"。主要用于保障航天器的有效载荷能够在预定的太空轨道上正常工作。从总体上讲,各种类型航天器的保障系统一般包括以下分系统。

1) 结构与机构

航天器结构用于支承和固定航天器上的各种仪器设备,使它们构成一个整体,以承受地面运输、发射和空间运行时的各种力学环境(振动、过载、冲击、噪声)和空间运行环境。主要有整体结构、密封舱结构、公用舱结构、有效载荷舱结构、辅助结构等。航天器结构材料大多采用铝、镁等轻合金材料以及钛合金材料,碳纤维复合材料已经广泛使用,金属基复合材料也已投入使用。航天器结构的基本要求是强度高、刚度高、质量轻、可靠性高、热稳定性好、成本低等。

航天器机构用于保持航天器完整性并完成各种规定动作,主要有连接分离机构、压紧释放机构、展开机构和驱动机构。

2) 热控分系统

热控分系统用来保障各种仪器设备(或航天员)处于允许的温度环境中。热控制分系统一般采用被动热控制和主动热控制两种方式。其中,被动热控制的措施主要有表面处理(抛光、镀金或喷吐热控涂层)、包敷多层隔热材料、使用相变材料等,主动热控制的措施主要有使用旋转盘、百叶窗、热管、电加热器和辐射散热器等。

3) 电源分系统

电源分系统用来为航天器所有仪器设备提供电能,由电源、电源控制设备、电源配电和电缆网组成。人造地球卫星多采用蓄电池和太阳能电池阵电源,空间探测器采用太阳能电池阵电源或空间核电源,载人航天器则大多采用氢氧燃料电池或太阳能电池阵电源。

4) 姿态控制分系统

姿态控制分系统用来保持或改变航天器的运行姿态。按控制方式可分为两类:被动姿态控制(利用航天器本身的动力学特性和环境力矩来实现姿态稳定的方法),如自旋稳定、重力梯度稳定、磁稳定、气动稳定、太阳辐射压力稳定等;主动姿态控制(根据姿态误差形成控制指令,产生控制力矩来实现姿态控制的方法)。姿态控制分系统由姿态敏感器(如陀螺仪、红外地球敏感器、太阳敏感器、恒星敏感器、紫外敏感器、磁强计和射频敏感器等)、控制器(模拟和数字计算机)和执行机构(推力器、磁力矩器、飞轮和控制力矩陀螺)组成。

5) 轨道控制分系统

轨道控制分系统用来保持或改变航天器的运行轨道。轨道控制按应用分为四类:变轨控制和轨道机动、轨道保持、交会和对接、再入和着陆控制。轨道控制按导航方式分为两类:非自主导航轨道控制和自主导航轨道控制。前者是航天器的运动参数依赖地面设备而获得的导航控制方法,后者是航天器的运动参数完全由航天器上的仪器确定的导航控制方法。轨道控制往往与姿态控制配合,共同构成航天器控制系统。

6) 测控分系统

测控分系统包括遥测、遥控和跟踪。遥测部分主要由传感器、调制器和发射机组成,用于测量并向地面发送航天器的各种仪器设备的工程参数(工作电压、电流、温度等)和其他参数(环境参数和姿态参数)。遥控部分一般由接收机和译码器组成,用于接收地球测控站发来的遥控指令,传送给有关系统执行。跟踪部分主要是信标机和应答机,它们不断发出信号,以便地球测控站跟踪航天器并测量其轨道位置和速度。

7) 数据管理分系统

通常为计算机系统,用于预先装定航天器工作的各种程序,进行信息处理和协调,管理航天器各系统的工作。例如,存储地面遥控指令、译码和分配,对遥测数据作预处理和数据压缩,对航天器姿态和轨道控制系统的测量参数进行坐标转换、轨道参数计算等。

各类航天器根据其飞行任务的不同,尚需有不同功能的专用系统,如返回式卫星的返回着陆分系统、载人航天器的生命保障分系统与应急救生分系统等。另外,推进分系统通常包含在姿态控制和轨道控制分系统的执行机构中,有时也单列成独立的分系统。

1.2.4 特点

在太空中运行、执行着特殊任务的航天器,既不同于在地面或大气层内的人造物体,又不同于其他高技术产品,它是一类特殊的高技术产品。航天器本身具有很多工作和技术特点,主要表现为运动方式独特、环境条件苛刻、寿命长、可靠性高、自动化程度高、技术密集度高和系统整体性强等。

1. 运动方式独特

航天器一般在极高真空的宇宙空间靠惯性自由飞行,其入轨速度是由运载器提供的。航天器的运行轨道是事先按照航天任务来选择和设计的。

2. 环境条件苛刻

航天器由运载器发射送入宇宙空间,在发射时要经受严重的过载、振动、噪声和冲击环境;入轨后要在高真空、强辐射、微重力、超低温的空间环境中工作几个月、几年、十几年;返回式航天器再入大气层时,还需要耐受恶劣的力学、热和电离环境。航天器环境条件复杂、严酷。

由于受运载器的限制,航天器所用的材料、器件和仪器设备,既要求质量小、体积小、功耗小,又要能承受复杂恶劣的环境条件。

3. 寿命长、可靠性高

目前除了极个别情况,航天器从入轨开始直到工作寿命终止,工作长达几年、十几年,在此期间不能作任何补给、维护、修理和更换,航天器可以视为是一种特殊的"一次性长期使用"的产品。因此,寿命长、可靠性高是航天器的基本特点,而且是在满足质量小、体积小和承受复杂环境下的寿命长、可靠性高。

4. 自动化程度高

航天器控制主要是借助地面和星上测控系统配合完成,其工作的安排、监测和控制通常由航天测控网或用户台站(网)的工作人员实施。随着航天器数据管理系统功能的提高,航天器的自动化程度越来越高,自主控制能力越来越强。

5. 技术密集度高

航天器的结构与机构、热控制、电源、姿态与轨道控制、测控、数据管理、返回等保障系统以及各种专用有效载荷系统都要应用各自的专门理论和技术,特殊的材料、器件和设备,涉及众多的科学技术领域。例如:航天器电源不仅要求寿命长、比能量大,而且还要功率大,所使用的太阳电池阵电源系统、核电源系统都比较复杂,涉及半导体和核能等技术;航天器轨道和姿态控制系统不仅采用了很多特有的敏感器、推力器和控制执行机构以及数字计算装置等,而且应用了现代控制论的新方法,构成多变量的反馈控制系统。因此,航天器是技术密集的、复杂的高技术产品。

6. 系统整体性强

航天器作为一个系统,是由多个保障分系统和有效载荷分系统有机组成的整体,各分系统又由若干子系统或设备、部件组成。航天器系统的性质和功能源于各个分系统,以及子系统或设备、部件之间相互作用、限制和支持,取决于不同功能的协同和整合。

同时,作为整个航天系统的重要组成部分,航天器的正常工作不仅决定于自身各分系统的协调配合,而且还与航天系统各部分的协调配合有密切关系。航天器的功能和工作必须服从和服务于航天系统的大系统整体性和整体优化的原则;航天器自身系统和外部从属大系统的基本特征,决定了航天器具有系统整体性的显著特点。

1.3 航天器有效载荷

1.3.1 概念

有效载荷的英文名称为"payload",是一个复合词。其中,载荷既可以指人,也可以指物(或者信息),即"载荷≡人+物(信息)";而"有效"不仅体现在"有用",也含有"有偿"的意思,即"有效≡有用+有偿"。事实也是如此,有效载荷的研制、发射和维持费用都是十分昂贵的。目前,单个航天器的造价动辄数亿美元,而其中多数费用是由有效载荷产生的。

航天器有效载荷是指航天器上装载的为直接实现航天器在轨运行要完成的特定任务的仪器、设备、人员、试验生物及试件等。航天器有效载荷是航天器在轨发挥最终航天使命的最重要的一个分系统。说它最重要,是因为对有效载荷选择和设计的最终功能和性能的品质将直接影响到最终特定航天任务实现的品质。航天器平台装载了有效载荷,就成为完整的能完成特定空间任务的航天器了。因此,若把航天器视为一级系统,则平台和有效载荷是从属于它的两个二级系统,二者是处在同一层次的两个分系统[6]。

1.3.2 分类

航天器的有效载荷随着任务的不同而不同,故其种类繁多,有多种不同的分类。按照航天器及有效载荷的用途[1],大致可分为遥感类(或称为信息获取类)、通信类(或称为信息传输类)、导航类(或称为信息基准类)、科学类、对抗类及其他,如图1-13所示。

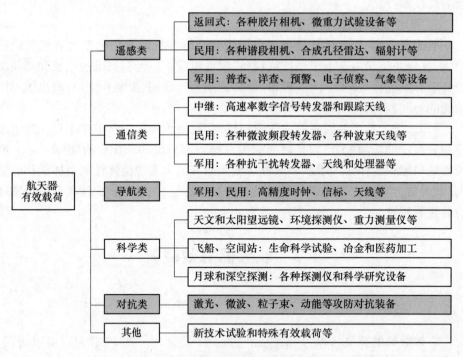

图1-13 航天器有效载荷的分类

遥感类有效载荷是指对地观测的各种遥感器,包括可见光遥感器(利用胶片和光电)、多光谱扫描仪、红外遥感器、微波辐射计(无源)、雷达或散射计等。

这些遥感器可以获得地面(水面)或大气、空间等的各种军用或民用信息。

通信类有效载荷是一种典型的有效载荷,主要由转发器和天线组成。这类有效载荷可用于军用或民用卫星通信,也可用于遥感类航天器的信息对地传输,在商业和军事航天活动中占有统治地位。

导航类有效载荷是指提供空间基准和时间基准信息的各种仪器和设备。这类有效载荷可用于卫星导航。

科学类有效载荷包括X射线望远镜分光仪、太阳光学望远镜、离子质谱仪、X射线分光计以及各种空间环境测量和监测装置等[7]。这类有效载荷可用于空间环境探测、天文观测和空间科学试验等。

对抗类有效载荷包括激光、微波、粒子束、动能、电子干扰、机器人抓捕或吸附、计算机病毒、污染等工具或设备。这类有效载荷可用于空间攻防对抗。

其他有效载荷主要包括新技术试验有效载荷和特殊有效载荷两类。新技术试验有效载荷是指一些未得到在轨考验的新的航天器、分系统和仪器设备乃至元器件等技术,通过专门的新技术试验卫星发射到某种轨道上进行试验,以验证其原理、方案、可行性、兼容性和可靠性等。特殊有效载荷是指非技术性的有效载荷,例如,太空旅游(有效载荷是旅游者)、太空纪念品(有效载荷是信封、旗帜等)。

1.3.3 地位与作用

有效载荷是航天器的核心,在航天器设计中起主导作用。

1. 从应用功能看

航天器的性质和功能主要是由有效载荷决定的。空间航天任务是通过航天器来完成的,而航天器在太空中完成任务、实现功能的标志是产生符合任务要求的输出。航天器的有效输出主要是有效载荷的输出。航天器平台内的各分系统一般是从不同的角度和方面为产生直接输出的有效载荷或为平台内其他分系统提供服务和支持的。例如,通信广播卫星上提供通信和广播服务的转发器和天线;气象卫星上获得大气云图的各种辐射计、合成孔径雷达;地球资源卫星上的CCD相机、红外相机;海洋卫星上的海洋水色仪、雷达高度计与成像光谱仪等。

2. 从研制难易看

有效载荷因其种类繁多、仪器复杂,现成为航天器研制中的瓶颈所在。经过几十年的发展,航天技术走向应用阶段的今天,平台已经比较成熟了,而其上的有效载荷,却因航天任务的多样性,要满足多种应用任务的需要,研发更多的新仪器、新设备。而每一种新型遥感仪器、观测仪器、科学仪器的研制,从用户需求出发,经初步方案论证、可行性研究,到确定总体方案,进行关键技术攻关,模样、初样、正样阶段研制,到最后发射上天,需要10年甚至几十年的时间。

3. 从研制经费看

有效载荷与平台研制经费比例约为3∶1,有效载荷占有明显的优势。表1-1、表1-2是典型卫星平台与有效载荷质量及研制经费比较表[8]。从表中可看出,无论是遥感卫星还是通信卫星,平台与有效载荷质量之比、研制经费之比,两者的比例关系相似。有效载荷研制经费约占整星总经费的75%,也就是说有效载荷研制经费约是平台的3倍。这也说明了有效载荷在整星研制中的分量和重要性。

表1-1 典型遥感卫星平台与有效载荷(遥感器)质量及研制经费比较表

名称	质量/kg	质量占整星比例	经费/万美元	经费占整星比例
平台	802.6	42.6%	2114.4	26.3%
遥感器	1081.2	57.4%	5927.8	73.7%
总计	1883.8	100%	8042.2	100%

表1-2 典型通信卫星平台与有效载荷的质量及研制经费比较表

名称	质量/kg	质量占整星比例	经费/万美元	经费占整星比例
平台	505.4	43.3%	1392.9	23.9%
有效载荷	663.0	56.7%	4440.3	76.1%
总计	1168.4	100%	5833.2	100%

因此,要使有效载荷能够在轨正常发挥航天使命,就必须要求航天器各个保障分系统在轨全寿命周期内都要正常工作,向有效载荷提供必要的支持和保障,否则再好的有效载荷也不能发挥最终的作用。这就要求航天器的电源分系统向有效载荷提供足够的电源;热控分系统要保证有效载荷有合适的工作温度;结构分系统要保证有效载荷有足够的强度和刚度;控制分系统要向有效载荷提供轨道保持和高精度的指向;测控、数据管理分系统要向有效载荷提供足够的遥测参数和遥控指令等。这里要补充一点说明,上述各保障分系统不仅要为有效载荷提供必要的支持和保障,而且要为各保障分系统之间相互提供必要的支持和保障。所以,在系统设计时,组成航天器平台的各分系统既要以有效载荷的需要作为它们最基本的设计要求,同时有效载荷对平台各分系统提出的设计要求,也应是在航天器系统总设计师主持下,经有效载荷和平台各分系统充分协商后确定

的,应符合航天器功能实现和整体优化的原则。

同样,由于航天器有效载荷又是航天器应用系统的组成部分,所以航天器有效载荷的设计还必须满足航天器应用系统的需求,要做好与应用系统内其他组成部分的协调,努力实现航天器应用系统的整体优化。例如,通信卫星有效载荷的转发器饱和通量密度 W_s、有效全向辐射功率 $EIRP_s$、接收系统性能品质 $(G/T)_s$ 等指标必须与地面应用系统(各种地面通信站或终端)的有效全向辐射功率 $EIRP_E$、接收系统性能品质 $(G/T)_E$ 等指标通过通信链路分析使其协调,才有可能使卫星完成在轨航天任务,实现卫星通信。

第 2 章　有效载荷工作环境与效应

有效载荷作为航天器系统的核心,其设计要求和一般工程系统项目设计要求不同。其中,产生不同的最大原因之一是由于它会遇到一般工程系统项目所没有的一些特殊环境。这些特殊环境主要包括有效载荷暴露在太空运行时所遇到的各种外部空间环境(如大气环境、等离子体环境、空间碎片等),以及有效载荷在航天器内部所遇到的各种平台内部环境(如力学环境、热环境、电磁环境等),如图2-1所示。在有效载荷分析与设计中,需要把这些特殊环境作为约束条件,使研制出的有效载荷能适应这些特殊环境。正是由于特殊环境的影响,航天器有效载荷的研制过程和产品与一般项目有很大的区别,例如空间相机与家用相机,在结构、外形、材料、性能、价格等方面都有很大差异。因此,研究有效载荷的环境要素及其对有效载荷的影响,在有效载荷的研制和应用全过程中占有特殊重要的地位,也是有效载荷系统设计的重要环节和依据。

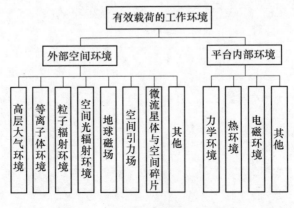

图 2-1　有效载荷工作环境的组成

2.1　外部空间环境

遥感器、通信天线、航天员等在航天器外部进行工作时,与航天器外表面一样都会受到各种复杂空间环境的影响,如高层大气环境、等离子体环境、粒子辐射(如质子、电子、α粒子和重离子等辐射)环境、空间光辐射(如红外、可见光、紫外线等辐射)环境、地球磁场、空间引力场、微流星体与空间碎片等。这些环境除少数可为航天活动所利用外,大多数对航天活动都是有害的。

每一种空间环境因素都有可能与航天器(含有效载荷)表面产生严重的相互作用,如果不能有效地预见这种作用的潜在危害,可能会严重地影响航天任务的执行效果。位于美国科罗拉多州巨石城(Boulder)的国家地球物理数据中心,收集了自1971年至1989年间发生的航天器与空间环境相互作用造成的2779次异常现象,并编辑成了数据库。通过对NASA和美国空军以前发射的航天器的研究表明,大约有20%~25%的航天器故障跟它与空间环境间的相互作用有关。表2-1列出了部分重大异常事件[9]。

表2-1 部分航天器出现的异常现象

航天器	异 常 现 象
Anik E-1 和 E-2 通信卫星	在航天器充电期间,动量轮控制系统出现故障
Ariel 1 通信卫星	高空核爆后出现故障
地球同步环境卫星(GOES)	表面带电形成弧光放电,造成了许多指令异常
全球定位系统(GPS)	光化学沉积导致的污染使太阳能电池阵的功率输出降低 热控材料性能下降
Intelsat K 通信卫星	表面带电形成弧光放电,造成指令异常
长期暴露装置(LDEF)	回收时,提前1个月再入大气层 大量微流星体/空间碎片的撞击 大量污染物以及原子氧腐蚀 感应辐射
"先锋"金星探测器	高能宇宙射线导致的部分指令存储器异常
天空实验室	不断增加的大气阻力导致再入大气层
航天飞机	大量微流星体/空间碎片的撞击 航天飞机辉光 进行防撞机动
"尤利西斯"太阳探测器	在英仙座流星雨高峰期出现故障

航天器因其担负的任务不同而在不同的轨道上运行,它们所面临的环境也极不相同。以探测行星际空间和太阳系以外的空间为目的的人造行星和宇宙飞船将在远离地球的宇宙空间中运行,它所遇到的主要是太阳风、行星际磁场、宇宙线、流星体等环境;如要探测木星或土星,则会遭遇木星辐射带或土星辐射带

的由高能带电粒子组成的强辐射环境；以通信、数据传输为目的的航天器在地球同步轨道上运行，使这一轨道成为航天器比较密集的区域，在这里除了来自外空的宇宙射线和流星体对航天器构成一定威胁外，地球磁层扰动时从磁尾注入的高温等离子体是此轨道上特有的恶劣环境，对航天器构成严重威胁，曾经造成许多航天器工作失常甚至完全毁坏，是其首先需要注意防护的环境因素；在数千千米高度上飞行的航天器的主要威胁来自辐射带中的高能质子和重离子诱发的单粒子事件，以及由高能电子和质子造成的剂量效应；在1000km以下运行的主要是对地观测卫星、气象卫星、载人飞船和航天飞机等，这个区域的环境条件与其他轨道环境有许多不同之处，最主要特点是地球高层大气的影响十分严重，它对航天器的阻力是航天器轨道最主要的摄动，是航天器陨落的主要原因，大气中的氧原子成分又是航天器表面化学腐蚀、剥离的主要原因，这一区域内的地磁场的强度较大，对航天器的姿态会产生较大的干扰力矩，同时也为姿态控制提供新的途径。此外，地磁场对高能带电粒子的偏转作用，成为航天器的天然屏障，使得低纬度区宇宙线强度大大低于上述其他区域，在这一区域中运行的航天器最多，遗弃在轨道上的"碎片"也最多，它正在成为威胁航天器安全的新的环境因素。表2-2对四种主要应用卫星轨道上各种环境参数的影响作一简要的比较[2]。

表2-2 不同轨道上各种环境参数对航天器的影响

环境参数	LEO 低地轨道 100~1000km	MEO 中地轨道 1000~10000km	GEO 静地轨道 36000km	行星际飞行轨道
中性大气	阻力对轨道影响严重；原子氧对表面腐蚀严重	没有影响	没有影响	没有影响
等离子体	影响通信，电源泄漏	影响微弱	充电问题严重	影响微弱
高能带电粒子	辐射带南大西洋异常区和高纬地区宇宙线诱发单粒子事件	辐射带和宇宙线的剂量效应、单粒子事件效应严重	宇宙线的剂量效应和单粒子事件效应严重	宇宙线的剂量效应和单粒子事件效应严重
磁场	磁力矩对姿态影响严重，磁场可作姿态测量参考系	磁力矩对姿态有影响	影响微弱	没有影响
太阳电磁辐射	对表面材料性能有影响	对表面材料性能有影响	对表面材料性能有影响	对表面材料性能有影响
地球大气辐射	对航天器辐射收支有影响	影响微弱	没有影响	没有影响
微流星体	有低碰撞概率	有低碰撞概率	有低碰撞概率	有低碰撞概率

为了便于航天工程上的应用,空间环境各参数往往是利用空间环境模式进行定量描述。空间环境各参数在空间分布和随时间的变化都是非常复杂的,每一次具体的测量都是局限在特定的空间和时间内进行的,要编制一个模式首先必须有足够数量的探测结果,并且这些探测还必须有足够的时间跨度和空间覆盖,即在时间上包括空间环境处于各种状态下的探测数据,例如,对于随太阳活动有强烈变化的参数需要有至少一个太阳活动周的探测数据,才能得出平均的,或太阳活动高年和低年时的模式;而在空间上必须对各参数涉及的整个空间区域进行测量。模式按其编制的方法不同分为理论模式和经验模式两大类,从空间工程应用的角度考虑,以大量探测数据为基础,在理论分析指导下编制的经验模式更为适用[2]。当前国际上主要应用的模式见表2-3。

表2-3 国际上主要应用的空间环境模式

位置	模式	主要参数
大气	U.S. Standard Atmosphere 1976	大气密度、温度和压力
	Jacchia Reference Atmosphere 1977	高层大气密度和温度
	COSPAR International Reference Atmosphere 1986	热层大气密度和温度
	Marshall Engineering Themosphere Model (MET)	热层大气密度和温度
	NRLMSIS-00 Empirical Atmosphere Model	热层大气密度和温度
	Horizontal Wind Model (HWM) 1993	水平风
电离层	International Reference Ionosphere (IRI)	电子密度和温度,离子(O^+,H^+,He^+,NO^+,O_2^+)温度和成分
磁场	International Geomagnetic Reference Field (IGRF)	地球磁场强度和矢量
辐射带	AP/AE	地球磁场捕获质子和电子
	CREESPRO/CREESELE	地球磁场捕获质子和电子
太阳质子事件	SOLPRO Model 1975	太阳质子流量
空间碎片	ORDEM 2008	空间碎片密度和速度
	MASTER 2005	空间碎片密度和速度

2.1.1 地球大气环境

地球大气是指被地球引力场和磁场所束缚、包裹着地球陆地和水圈的气体层,是影响近地航天器轨道运动和姿态运动的重要因素。

1. 大气的分层

由于地球自转以及不同高度大气对太阳辐射吸收程度的差异,使得大气在水平方向比较均匀,而在垂直方向上变化很大,例如,空气压强和密度都随高度增加而降低,而温度则随高度变化有很大差异。大气层总质量的90%集中在离地球表面15km高度以内,总质量的99.9%集中在地球表面50km高度以内,而在高度大于100km的空间仅占0.0001%左右。在2000km高度以上,大气极其稀薄,并逐渐向行星际空间过渡。

大气层没有明显的上限,随着距地面的高度增加,可以根据大气的热力性质、成分或电离状况等特征在垂直方向上分别划分为若干层次,如图2-2所示[10]。大气沿高度的分布特性是极为复杂的,各层之间也并非有一明显的界限,而是彼此间存在一个较薄的过渡区域。

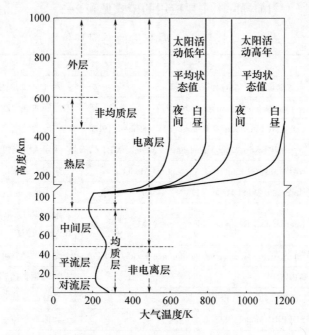

图2-2 大气分层结构的示意图

1) 按中性大气的温度变化划分

随着距地面的高度增加,地球大气根据大气温度变化特性可在垂直方向上划分为对流层、平流层、中间层、热层和散逸层,如图2-3所示。

(1) 对流层:从地面向上至温度出现第一极小值所在高度的大气层。该层大气处于与地球表面辐射、对流平衡状态,湍流是它主要的能量耗散过程。对流层内温度随高度的增加而较均匀地下降,温度递减率大约为6.5K/km。对流层顶的高度从极地至赤道是倾斜的,极地为6~8km,赤道地区为16~18km,中纬度

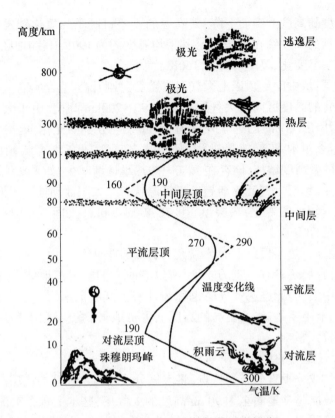

图2-3 按大气温度变化特性的层次划分

约为11km,极地和赤道对流层顶的大气温度可分别下降到220K和190K。这层气体的温度变化是因为气体很少能直接吸收太阳照射的热能,而是依靠地面吸收太阳能而被加热的。所以离地面越近,气温越高;离地面越远,气温越低。在这层里,含有大量水蒸气和尘埃,大气的活动异常激烈,正是由于这些不断变化着的大气运动,形成了多种多样复杂的天气变化。对流层是天气变化最复杂的一层,飞行中所遇到的各种天气变化几乎都出现在这一层中。

(2) 平流层:从对流层顶以上至温度出现极大值所在高度的大气层。地球大气中的臭氧主要集中在平流层内,臭氧吸收太阳紫外辐射。在平流层内,随着高度的增加,起初温度保持不变(平流层的下部也称为同温层),到20~30km以上,温度升高很快,平流层顶的高度约在50km处,其平均温度约为273K。气流主要表现为水平方向运动,对流现象减弱,这里基本上没有水气,大气平稳,天气晴朗,很少发生天气变化,适于飞机航行。

(3) 中间层:从平流层顶以上至温度出现第二极小值所在高度的大气层。

中间层内温度随高度升高而下降,其降温的主要机制是二氧化碳发射的红外辐射。中间层顶的高度约在85km处,其平均温度约为190K,高纬地区中间层顶温度有强烈的季节变化,夏季可降至160K。

(4) 热层:从中间层顶以上大气温度重新急剧升高,直至包含一部分温度不再随高度变化的高度区间的大气层。在约90~200km高度,由于大气吸收太阳辐射总波长小于200nm的远紫外辐射,引起大气分子的光化、电离,能导电,反射无线电短波,并伴随着放热过程,使得大气温度随高度有陡峭的增高。在200km高度随着高度增加,储存在大气中的热量逐渐减少,如果从地球磁层没有大的能量输入,热层大气就逐渐趋近于等温状态。太阳活动情况不同,热层顶的高度和温度有较大的变化,热层顶高度在400~700km之间变化,热层顶温度在500~2100K之间变化。

(5) 逃逸层:热层顶以上的等温大气称为外层大气。由于原子氢和氦的质量较轻,并且它们还具有一定的能量,所以有时它们能脱离地球重力场,逃逸到外空间环境中去,因此逃逸大气层也称为外层大气或散逸层。它的低层主要是原子氧,再向上主要是氦,在更高的高度上主要是原子氢。太阳活动和磁暴对外层大气也有较大影响。

2) 按大气成分的均一性质划分

根据大气成分垂直分布的特点,将大气分成均质层和非均质层。

(1) 均质层是从地面至约90km高度的大气层,基本上包含对流层、平流层和中间层。均质层大气通过湍流使大气成分均匀混合,大气成分基本均一,平均摩尔质量为常数,约为28.96g/mol。均质层大气遵从流体静压方程和理想气体状态方程。

(2) 非均质层位于均质层顶之上,是大气成分随高度有明显变化的大气层,基本上包含热层和外层大气。非均质层大气的平均摩尔质量随高度而降低。105km以下的非均质层大气湍流混合起主要作用,平均摩尔质量的降低只是由于氧分解的结果,高度为90~105km的大气仍然满足流体静压方程和理想气体状态方程。105km以上的大气在重力场作用下,分子扩散作用超过湍流混合的影响。大气处于扩散平衡状态,每种大气成分的分布遵循各自的扩散方程。大气压力、密度随高度增加呈指数形式下降,用密度标高表示大气密度下降的快慢程度。密度标高是大气密度减少到原来的$1/e$($e=2.71828$)所需要升高的高度,其单位为km。温度越高或分子摩尔质量越轻,密度标高就越大,所以温度越高,大气密度随高度下降越慢,分子摩尔质量越轻的成分,它的密度下降越慢。分子质量较轻的大气成分相对浓度随着高度升高而增高。非均质层下部的主要成分为氮气、氧原子和氧气,其上部的主要成分为氧原子、氦和氢原子。

3）按大气的电离情况划分

按电离情况,地球大气又可分为非电离层和电离层。

非电离层高度在50km以下,大气处于中性原子状态,也可称为中性层。

从非电离层顶开始,部分大气分子受太阳电磁辐射和其他粒子的辐射而电离,形成由电子、正离子、负离子及中性粒子组成的电离介质区,它一直延伸到几千千米高度,称为电离层。电离层几乎全为电子和正离子,电子浓度不仅随高度变化,还随昼夜、季节、纬度和太阳的活动而变化。

2. 真空环境

随着高度的增加大气越来越稀薄,也就是越来越接近真空。随着大气密度减小,大气压力也随着减小。度量环境真空度的高低一般不用大气密度,而是用大气压力,单位是Pa。与大气密度类似,大气压力也是基本上随着高度的增加按指数规律下降。

在春秋季节时,北半球中纬度海平面处的大气标准压强是101325Pa。高空大气压强在10km高度处约为海平面的1/4,90km处约为10^{-1}Pa,400km处约为4×10^{-6}Pa,800km处约为10^{-7}Pa,2100km处约为10^{-9}Pa。2000km高度以上压力随高度而下降的速度变缓,10000km处约为10^{-10}Pa。

在空间轨道运行的航天器,环境压力范围是从高真空到极高真空,距地面数百千米的低地轨道环境为高真空,距地面数千千米的中地轨道环境为超高真空,距地面数万千米的高地轨道环境为极高真空。

3. 原子氧环境

在距地球表面200~1000km高度范围内,残余大气中的成分包括氮、氧、氦、氢和氩等的分子或原子。但是在300~500km范围内原子氧所占成分较多。图2-4中给出了各种成分浓度变化的最大值和最小值。尽管大气层中原子氧在300~500km范围内的平均数密度只有10^9~10^6/cm^3,但是,对于高速飞行的各种航天器在前向表面形成的通量密度可高达10^{13}~10^{15}/($cm^2\cdot s$)。

原子氧在轨道上的热动能并不高,一般为0.01~0.025eV,对应温度一般为1000~1500K,而航天器相对大气的速度接近8km/s,这就相当于原子氧以5eV的能量与航天器前面相撞,即等效于约5×10^4K的原子氧与航天器作用。更主要的问题在于原子氧是极强的氧化剂。这种高温氧化和高速碰撞对材料作用的结果是非常严重的。因此,低轨道航天器及其外露载荷在设计时就需要考虑原子氧环境的影响。

4. 大气模式

对航天器产生影响的大气参数主要包括大气的温度、密度、压力和成分,它

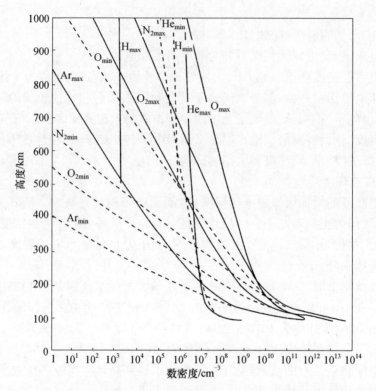

图 2-4　原子氧在空间分布

们随着时间、地点不断地发生变化，而且复杂多变，难以预测。实际上，通常人们获得大气的相关性质，不是通过纯粹的理论推导，而是根据需要采用已有的大气模式中的一种或多种而得到的。通过对大量的探测数据进行统计和理论分析，人们得出了各种不同的大气模式。它们往往由计算公式、微积分方程、数据图表或计算机程序给出，代表大气的基本状况，通过直接查表或计算就可得到所需要的大气性能参数，满足科学和工程上的需要。

1) 美国标准大气模型 1976

该模型是一种使用方便、得到国际上承认、被广泛使用的标准大气模式，它代表了北半球中纬度(45°N)、中等太阳活动下的平均状态。它是在平均太阳活动状况基础上用日平均数值建立的，未考虑昼夜交替、季节变换或纬度变化引起的大气波动。

2) NASA Goddard 空间飞行中心的 MSIS2000 模式

该模型是以航天器原位观测数据以及地面随机分布的雷达站点遥感数据为基础的计算机程序。它把热层看作一低通滤波器，假设球谐函数是热层的本征函数。该系列的模式定义大气温度,考虑大气的混合、扩散过程,提供大气成分和密度。大气随地理和地方时的变化公式是建立在低量级球谐函数的基础上的,球谐函数的展开也反映了大气参数随太阳活动、地磁活动及年、半年、季节、昼夜和半日等的变化。

3) NASA Marshall 工程用热层模式——MET

该模式的计算建立在高层大气静态扩散的基础上,定义温度和大气成分,推算大气密度。假设 90km 处大气温度、密度和平均摩尔质量为常数的边界条件,再由经验定义的大气温度剖面使得产生的大气密度与卫星轨道衰减数据所获得的密度数值相一致,该模式适用于 90~2500km 的高层中性大气环境。

4) 空间研究委员会(COSPAR)国际参考大气模式——CIRA86

该系列参考大气是国际性和权威性最强的参考大气。它由热层参考大气、中层参考大气和微量成分参考大气等三部分组成。CIRA86 的中层大气部分从地面到 120km,热层部分从 90km 到 2000km,90km 和 120km 相互重叠,数据及形式有所不同。考虑到人们主要关心的高度在 100km 以上,因此使用热层经验模式。利用该热层经验模式可以计算指定球坐标参数、世界时、日期、太阳 F10.7 流量和地磁 Ap 指数条件下的温度、密度。

2.1.2 等离子体环境

根据人们目前所知,所有的物质有 4 种基本形态,即固态、液态、气态和等离子态。区分这 4 种形态的不同之处在于衡量物质具有多少有效能(热量)。加热固态物质会变成液态物质,加热液态物质可以变成气态物质,加热气态物质就形成了等离子态物质。从根本上讲,当原子中的电子得到能量,摆脱原子核对电子的束缚时,就形成了等离子体。电子摆脱原子核束缚后形成的电子和正离子的混合物统称为离子。宇宙中超过 99% 的物质,如太阳和恒星体,都是等离子体,非等离子体物质只有 1%,而人类恰恰就生活在宇宙中非常稀少的非等离子体物质中。

地球周围大多数的轨道环境都处于等离子体状态。一般认为,在地球空间的电磁环境中,能量低于 100keV 的带电粒子构成空间等离子体,因其相对于宇宙射线和地球辐射带的粒子(统称为高能粒子)能量要低,故有时又称为低能粒子。按其能量或温度的不同又分为高温等离子体($\geqslant$10eV)和冷等离子体(<10eV)。空间等离子体几乎充满整个日地空间,等离子体的密度、组分、能量随高度而变化。

离人们最近的等离子体环境就是地球电离层。这里主要从电离层入手,分析典型的空间等离子体环境及其对航天活动的影响。

1. 电离层等离子体环境

电离层是地球大气的一个重要层区,它是由太阳电磁辐射、宇宙线和沉降粒子作用于地球高层大气,使之电离而生成的自由电子、离子和中性粒子构成的准中性等离子体区域[11]。它处在50km至几百千米高度间,温度在180~3000K范围之间,其带电粒子(电子和离子)的运动受到地磁场的制约。

电子密度又称为电子浓度,即电离层中单位体积内电子的数量,单位为个/m^3。它是描述电离层的最基本参量。探测结果表明,电子密度在90km、100km和300km处有峰值,且在300km处电子密度最大。根据电子密度的不同,电离层可分为D层、E层和F层,如图2-5所示。D层一般指地面上高50~90km的区域;E层通常指地面上空90~130km的高度区;F层是指从130km直至几千千米的广大高度区。

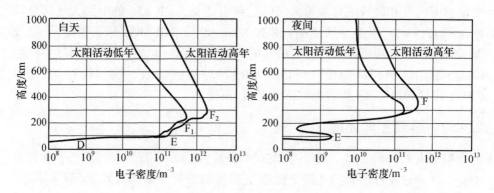

图2-5 正常电离层结构示意图

电离层电子密度的高度分布随昼夜、季节、纬度和太阳活动而变化。所以,电离层各层的高度、厚度有明显的日变化、季节变化和纬度变化。由于白天和晚上的电离源(太阳电磁辐射)不同,电离层结构也有所不同,在夜间D层消失,而E层和F层电子密度减小。太阳活动高年和低年中,太阳电磁辐射的差异造成电离层电子密度有很大差别。但共同的特点是在200~400km高度之间电子密度有一个明显的峰值,这是因为在更高的高度上,虽然太阳电磁辐射很强,但大气较为稀薄,因此电子密度较低;在更低的高度上,大气原子和分子的数目虽然多了,但太阳电磁辐射由于高层大气的吸收而减弱,大气密度的增加也导致电离成分和中性成分的碰撞概率增加,从而使电子密度降低。

电离层除了具有正常的结构背景以及不均匀结构以外,还伴随着太阳耀斑、磁暴等全球性扰动过程而出现电离层突然骚扰(sudden ionosphere disturbance,SID)、电离层暴以及极区反常现象。

太阳耀斑爆发几分钟后,电离层的低层(主要是 D 层)经常出现电离度突然增强的现象,称为电离层突然骚扰。它造成日照半球上短波与中波信号立即衰减甚至完全中断,长波和超长波的天波相位发生突变(Sudden Phase Anomaly,SPA),地磁出现骚扰。骚扰持续时间为几分钟到几小时。该现象几乎牵涉到无线通信和地球物理的一系列电磁现象,出现率随太阳活动的增强而增强。

电离层暴也是太阳耀斑引起的一种电离层扰动。太阳耀斑发生时,由于太阳局部发生扰动,抛射出大量带电粒子流或等离子体"云",这些粒子流到达地球后,破坏了电离层的正常结构,引发电离层暴。通常伴随着磁暴与极光现象的发生,发生时间迟于太阳耀斑爆发 36h 左右,持续时间为数小时至数日。电离层暴发生时,极区的变化最为剧烈,中纬区变化较为规律,F 层的最大电子密度下降,最大电子密度对应的高度上升,而赤道区的最大电子密度上升。电离层暴涉及范围广,可以遍布全球,在极光带最为严重,电离层暴的强度和出现频率与太阳活动有密切关系。电离层暴对短波通信影响较大,短波吸收加剧甚至中断,造成无线电信号不稳,最大可用频率下降,信号场强大大减弱,以致无法维持通信。

极区电离层与中、低纬电离层的区别在于极区的太阳光照条件的日变化和季节变化均比较小而且缓慢,容易受到太阳带电粒子流的影响。在极区经常产生极光和磁扰,甚至在磁静时期极区的电离层扰动也很大。在磁扰期间,极区电离层有复杂的结构和变化,随磁暴的增长,E 层反射更高的频率,F 层回波消失;磁暴最大时,"回波"中断,即出现极盖吸收现象(the polar cap absorption event,PCA)。这是由于太阳耀斑喷发出 5~20MeV 的质子进入极盖区,使 D 层电离剧增而造成该区对电波的吸收剧烈增强。同时夜间还出现极光带吸收现象。

2. 电离层等离子体模式

1) 国际参考电离层模式——IRI2007

该模式是一个全球的电离层经验模式。它是利用全球地面分布的几百个电离层观测站的长期观测资料及卫星观测资料,由国际无线电科学联盟和空间研究委员会(URSI/COSPAR)联合从 20 世纪 60 年代后期开始发展建立的。随着观测数据的不断增多和理论研究的深入,不断推出新的 IRI(International Reference Ionosphere)版本。自 1978 年开始,先后推出了 IRI78、IRI80、IRI86、IRI90、IRI95、IRI2001 等版本,现在最新的是 IRI2007 版本。它所提供的是全球电离层的各有关特征参量(电子密度、临界频率、电子温度、离子温度等)的月平均状态值。

2) Chiu 模式

该模式根据当地时间、纬度和太阳黑子数来描述较大范围内的电离层电子密度。它的数据基础是由 1957—1970 年间分布在 50 个国家的电离层探测仪获得的数据。该模式使用少于50个参数来求解赤道或高纬度地区的电离层电子密度,能够给出初估计的起始值。

2.1.3 地球磁场

1. 环境描述

地球磁场也称地磁场,按其起源可分为内源场和外源场。内源场起源于地球内部,是地磁场中的主要部分,包括基本磁场和外源场变化时在地壳内感应产生的磁场。外源场起源于地球附近电流体系的磁场,包括电离层电流、环电流、场向电流、磁层顶电流及磁层内其他电流的磁场。

地球本身是一个大磁体,有两个磁极(南极和北极),两个磁极的位置不断变化,1965年,地磁北极位于北纬78.5°和西经69.8°,与地球自旋轴的偏角大约为11.5°。在磁极的地方,磁力线垂直地平面。地球磁场伸向空间,可以近似地看作是位于地球中心的磁偶极子的磁场。在500km高度处,磁场分布近似于偏心偶极子,磁场强度约为2×10^4(赤道附近)$\sim 6.7\times10^4$nT(极区)。由于地球内部磁源分布的变化和影响,在南大西洋和东亚大陆地区,地磁场对偏心偶极子磁场有较大的偏离,称南大西洋负异常区和东亚大陆正异常区。

外源场中的重要部分来自太阳风。组成太阳风的电子和离子在地磁场的洛伦兹力作用下,向相反方向偏转,形成一个包围地球的腔体,称为磁层。从空间探测所得的数据,可以示意性地给出地球磁层的概念,如图2-6所示。因为太阳风是一种等离子体,所以它也有磁场,太阳风磁场对地球磁场施加作用,好像要把地球磁场从地球上吹走。尽管这样,地球磁场仍有效地阻止了太阳风长驱直入。在地球磁场的反抗下,太阳风绕过地球磁场,继续向前运动,于是形成了一个被太阳风包围的、彗星状的地球磁场区域,这就是磁层。太阳风压迫地球在向阳面使其磁场收缩为压扁的半球,它与地球的距离约为10个地球半径,在背阳面则是磁场伸长,形成近似圆柱状磁尾,可延伸至1000个地球半径的空间。

经长期观测发现,地球磁场是经常变化的,可以分为长期变化和短期变化,长期变化是以年为单位来计量的持久的微小磁场变化,需要几百年的时间才能看出显著变化,认为是地球内部原因引起的;短期变化是以秒、分、时计量的,主要包括地磁的日变化和磁暴、磁亚暴等变化,这些变化是由于太阳风与地球磁场之间的相互作用和高空电离层流变化等外部原因引起的。

日变化是地球磁场一天当中的规则变化,其磁场任何分量的改变一般为当地磁场的几千分之一,这种变化情况,白天和夏季比夜间和冬季要大。

磁暴和磁亚暴是不规则的磁场变化,是由太阳耀斑爆发引起的。磁暴几乎

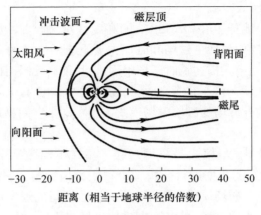

图 2-6 地球磁层的概略图

在全世界同时发生,开始阶段持续约 1h,总磁场强度大约增加 50nT,主要阶段持续时间几小时,总磁场强度降低 500nT 以上,最大的变化超过 1000nT。磁场需 2~3 天才能恢复到磁暴前的水平。磁亚暴扰动的强度及持续的时间尺度一般比磁暴小得多。

2. 磁场模式

1) 主磁场模式——IGRF

国际地磁和高空物理协会(IAGA)发表的国际参照磁场模式(IGRF)是采用最广的磁场模式。该模式中,基本磁场在地球以外的空间磁位势 V 满足拉普拉斯(Laplace)方程,用勒让德级数来表述:

$$V = R_E \sum_{n=1}^{\infty} \sum_{m=0}^{n} \left(\frac{R_E}{r} \right)^{n+1} P_n^m(\cos\theta) [g_n^m \cos(m\lambda) + h_n^m \sin(m\lambda)]$$

式中,V 为磁场位势;R_E 为地球半径(6371.2km);r 为离地心的距离;θ 为地理余纬(极距);λ 为地理东经;$P_n^m(\cos\theta)$ 为 n 次 m 阶的拟规格化勒让德函数;g_n^m、h_n^m 为基本磁场的高斯系数,五年为一个场期,相应的高斯系数每五年更换一次。

依据以上表达式,用户只要输入相应的参数,即可获取对应的地磁场数据。由磁场的解析表达式可以看到,在越接近地面的地方需要越多的项数才能更精确地描述磁场异常的细节。随高度增加,主磁场的偶极场(与 $n=1$ 相应的调和项)以 r^{-3} 的比例衰减,而主磁场的非偶极部分,即相应的 $n=2,3,4,5,\cdots$ 的调和项地磁场分别以 $r^{-4},r^{-5},r^{-6},r^{-7},\cdots$ 的比例衰减。大约到 500km 高度时,磁场就接近光滑的偶极场。但在大于 $5R_E$ 以外,外源场的比重增大,磁层磁场对偶极场有较大偏离。国际参照磁场模式不再能够较好地描述那里的磁场。

2) 磁层磁场模式

在离地球几个地球半径(R_E)以上的高度区域,地球磁场已大大偏离偶极场,这里的磁场需要用包括主磁场和磁层主要电流的磁场的模式来表达。由于外源场变化复杂,用模式描述瞬时磁场很困难,目前尚无瞬时磁场的模式。现在已存在若干一定扰动条件下的平均外源场模式。其中 Tsyganenko 磁层磁场模式是包括内源场和外源场的磁层磁场模式。它在许多空间物理问题的研究中已被广泛采用。

Tsyganenko 磁层磁场模式是根据多颗卫星在不同磁扰水平条件下取得的 36682 个磁场矢量观测数据进行分析拟合得到的经验模式,这些观测覆盖了相当大的磁层空间。该磁场模式适用于 $(4\sim70)R_E$ 空间范围。它包含了主磁场和主要磁层电流系产生的磁场,可以给出磁层磁场在不同磁扰条件下的平均磁场分布。该模式是平均模式,因而只具有参考意义,与具体情况会有很大偏离。

2.1.4 粒子辐射环境

空间环境的粒子辐射由两大类组成:一类是天然粒子辐射环境,主要包括地球辐射带、太阳宇宙线和银河宇宙线三部分,如图 2-7 所示,其主要成分是质子和电子,具有能量高、能谱宽、强度大的特点;另一类是高空核爆炸后所生成的核辐射环境。

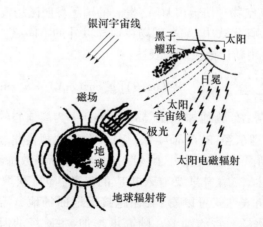

图 2-7 天然粒子辐射环境

1. 地球辐射带

地球辐射带是指近地空间被地磁场捕获的高强度的带电粒子区域,常称为地磁捕获辐射带。由于地球辐射带是美国学者范·爱伦(Van Allen)首先探测到的,所以也称为范·爱伦辐射带。地球辐射带的大致结构如图 2-8 所示。可以看到,辐射带的形状大体上近似于在地球赤道上空围绕地球的环状结构,强度明显集中在两个区域,即内辐射带和外辐射带。因为组成辐射带的带电粒子是沿着地球磁场的磁力线运动的,所以辐射带的边缘也大体上与磁力线一致,并在向阳面和背阳面有差异。

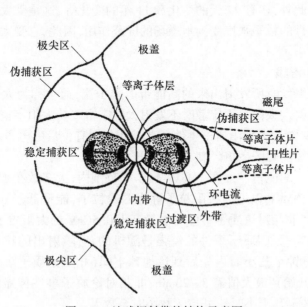

图 2-8 地球辐射带的结构示意图

内辐射带靠近地球,在赤道平面上约 600~10000km 的高度范围内,中心位置高度为 3000~5000km,在地球子午面上纬度边界为±40°左右。内辐射带所捕获的电子能量范围为 0.04~4.5MeV,所捕获的质子能量范围为 0.1~400MeV。

外辐射带是离地球较远的捕获粒子区。外辐射带在赤道平面上约 10000~60000km 高度范围内,中心强度位置离地面约 20000~25000km,在地球子午面上纬度边界范围为±55°~±70°。所捕获的粒子主要是电子,其能量范围为 0.04~7MeV。也有能量很低的质子(通常在几兆电子伏以下)。内外辐射带之间粒子辐射强度较弱的区域称为槽区(或称为过渡区)。

常用的辐射带经验模型是辐射带粒子通量模型。它是太阳活动高年或低年条件下用来计算给定粒子能量和空间坐标时的粒子积分或微分通量。常用的静态模型是 AE-8 和 AP-8,分别是电子和质子通量模型。辐射带模型仅仅是地球辐射带的平均静态模型,实际上辐射带粒子(捕获的电子和质子)的强度与太阳活动密切相关,它受到太阳活动的强烈调制。由于太阳活动的影响,外辐射带的粒子(主要是捕获电子)强度变化较大。在地球同步轨道高度(36000km)附近,能量大于1.9MeV的带电粒子强度可变化一个数量级。由于太阳风压缩地球磁场,使得在离地心5个地球半径以外直到地磁场边界区域内的地磁场有很大的畸变,再考虑地球的自转,则在地球同步轨道高度上电子强度在每个昼夜可变化两个数量级。此外,还有27天的变化和11年的变化等,这是受太阳活动调制的结果。内辐射带的粒子强度受到地磁场的屏蔽作用,因此,它受太阳活动的影响要较外辐射带小。

2. 太阳宇宙线

太阳耀斑爆发时所发射出来的高能带电粒子流,通常称为太阳宇宙线或太阳带电粒子辐射。太阳表面宁静时不发射太阳宇宙线。太阳宇宙线组成绝大部分是质子(故又常称为太阳质子事件),此外还包含有少量的电子和α粒子及少数电荷数大于3的粒子(如碳、氮、氧等重核粒子)。

太阳宇宙线的能量一般在1MeV~10GeV范围内,大多数在1MeV至数百兆电子伏之间。10MeV以下的太阳粒子称为磁暴粒子,能量低于0.5GeV的太阳质子事件称为"非相对论质子事件",能量高于0.5GeV的太阳质子事件称为"相对论质子事件"。太阳质子事件的流强是随机的,所喷射出的粒子依能量大小不同,约数十分钟至几小时内先后到达地球空间(相对论质子事件传播时间通常小于1h,从开始到最大值需3~20min;非相对论质子事件传播时间从几十分钟到几小时,甚至几十小时),并持续数小时至数天。

在地球空间,通常认为能量大于20MeV的质子对卫星会产生有害的影响。太阳质子事件对地球在轨卫星的年剂量平均为数个至上百戈瑞(Gy,是指单位质量靶物质中沉积的辐射能量,即$1Gy = 1J/kg$)。特大的质子事件少(1个太阳周约2~3个),但总剂量大,对星上设备的元器件损伤严重,尤其对航天员空间活动的影响更大。

3. 银河宇宙线

银河宇宙线是从太阳系以外银河各个方向来的高能带电粒子,其粒子通量很低,但能量很高。银河宇宙线的粒子能量范围是$40~10^{13}$MeV,甚至更高,大部分粒子能量集中在$10^3~10^7$MeV。银河宇宙线是由电子和元素周期表中所有元素的原子核组成。元素周期表中前28种元素的核离子是其主要成分,其中成分(丰度)最大的是质子(氢核),约占总数的84.3%,其次是α粒子,约占总数的14.4%,其他重核成分约占总数的1.3%。

银河宇宙线在进入日层前,还未受到太阳风的影响,其强度可认为是均匀的和恒定的,即不随空间和时间变化。但进入日层后,受太阳风的影响,银河宇宙线的强度逐渐减弱。另外,它们进入地球磁场作用范围之后,由于受到地磁场的强烈偏转,使得能量较低的粒子难于到达地球,同时产生纬度效应、经度效应,因此,出现东南西北不对称性。太阳活动低年时,银河宇宙线积分通量在距地面 50km 以上的空间约为 4 粒子数/($cm^2 \cdot s$);在太阳活动高年时,银河宇宙线强度约比低年时减少 50%。

4. 高空核辐射环境

这是由高空核爆炸所造成的辐射环境。核爆炸时,巨大的能量在一个小的体积内释放出来,向外射出 X 射线、γ 射线、裂变碎片、电子和中子,在爆炸区域形成了一个很密的热等离子体。X 射线和 γ 射线引起爆炸区的上层大气电离,中子以直线向外运动,在它们离开磁层以前就衰变成质子和电子。最后,带电粒子沿着磁力线做螺旋运动,一部分在爆炸后的最初几小时就沉降到上层大气中,另一部分形成了长时间存在的辐射带。爆炸区所释放的高能电子也将沿着磁力线运动,或者引起极光,或者被磁场捕获。

等离子体形成了高温的磁空腔,它排斥地磁场,慢慢地膨胀,最后可膨胀到数千千米,引起显著的地磁扰动。如果爆炸是在大气中,等离子体将被浮力举到更高的高度。随着等离子体逐渐膨胀,内能密度逐渐减小,最后磁场又返回到等离子体内,这时磁空腔内包含的带电粒子就释放出来了。

在爆炸邻近的区域有很强的初始的和延时的辐射。在爆炸区域内,地球大气的电离层效应主要是由 X 射线和 γ 射线引起的,因为将近爆炸能量的一半是以这种形式释放的。上层大气电离的增加将引起通信短波中断,长波相移。

2.1.5 空间光辐射环境

在地球空间中传输的光辐射主要有两个来源:一个是太阳,温度高而距离较远;另一个辐射源是地球及其大气,温度较低而距离较近。

1. 太阳电磁辐射

在地球环境中,最强大的辐射源是太阳。太阳是一个中等恒星,它是一个炽热的气体球,可见的日面叫光球层,近似为 6400K 温度的黑体。光球层上面是一个透明的色球层,温度高达 5000K。在色球层上是日冕,温度高达 1.5×10^6K。太阳不断地发射出能量为 4×10^{33}erg/s(1erg = 10^{-7} J)的电磁辐射,它包含了从波长 10^{-8} μm 的 γ 射线到波长大于 10km 的无线电波的各种波长电磁波。

太阳黑子就是在太阳光球层上看到的暗区,黑子常常呈现为黑子群。黑子活动是太阳活动的一种,黑子活动基本上呈现平均 11 年一个长周期(黑子数最少到 10 以下,最多可到 200 个)的变化。太阳局部突然增亮的现象称为耀斑,太阳耀斑寿命为十几分钟至几小时。耀斑射出的电磁波主要分布在 X 射线、紫外线和射电波段。在特大爆发时,耀斑辐射的波长可包括由 0.0002nm~10km 的广阔波段。耀斑除了发射电磁波外,同时还高速喷出质子、中子和电子。

太阳辐射通常以太阳常数、太阳光谱和太阳辐射到达地面的大气吸收特性来描述。

太阳常数是指大气层外,在地球—太阳的年平均距离(即1个天文单位,记为 1AU,1AU = 1.49597893×10^8 km)位置时,垂直于太阳入射方向的单位面积上,单位时间内接收到的太阳总辐射能。考虑到1970—1981年间 Nimbus-6、7号卫星、火箭和高空气球的高精度测量结果,NASA于1982年选取太阳常数值为(1371 ± 5) W/m^2。日地距离是随四季变化的,由此引起太阳辐射通量密度的年内变化可达3.3%。

太阳辐射光谱主要是太阳大气层的辐射、吸收光谱。太阳大气层粗略地可分为内层的光球层、中层的色球层和外层的日冕层。光球层辐射出连续光谱;色球层由稀薄气态物质组成,吸收和发射线光谱;日冕层是等离子体,吸收和发射的光谱能量比较微弱。

目前,整个电磁频谱的划分如图2-9所示。太阳辐射能量主要集中在 0.30~3.00μm 的波长范围内,峰值波长在 0.47μm 左右,如图2-10所示。其中波长 0.15~0.40μm 的紫外辐射约占9%;波长 0.40~0.76μm 的可见光占 45.5% 左右;波长 0.76~3.00μm 的红外辐射约占45%。

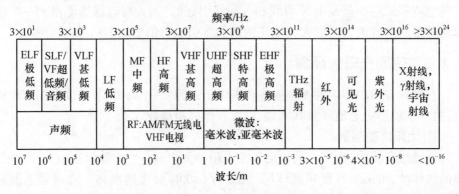

图 2-9 电磁频谱图

由于地球大气的吸收和散射结果,在地面观测到的太阳辐射光谱有许多吸收暗线和吸收带。这些吸收线和带主要是由地球大气中的臭氧、氧、水汽、二氧化碳及地球大气中的尘埃等物质选择性吸收作用造成的。臭氧吸收带在紫外及可见光区,氧气吸收带在极紫外及 0.76μm 附近,水汽吸收带主要在红外区。

2. 地气辐射

入射到地球大气中的太阳辐射能一部分受到地球大气的散射和云层及地面

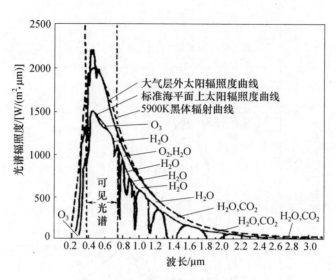

图 2-10 太阳辐射光谱辐照度曲线

的反射返回到宇宙空间,另一部分被地球表面和大气层吸收转化为热能,加热地球表面及其大气层。地球反照率是指总入射太阳辐射被地球大气散射和云层、地面反射回空间的比例。在研究地球及其大气作为一个整体的能量平衡时,通常将它们作为统一的系统考虑,称为地球-大气系统,简称地气系统。地气系统射出辐射,简称地气辐射,是指辐射到宇宙空间的地球、大气的热辐射。由于地气系统射出辐射的主要能量处在波长大于 4μm 的光谱范围,有时也称为地气系统长波辐射,而太阳电磁辐射的主要能量处在小于 4μm 的光谱区,有时也称为太阳短波辐射。

地气系统射出辐射的平均值为 $(237\pm 7)\,W/m^2$。它随季节变化的幅度约为 ±30%,而短期变化的幅度也基本在这个量级。从赤道到两极其射出辐射约从 $250\,W/m^2$ 减小到 $140\,W/m^2$。由于地球大气水汽、二氧化碳和臭氧等气体的吸收特性,地气系统射出辐射谱中有明显的吸收带结构,其光谱特性如图 2-11 所示。

2.1.6 空间引力场

最为人们所熟知和无所不在的物理环境是天体的引力环境。至今人们航天活动基本上还是在太阳系内。在这样的空间范围内,对引力的计算完全可以应用经典的万有引力定律。引力是制约航天器运动的具有决定性的外力。正是在引力作用下,航天器才作轨道运行,也正是利用引力特性,人们才设计出航天器

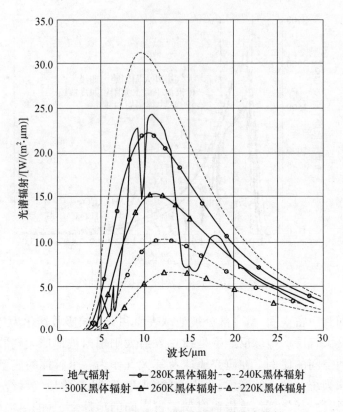

图 2-11 地气系统射出辐射的光谱分布特性

的太阳同步轨道和地球同步轨道等特殊的飞行轨迹。在轨道确定及轨道分析中,引力是最基本最重要的考虑因素。

根据牛顿万有引力定律:

$$F = G\frac{m_1 m_2}{r^2}$$

式中:F 为两个物体间的吸引力;m_1 和 m_2 分别为两个物体的质量;r 为两个物体间的距离;G 为万有引力常数。因此,离开地球表面的航天器位于高度 h 时,与地球间的引力为

$$F_h = G_E M_E \frac{m}{(R_E + h)^2}$$

式中:F_h 为地球对航天器的吸引力;G_E 为地球的引力常数;M_E 为地球的质量;m 为飞行器的质量;R_E 为地球半径。可见,随着航天器轨道高度的增加,所受到地球的引力要减小。

在地球空间,在轨航天器除受地球的引力作用外,还会受到月球、太阳等天体的引力影响。表 2-4 给出了几个天体的基本引力特性和几何特性。

表 2-4 几个天体的基本引力特性和几何特性

特性参数	地球	月球	火星	金星
赤道半径/km	6378	1738	3394	6051
扁率	1:298	1:326	1:192	0
极半径/km	6356	1732	3376	6051
平均半径/km	6371	1736	3388	6051
引力常数/(km^3/s^2)	398600	4902	42828	324858
表面自由落体加速度/(m/s^2)	9.81	1.67	4.02	8.43
第一宇宙速度/(km/s)	7.91	1.68	3.6	7.23
第二宇宙速度/(km/s)	11.18	2.38	5.09	10.78

物体在引力场中自由运动时,有质量但不表现重量的一种状态,称为失重状态,又称为零重力状态。有时,失重状态也泛指零重力和微重力状态。

设大地水准面上重力加速度为 g_0,航天器处于某运动状态时的重力加速度为 g,则比值 g/g_0 称为该状态的载荷系数,用 K 表示

$$K = \frac{g}{g_0}$$

其中,$K>1$ 时,称为超重力状态;$K=1$ 时,表示航天器位于大地水准面上,称为 $1g_0$ 状态;$10^{-4} \leqslant K < 1$ 时,称为低重力状态;$10^{-7} \leqslant K < 10^{-4}$ 时,称为微重力状态,用 μg_0 表示,又称 μg_0 状态。

在微重力环境下,将出现与地面不同的物理现象,如冷热气体自然对流基本消失,液体由于密度不同引起的沉浮和分层现象消除,流体静压力消失和毛细现象加剧等。

2.1.7 微流星体与空间碎片

空间环境中,除各类粒子、带电粒子、地磁场和电磁辐射外,还存在大量中性的固态物质,主要包括微流星体和空间碎片两部分。前者是宇宙空间天然存在的微小天体,后者是人类航天活动造成的废弃物。

微流星体的大部分起源于彗星,小部分起源于小行星。它们的直径大部分为 0.1~10μm,质量大都小于 1mg,相对地球的速度达到 10~70km/s。微流星体

对航天器或有效载荷裸露的表面有破坏作用。较大尺寸的微流星体可能击穿航天器的舱壁。但是，微流星体通常沿大椭圆轨道运行，在近地轨道附近的停留时间很短，与航天器碰撞的概率很小。一般载人飞船都没有微流星体的保护壳，只有长期飞行的空间站才有微流星防护罩。

空间碎片是人类空间活动的产物，包括大量运载工具产生的喷射物和抛弃物、失效的有效载荷、空间物体爆炸/撞击产生的碎片等。根据美国空间监测网（Space Surveillance Network，SSN）的监测结果，截至2021年1月，编目的在轨物体（尺寸一般大于10cm）数量超过16000颗（见图2-12），其中70%以上是空间碎片[12]，尺寸小于10cm的小碎片的数目则不计其数。绝大部分空间碎片处在高度低于21000km的近地轨道，它们绕地球旋转的速度通常在7~8km/s，与航天器迎头相撞的速度可以高达15km/s。空间碎片所具有的强大动能对在轨航天器构成了严重的威胁[13]。

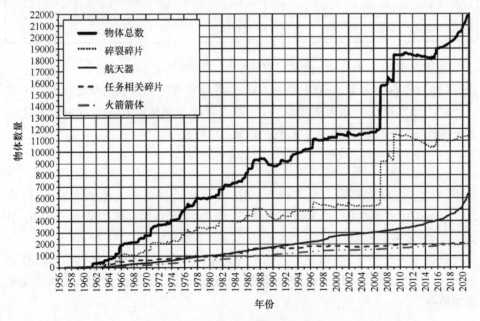

图2-12 空间碎片数量日益增长

空间碎片的来源很多，各种来源产生的碎片尺度也不相同，不同机构或人员对来源的分类也不尽相同。表2-5是对空间碎片来源的一种分类[14]。

在轨解体是空间碎片的重要来源，其中撞击产生的空间碎片数量比爆炸产生的多，而且一般也都太小无法跟踪，其运动的速度要比爆炸产生的空间碎片高，因此，撞击比爆炸产生的空间碎片对使用中的有效载荷的威胁更大。尽管当前大部分空间碎片来自爆炸,但是随着空间碎片数量的快速增加,撞击正在逐渐成为最主要的来源[15]。

表 2-5 空间碎片来源分类表

主要种类	原因	碎片来源
任务相关物体(在任务运行期间释放的部件)	设计成要释放的物体	操作性碎片(紧固件、盖子、导线) 实验中释放的物体(针状物、球状物等) 实验后将予割断的系绳 其他(在回收进空间站前释放的物体等)
	无意释放的物体	退化后剥落的漆块和防护层 被碎片割断的系绳 回收空间站前出于安全保障而释放的物体 密度大的液体(核动力系统泄漏的液体等) 含有铝添加剂的固体发动机燃烧后的熔渣
在轨解体	故意破坏	科学或军事实验中的破坏(包括自毁、故意撞击等) 再入前为尽量减少地面灾难而实施的结构性分解 为确保星上装置和数据的保密性而实施的破坏
	意外解体	故障引起的爆炸 指令爆炸系统造成的高强度爆炸 剩余推进剂、蓄电池等引起的低强度爆炸
	在轨撞击	同编目物体撞击后产生的碎片 同未编目粒子撞击后产生的碎片
结束任务的空间系统		留在 GEO、GTO、LEO 和 HEO 的系统

2.1.8 行星际空间环境

行星际空间是一个真空度极高的环境,存在着太阳连续发射的电磁辐射、爆发性的高能粒子辐射和稳定的等离子体流(太阳风)。这里的环境除了主要受太阳活动的影响外,还受来自银河系的宇宙线和微流星体等的影响。太阳向空间辐射各种波长的电磁波,除可见光外,还有红外线、紫外线和 X 射线等。当太阳耀斑发生大爆炸时,可以使宇宙射线增强一万倍,其时间可延续好几个小时,此时可导致地球上的短波无线电通信中断,要想防护或避开都是很困难的。来自银河系的高能带电粒子很小,对航天器影响不大。

2.2 空间环境效应

人们把专门研究空间环境与航天器相互作用的领域,称为空间环境效应学。

表 2-6 列出了多种典型的空间环境效应。由于认识到空间环境效应的重要性，NASA 于 1993 年设立了一个国家级机构，来协调这一领域的工作，并于 1994 年发布了第一份空间环境效应研究公报，公布了用于航天器研发的轨道环境指导原则[16]。1993 年，国际标准化组织（ISO）也按照联合国宪章成立了太空系统技术委员会，其任务之一就是制定国际公认的空间环境标准。

表 2-6 典型的空间环境效应

环 境	效 应
真空环境	压力差 材料出气和污染 材料蒸发、升华和分解 真空冷焊 真空放电
中性粒子环境	机械效应：气动阻力，物理性溅射 化学效应：原子氧腐蚀，航天器辉光
等离子体环境	航天器表面充电：接地电压改变 释放静电：电介质击穿，气弧放电 辅助溅射 吸附污染物
辐射环境	总剂量效应：太阳能电池性能降低，传感器性能降低，电子设备性能降低 单粒子效应：翻转、闭锁…… 太阳紫外射线造成材料降解
微流星体/空间碎片环境	高速撞击

空间环境对航天器的影响是综合效应，即一个环境参数可以对航天器产生多方面的影响，一个航天器状态也会受多种环境因素的作用。表 2-7 归纳了各种空间环境因素对航天器各方面的影响[2]。

表 2-7 空间环境对航天器影响

影 响	地球引力场	高层大气	原子氧	地磁场	银河宇宙线	太阳宇宙线	地球辐射带	电离层	磁层等离子体	微流星体	空间碎片	太阳电磁辐射	地球反射	地气辐射
温度		☆										★	★	★
通信测控								★						
计算机软错误					★	★	★							
充电					☆	☆	☆		★			★		

（续表）

影响	地球引力场	高层大气	原子氧	地磁场	银河宇宙线	太阳宇宙线	地球辐射带	电离层	磁层等离子体	微流星体	空间碎片	太阳电磁辐射	地球反射	地气辐射
化学损伤			★											
辐射损伤					★	★	★					☆		
机械损伤										★	★			
姿态	☆	☆		★								☆		
轨道	☆	★							☆			☆		
注：★表示有严重影响；☆表示有一般影响														

只有了解和掌握了空间环境与航天器的相互作用，并设法克服或减少空间环境对航天活动的影响，才能保证航天活动准确可靠地实施。正确理解这种作用关系，不仅对航天器设计者来说非常重要，因为他们设计的航天器必须具备在特定轨道环境下运行的能力；同时对有效载荷研制单位来说，也具有十分重要的意义，因为他们提供的仪器设备必须具备在各种不利环境条件下提供高质量服务的能力。

2.2.1 大气环境效应

1. 真空环境效应

1）大气阻力效应

由于在近地空间并非绝对真空，大气密度会随高度的增加而减少，所以低轨航天器或者轨道偏心率较大的航天器在最接近地球的飞行阶段受阻力影响最大。在一级近似中，大气阻力效应体现在当卫星通过近地点时阻碍它的运动，这种阻碍效应的结果表现为，航天器轨道的远地点高度逐渐减小，轨道收缩，使该轨道越来越接近圆轨道，半长轴 a 和偏心率 e 都稳定减小。对于圆轨道而言，虽然偏心率 e 保持不变，但是高度 h 不断降低，也将使航天器最后陨落。当然，大气阻力在空间碎片的降轨清除方面具有应用价值。

另外，如果假设大气是静止的，形状为球形，那么 a 和 e 将是受大气阻力影响的唯一的两个轨道参数。但实际上在 120~2000km 的高度，大气以近似于地球自旋的速度在旋转，这种旋转给航天器一个侧向力，将会微弱地改变轨道平面的方向，导致轨道倾角的缓慢增加以及升交点赤经 Ω 的周期性变化。而且，考虑到大气实际上为椭圆形，即阻力并不对称，从而导致近地点幅角 ω 的变化，虽然这个变化通常很小，但是对于近圆轨道的影响则不可忽略。

理论分析与实践表明，航天器飞行高度在110km以下，是不能形成可以应用的轨道的；能形成可以应用轨道的高度一般在170km以上；返回式航天器在返回到110km时，可以按再入大气层考虑；航天器飞行高度在1000km以上时可以不考虑大气阻力。

2）压力差效应

在真空度达到10^{-2}Pa以下时，会产生压力差效应。当航天器密封容器进入真空环境时，容器内外压差增加1个大气压，会使密封舱变形，增大舱内气体泄漏，严重时，结构损坏，舱门打不开；对一般容器也会增大液体或气体泄漏，缩短航天器寿命。

3）材料出气和污染效应

在高于10^{-2}Pa的真空度下，航天器材料表面会释放出气体。这些气体来源有：材料表面吸附的气体；溶解于材料内部的气体；渗透于固体材料内部的气体。

航天器材料在空间真空环境下的出气效应，可使高温处材料所吸附或吸收的可凝性气体转移到低温处，造成低温处材料表面污染，改变表面性能。严重的分子污染会降低光学镜头透明度，改变温控涂层的性能，减少太阳能电池对光的吸收率，增加电器元件的接触电阻等。

4）材料蒸发、升华和分解效应

航天器用的一些有机材料、无机材料及复合材料（包括涂层材料、绝缘材料、橡胶材料、润滑剂、涂料以及纤维材料等）在真空和高温条件下，将通过蒸发、升华、分解等物理化学过程而导致材料质量损失。

质量损失严重的，可能使材料本身物理性能发生显著变化，使力学性能下降，严重时材料会出现断裂；材料升华会使密封材料弹性变化，引起密封性能下降，严重时材料会失去密封作用；材料不均匀的升华会引起表面粗糙，使光学性能和热物理性能变差；质量损失中的可凝挥发物可能对航天器的敏感器表面造成污染，而使其光学、电学等性能退化变劣；润滑剂蒸发会使活动部件润滑性能变坏，磨损加快，严重时还会使活动部件卡死。

各种材料的质量损失在某种程度上反映了材料在真空环境下的耐受性。质量损失小，通常意味着释放的仅仅是吸附的水分、气体和溶剂；质量损失大，就可能会使材料化学成分或物理结构发生变化，从而可能导致材料的物理性能和机械性能变坏。目前，根据国内外的经验，一般认为材料在真空环境下的总质量损失（TML）达到1.0%，收集到的可凝挥发物（CVCM）达到0.10%是航天材料的淘汰线。

5）真空冷焊效应

黏着和冷焊效应一般发生在10^{-7}Pa以上超高真空环境中。在地面上，相互接触的固体表面总是吸附有气体膜(O_2、H_2O 等)及污染膜等,这些膜层成为边界湿润作用的润滑剂。在真空情况下,固体表面吸附的膜层将会蒸发消失,从而形成清洁的材料表面,使固体表面之间出现不同程度的黏合现象,这种现象称为黏着。如果固体表面达到原子清洁程度,在一定压力负荷和温度条件下,可进一步出现整体黏着,即引起"冷焊"效应。

真空冷焊效应严重影响航天器活动部件的正常工作和使用寿命。例如,重力梯度杆伸不出去;太阳能电池帆板或可展开热辐射器展不开;大型天线打不开;传动齿轮、电机电刷或继电器黏着;轴承摩擦力矩加大或卡死等。防止冷焊的措施是选择不易发生冷焊的配偶材料,在接触面上涂覆固体润滑剂,对液体润滑可设法补充润滑剂,涂覆不易发生冷焊的材料膜层等。

6) 真空放电效应

当外界气压达到 $10^3 \sim 10^{-1}$ Pa 范围内的低真空情况下,在航天器有源设备带有高电压的两个电极之间,有可能出现低气压放电现象。低气压放电是否能出现电击穿现象由两电极间距离、电极形状、极间电压、气体介质性质等因素决定。为防止低气压放电,在航天器发射阶段,对有可能产生低气压放电的仪器设备不予供电。对于从起飞一开始就必须工作或通电的有源电气设备,应该采取措施,防止任何低气压放电的可能。

2. 原子氧环境效应

氧原子对航天器材料的高温氧化、高速撞击作用,会导致材料放气加快,质量损失率增加,机械强度下降,光学和电性能改变等。

大多数金属材料及其氧化物在原子氧作用下是稳定的或是相对稳定的。因为这些金属被氧化生成致密的氧化层,自然形成一层保护膜。受原子氧影响最大的是有机材料。有机材料被原子氧氧化后生成 H_2O、CO、CO_2 等挥发性气体,造成质量不断损失,使表面粗糙。其危害有:使航天器表面导电率下降,等电位变差,容易产生静电放电;腐蚀材料变成新的污染源;润滑材料性能变坏,使摩擦系数变大;温控材料性能变坏,如二次表面镜表面变粗糙,使太阳吸收率增加,发射率下降;航天器结构上的复合材料易受原子氧氧化,使结构变形,结构的强度和刚度随质损增加而逐渐下降。不同材料原子氧腐蚀率参见表 2-8。

表 2-8 原子氧腐蚀率(按照一年中材料表面氧化量顺序)

材料	银	聚酯薄膜	Kapton	环氧	碳	聚四氟乙烯	铝
氧化率/(mm/年)	$\sim 10^{-1}$	$\sim 10^{-1}$	$\sim 10^{-1}$	$\sim 10^{-2}$	$\sim 10^{-2}$	$\sim 10^{-3}$	$\sim 10^{-5}$

原子氧与航天器表面材料相互作用产生的效应结果,取决于空间原子氧数密度、原子氧流量、航天器轨道速度、飞行攻角、表面材料在原子氧环境中暴露时

间和材料的剥蚀率等。其中,空间原子氧数密度和原子氧流量等环境参数受太阳活动(主要是太阳辐射流量)、地球自转(即昼夜变化)、地磁活动以及地球公转效应影响。

对于低轨道长寿命航天器要重视原子氧环境效应,对复合材料外表可用沉积金属或金属箔粘贴方法保护。

2.2.2 等离子体环境效应

1. 对航天通信和测控系统的影响

因为电离层中存在不规则体,会使经其传播的高频、甚高频直至超高频波受到法拉第效应和电离层闪烁的影响,使波发生时延、信号衰落,通信质量下降。法拉第旋转可使天线偏振失调,电离层闪烁造成经电离层传播的电波幅度、相位、到达角和偏振特性发生不规则的起伏,千兆赫频段信号幅度起伏达10dB。而在航天测控方面,在用电波的多普勒效应测量来确定航天器的轨道时,必须根据实时的电离层信息来做修正。好的电离层模式可修正电离层影响的3/4。

2. 对航天器轨道和姿态的影响

电离层中的电子和离子,对航天器的运动也产生小份额的阻力,但当大尺度航天器运行在电离层环境中有大面积高负电位时,这将增大它们和正离子的作用面积,从而使阻力增大。当航天器横切磁力线飞行时,会产生感应电动势,并通过周围的等离子体形成电流回路,又将产生新的阻力。

3. 对航天器充电电位的影响

构成电离层的等离子体在决定航天器电位中起着很大的作用,由于它的电子和离子的能量很低,只要航天器相对于等离子体有很小的电位差,就可以吸引异性带电粒子,因它们的密度一般很高,所以很快中和了航天器上积累的电荷,使之保持在相对于空间等离子体很低的电位上。但当电离层的冷等离子体出现低密度的"空洞"(如极区、航天器尾流等)并有高通量沉降等离子体时,则处于其中的航天器会发生高充电。

4. 对航天器电源功率的影响

当航天器需要很大的电源功率时,为了减少输电过程中的损耗,也为了减少供电电流和地磁场的相互作用,通常采用高电压供电,工作电压一般为100V到数百伏。当其在电离层这样稠密的冷等离子体中运行时,要提高其太阳阵工作电压遇到的根本困难之一是电流泄漏,降低了电源的供电效率,在电源功率为30kW、工作电压为200V时,功率损耗可达3%。

5. 空间活动对电离层的影响

随着大型航天器的发射,人类的航天活动对电离层的影响越来越大,这些影响又反过来对空间系统构成潜在的威胁。例如,火箭在电离层区内排放的气体将导致电离层电子密度的变化,形成可观的电离层"空洞",生成高充电条件,并对于经过该区域的电波产生很大的影响。向空间释放物质,也可形成类似于火箭排气生成的"空洞"。来自大型航天器的高频和甚高频辐射,特别是空间发电站向地面输送的能量强大的微波束,将构成对通信、测轨有严重影响的人为空间环境。

2.2.3　地磁场效应

地磁场对地球轨道航天器的姿态有影响。由于航天器内部有磁性物质存在,则航天器在轨运动时,与地磁场相互作用将产生干扰力矩,会导致航天器的姿态发生偏转。另外,航天器内部的电缆可能会形成环路,当航天器在轨运动时,该电缆环路切割磁力线而产生干扰力矩,也会导致航天器的姿态发生偏转。对于低地球轨道航天器,由于地球磁场较强,所以磁干扰力矩不可忽视。

当然,根据上述道理,地磁场也可被利用来做航天器的姿态测量与控制。在火箭和航天器上安装磁强计,利用地磁场方向确定姿态已有几十年历史。有些姿态控制精度要求不高的航天器可在其内部安装磁力矩器,通过控制其电流大小来改变磁力矩的大小,以控制航天器的姿态。

航天器及其载荷在设计中要避免干扰磁矩的产生,应尽量避免在航天器上形成大的电流回路,并通过地面磁试验测量和消除剩磁。

2.2.4　粒子辐射环境效应

空间高能带电粒子对航天器的影响主要表现在两方面:一是对航天器的功能材料、电子元器件、生物和航天员造成损伤的总剂量效应;二是对大规模集成电路等微电子器件产生软、硬故障的单粒子效应。此外,太阳质子事件、沉降粒子的注入,使电离层电子密度增加,造成通信、测控和导航等的严重干扰。

1. 总剂量效应

带电粒子入射到物体(吸收体)时,会将一部分或全部能量转移给吸收体,带电粒子所损失的能量也就是吸收体所吸收的辐射总剂量。当吸收体是航天器上电子元器件和功能材料时,它们将受到总剂量辐射损伤,这就是所谓的总剂量效应。

空间带电粒子对航天器的总剂量损伤,主要通过两种作用方式:一种是电离作用,即入射粒子的能量通过吸收体的原子电离而被吸收,高能电子大都产生这种电离作用;另一种是位移作用,即入射的高能粒子击中吸收体的原子,使其原子的位置移动而脱离原来所处晶格中的位置,造成晶格缺陷,高能质子和重离子既产生电离作用,又产生位移作用。

空间带电粒子中对辐射剂量贡献较大的主要是能量不高、通量不低、作用时间较长的粒子成分,主要是内辐射带的捕获电子和质子、外辐射带的捕获电子、太阳耀斑质子等,而辐射带捕获电子在吸收材料中引起的韧致辐射在屏蔽厚度较大时,其辐射剂量不容忽视。吸收体所吸收的空间带电粒子辐射总剂量是各辐射分量分别对剂量的贡献之和。

总剂量效应将导致航天器上的各种电子元器件和功能材料等的性能漂移、功能衰退,严重时会完全失效或损坏。比如玻璃材料在严重辐照后会变黑、变暗,胶卷变得模糊不清;人体感到不舒服、患病甚至死亡;太阳电池输出降低;各种半导体器件性能衰退,例如双极晶体管的电流放大系数降低、漏电流升高、反向击穿电压降低,单极型器件(MOS 器件)的跨导变低、阈电压漂移、漏电流升高,运算放大器的输入失调变大、开环增益下降、共模抑制比变化,光电器件及其他半导体探测器的暗电流增加、背景噪声增加,太阳电池的输出功率下降等,这些器件的性能衰退甚至损坏,严重时将使航天器电子系统不能维持正常工作状态,对航天器造成严重的影响。

2. 单粒子效应

这是一个针对逻辑器件和逻辑电路的带电粒子辐射效应。当空间高能带电粒子轰击到大规模、超大规模微电子器件时,造成微电子器件的逻辑状态发生改变,从而使航天器发生异常和故障。它包括单粒子翻转、单粒子锁定、单粒子烧毁以及单粒子栅击穿等多种形式。

单粒子翻转指当高能带电粒子入射到微电子器件的芯片上时,在粒子通过的路径上将产生电离,电离形成的部分电荷在器件内部的电场作用下被收集。当收集的电荷超过能够因此器件状态改变的临界电荷时,器件就会发生不期望的电状态翻转,比如存储器单元存储1的数据从"1"翻到"0",或者从"0"翻到"1",导致电路逻辑功能混乱,从而使计算机处理的数据发生错误,或者指令流发生混乱导致程序"跑飞"。单粒子翻转不会使逻辑电路损坏,它还可以重新写入另外一个状态,因此常称为软错误。虽然它并不产生硬件损伤,但它会导致航天器控制系统的逻辑状态紊乱,从而可能对航天器产生灾难性后果。

单粒子锁定与 CMOS 器件特有的器件结构有关。目前使用较多的体硅 CMOS 器件,其自身具有一个固有的 pnpn 四层结构,即存在一个寄生可控硅。当高能带电粒子轰击该器件并在器件内部电离产生足够的电荷时,就有可能使寄生的可控硅在瞬间触发导通,从而引发单粒子锁定。

单粒子烧毁指具有反向偏置 pn 结的功率器件,在受到带电粒子的辐射时,将在 pn 结耗尽区由于电离作用而产生一定数量电荷,这些电荷在 pn 结耗尽区强大的反向电场下加速运动，最终产生雪崩效应而导致 pn 结反向击穿在强大的击穿电流作用下烧毁。

引发单粒子效应的空间带电粒子主要是线性能量传输值较高的质子和重核离子。一般认为，单粒子效应的直接原因是重核离子的辐射，而质子通过与器件芯片发生核反应产生重离子来引发单粒子效应。银河宇宙线、太阳宇宙线中的高能质子和重离子，还有内辐射带中的高能质子，都是在空间引发航天器电子器件单粒子效应的重要辐射源。南大西洋异常区和极区是发生单粒子效应的高发区，太阳质子事件爆发（太阳耀斑爆发）期间，是发生单粒子效应的高发时段。

随着航天事业的发展，近年来各种大规模、超大规模微电子器件和新型功能材料在航天器上得到广泛应用，大大提高了航天器的整体性能。同时，由于航天器上使用的微电子器件的体积越来越小、功耗越来越低、集成度越来越高、存储容量越来越大，使得器件的每一次状态改变所需的能量和电荷变得越来越小，导致空间辐射效应日益突出，各国航天器不断发生由于空间辐射引起的在轨故障。例如，中国 1990 年 9 月 3 日发射的"风云一号"气象卫星的轨道高度为 800 多千米，要穿越地球的内辐射带。11 月 13 日高能粒子致使姿态控制计算机的程序发生了翻转，程序紊乱，航天器打滚。好在这次事件发生以后很快纠正了计算机的程序。1991 年 2 月 14 日，航天器的计算机再一次出现单粒子事件，航天器姿态再次出现异常，而这次故障未能及时发现。当发现航天器姿态异常时，航天器上携带的气体已喷完，姿态已无法控制，本来航天器按原来设计的寿命是要运行一年，但是不到半年航天器的寿命就结束了。因此，目前空间带电粒子辐射已经成为各国航天界普遍关注的空间环境因素，空间辐射效应也成为了航天器及其载荷设计中考虑的重要问题之一。

2.2.5 空间光辐射环境效应

1. 对航天器姿轨控的影响

空间光辐射作用于物体表面而产生的辐射压称为光压。航天器在轨道上飞行时要考虑光压的作用，即太阳电磁辐射和地气辐射压对姿轨控系统的影响。尤其在地球静止轨道或行星际轨道上，太阳光压是航天器受到的重要外力之一，必须考虑。

若太阳光垂直于物体表面，在单位时间、单位物体表面面积上所受到的太阳光能量为 S，则与这部分能量相对应的动量为 S/c，c 为光速。在地球轨道位置（接近 1 个天文单位）S 就是一个太阳常数，等于 $(1371 \pm 5)\,\text{W/m}^2$。对于全反射、并且垂直于太阳辐射方向的物体表面所受到的太阳光压为 $2S/c = 9.02 \times 10^{-6}\,\text{N/m}^2$。对于太阳光全吸收、并且垂直于太阳辐射方向的物体表面所受到的太阳光压

为 $S/c = 4.51 \times 10^{-6} \text{N/m}^2$。对于太阳光全透过的物体表面所受到的太阳光压为 0。

另外,随着太阳活动的增强,在 400km 高度太阳极紫外辐射变化引起的高层大气密度变化可达一个量级以上。由于大气密度的增大,航天器所受阻力增加,导致轨道寿命缩短。

2. 对航天器温控和能源系统的影响

波长小于 200nm 的太阳紫外辐射几乎完全被高层大气所吸收,引起高层大气的加热。太阳电磁辐射、地气辐射是航天器温控系统设计所必须考虑的主要外界输入能量;太阳可见光和近红外波段的光谱辐照度是航天器能源系统设计的重要资料。

3. 对空间裸露表面材料的影响

太阳辐射中的紫外线对表面材料的作用可分为两种效应:一是光化学效应;二是光量子效应。

有机材料受到紫外辐射时,主要是产生光化学效应。光化学效应大小取决于紫外线的积分能量,而与波长关系不大。光化学效应可以破坏高分子材料的化学键,其结果造成材料分子量降低、分解、裂析、变色、弹力和张力降低等。特别是在轨道真空环境下,航天器或有效载荷表面的热控涂层、光学玻璃、硅太阳电池盖片、绝缘材料、复合结构材料等受紫外辐射的损伤很大,会导致这些功能材料的热学、光学、电学和力学性能下降。

金属材料、合金和半导体材料受到紫外辐射时,主要是产生光量子效应。这些材料受到紫外辐射后引起的性能改变与所照射的紫外线波长有关,在远紫外和极端紫外谱域,光量子作用十分明显。紫外线照射到金属表面,由于光量子效应而产生许多自由电子,使金属表面带电,电位升高将干扰航天器的电磁系统。

在设计长寿命航天系统时,要选择耐紫外线辐照的有机材料,有时要对紫外辐射采取防护或隔离措施。

4. 对航天员和生物体的影响

太阳 X 射线辐射对航天员器官和眼睛有不同的损伤,而太阳紫外辐射可引发皮肤癌,破坏生物体的脱氧核糖核酸。

2.2.6 失重效应

1. 对航天员的影响

失重对航天员的效应有:航天员在安静状态的收缩压较飞行前升高 $(2\sim2.5) \times 10^3 \text{Pa}$,而舒张压则下降;航天员排尿增多,身体内部水分减少;航天员体重减轻,下肢骨骼疏松、肌肉萎缩;出现运动病,如有漂浮感、下落感、位置错觉;

生理功能紊乱,食欲减退等。为适应失重环境,航天员在地面要做完善的训练,在轨道上要加强锻炼,注意休息。

2. 对植物生长的影响

在地面生长的植物的根总是朝着重力作用的方向生长,而茎总是背着重力作用的方向生长。这是由于在植物内部有感觉重力的器官"平衡石"所致。大部分植物在失重时,生长过程加快,而且可增加产量。但是,有一些植物则发育减慢。

3. 对材料加工的影响

失重环境可使半导体晶体生长晶格排列规则,微观缺陷大为降低,掺杂均匀性大大提高。利用微重力环境下出现的与地面不同的物理现象,加工金属材料、难混与易偏析合金、金属复合材料、玻璃材料、空间医药等可以得到地面无法得到的性能优良的产品。

2.2.7 微流星体与空间碎片的危害

1. 空间碎片对航天器的危害

空间碎片对航天器所造成的危害主要是由撞击引起的,可根据其对飞行任务的最终影响程度分为三类:一是灾难性撞击,航天器解体或关键设备损坏,造成飞行不可逆转的失败;二是可恢复撞击,飞行任务短暂中断或部分任务丧失;三是撞击累积效应,随着时间的增加,撞击次数增多,航天器表面温控层破坏引发内部设备的失效,从而导致飞行任务的永久失败。具体来说,可以包括以下几个方面[17-19]:

(1) 改变表面性能。微小空间碎片(直径为微米量级,质量为微克量级),由于其数量众多,空间密度大,与航天器撞击的频率非常高,能严重改变航天器的性能,称为"沙蚀"。光学镜头表面会被微小空间碎片"磨砂"而无法成像;对热控表面的撞击会改变其辐射、吸收特性,导致航天器的热控失衡,造成航天器温度的改变。

(2) 等离子体云效应。在空间环境下,超高速撞击的空间碎片本身及被撞击的航天器表面材料会发生汽化,形成等离子体云,在失重的条件下等离子体云将依附在航天器表面四处游荡,并可能进入航天器的内部,造成供电失常,形成航天器故障。

(3) 动量传递。大的空间碎片与航天器高速撞击,将巨大的动能传递给航天器,使航天器的姿态改变,甚至可能改变航天器的轨道。

(4) 撞击成坑。稍大的空间碎片会损坏航天器表面材料,对表面器件造成损伤,太阳电池供电线路断路。二次撞击和深入航天器内部的撞击作用,会造成航天器的内损伤。

（5）表面穿孔。空间碎片的能量足够大时,将穿透航天器表面,打坏置于航天器内部的控制系统或有效载荷。击穿盛有气体或液体的容器舱壁时,气体或液体将泄漏。

（6）容器爆炸、破裂。空间碎片撞击可以使航天器表面强度降低,甚至出现裂纹,若舱壁有应力集中的现象,或高压容器的舱壁受损,可能会发生爆炸。

（7）结构解体。大的空间碎片撞击航天器桁架结构时,可能将整个结构打散。

2. 所造成的事故

实际中,微流星体与空间碎片造成航天器损伤及发生灾难性失效的事例已发生多起[20],如图2-13所示。其中,人类通过轨道监测与计算已经确认了至少三起严重的空间相撞事故：

（1）1991年12月底,俄罗斯一颗失效卫星COSMOS 1394撞上了本国另一颗卫星COSMOS 926释放出来的大碎片,前者产生了两颗可跟踪的碎片,后者则

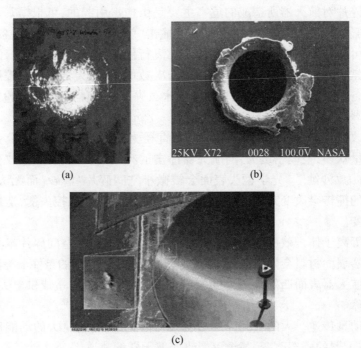

图2-13 空间碎片撞击的危害

(a) 航天器舷窗被空间碎片击破；(b) 在航天器面板上形成穿孔；(c) 哈勃望远镜的天线被击穿。

解体为无法被跟踪的更小的碎片[21]。

（2）1996年7月24日，一颗欧空局"阿里亚娜"（Ariane）火箭的碎片以14.8km/s的相对速度撞断了法国正在工作的电子侦察卫星CERISE的重力梯度稳定杆，后者姿态失去控制[22]。

（3）2009年2月10日，俄罗斯COSMOS 2251号卫星与美国IRIDIUM 33号卫星以11.64km/s的相对速度碰撞，至少产生了数百颗可见的空间碎片[23-24]。

2.3　平台内部环境

除外部空间环境外，有效载荷作为航天器的分系统，还受到航天器内部环境的影响，甚至许多情况内部环境比外部环境的影响更大。航天器的内部环境主要包括力学环境、热环境、电磁环境等。

2.3.1　力学环境

航天器有效载荷经受的力学环境主要来源于运载火箭的点火、起飞、跨声速抖振、气动噪声、整流罩抛罩、级间分离、星箭分离，以及航天器上各种分离组件解锁、释放，自旋航天器的旋转运动等。地面运输、吊装产生的低频振动和冲击环境一般较小。有效载荷的力学环境大致可分为声环境、冲击环境、随机振动及正弦振动环境、加速度环境等四种。

（1）声环境是由航天器起飞和动力飞行过程中在航天器外表面或整流罩上形成的空气脉动压力所引起的，它分为发动机排气产生的声学噪声和高速飞行时产生的气动噪声。它们通过整流罩、航天器外壳或结构传递到航天器上，形成随机振动环境作用于航天器上各设备，包括有效载荷。

（2）冲击环境主要是由航天器与火箭上各种火工品爆炸产生的时间极短、幅值很高的冲击载荷。

（3）随机振动环境是由起飞声场、气动力激振和结构传递的振动所引起。正弦振动环境是由于飞行期间在火箭与航天器上所产生的正弦载荷所引起。不稳定燃烧、航天器结构大部件之间的频率耦合、航天器与火箭频率的耦合等均能引起航天器结构产生剧烈的正弦振动。这些振动经结构传递（衰减或放大）后作用于星上各设备。

（4）加速度环境是由运载火箭发动机推力产生的准稳态加速度、瞬态振动响应加速度、自旋航天器的离心加速度所引起的。

2.3.2 热环境

有效载荷一般对航天器的环境温度有较高的要求。航天器作为一个整体系统时,在轨道上所遇到的热环境包括航天器接收到的外部热流、内部产生的热量(内部热耗)和向深冷空间辐射热流(空间热沉)三部分。

外热流主要来自太阳直接辐射、地球对太阳辐射的反射和地球热辐射三部分。当航天器进入地球阴影时,航天器只接收地球热辐射的热量。对于高轨道(如地球静止轨道)来说,外热流主要就考虑太阳辐射,即忽略地球热辐射和反射。内部热流来自航天器各个分系统的仪器设备的耗电和机械摩擦等产生的热量。同时,航天器的热量通过其专门设计的外表散热面向4K深冷空间辐射出去。航天器在空间轨道上外表面的热平衡关系如图2-14所示。当航天器的热设计正确合理时,在轨道热稳定工况下,航天器的热量最终会达到平衡,使航天器的各个仪器设备处在要求的正常工作温度范围内。

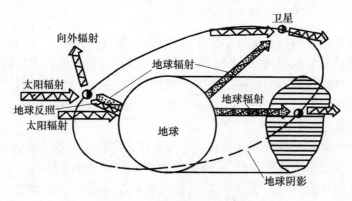

图2-14 航天器热平衡示意图

2.3.3 电磁环境

电磁环境是电磁空间的一种表现形式,是指存在于给定场所的所有电磁现象的总和。"给定场所"即"空间","所有电磁现象"包括了全部"时间"与全部"频谱"。即电磁环境实际上是空间、时间和频谱的函数。电气和电子工程师协会(IEEE)对电磁环境定义为:一个设备、分系统或系统在完成其规定任务时,可能遇到的辐射或传导电磁发射电平在不同频段内功率与时间的分布。即存在于一个给定位置的电磁现象的总和。

航天器内部的电磁环境是指所有装星设备、分系统协同工作时所产生的电磁发射的总和。航天器系统构造复杂,内部空间狭小,仪器设备密集,电源分系统布局特殊,系统内电缆间、设备间、电缆与设备间等各种耦合干扰现象几乎随处可见。它不仅覆盖的电磁频率范围广,且集大功率设备和高灵敏度设备于一身,其工作的电磁环境相当复杂。随着航天事业的发展,用户对航天器功能的要求越来越多样性。航天器有效载荷的工作频谱更宽,性能更加先进,大功率发射与高灵敏度接收同时存在,使得航天器内部环境更加复杂。

2.4 平台内部环境效应

2.4.1 力学环境效应

力学环境效应主要表现在结构的振动响应,这种响应可能导致结构变形、失稳、开裂,导致仪器设备、管路、电缆安装的松动与脱落,导致仪器设备、电子器件的性能参数出现漂移、超差和安装固定的损坏、断裂等。具体而言,有效载荷的力学环境效应主要表现如下:

(1) 低频声振的影响包括机械应力疲劳、电路中产生噪声,高频声振会影响设备元件的谐振。声环境产生的失效模式包括空腔器件、传感器活门、开关、扁平的旋转天线、薄壁结构等失效。

(2) 冲击环境的效应是产生机械应力,其失效模式包括结构失效、机件断裂、电子设备瞬间短路或开路等。

(3) 振动环境的效应包括机械应力疲劳和电路中产生噪声。振动导致的失效模式包括元器件管脚或引线折断、金属构件断裂或变形、胶结层脱开、继电器及开关瞬间断开、电子插件性能下降等。

(4) 加速度环境的效应包括机械应力和液压增加,其失效模式包括结构变形和破坏、漏液等。

2.4.2 热环境效应

在轨道上,若不采取热控措施,航天器的内外温度会高于100℃或低于-100℃。而且,在有地影时每个轨道周期会交替变化。这样,多数有效载荷就不能正常工作,元器件焊接点和管路就会断裂、松动。

由于航天器不是简单的等温体,航天器内部各部位存在明显的温差,而且,航天器上各种仪器设备的温度要求也不相同。因此,在实际热分析中,有效载荷的热设计要尽量结合航天器的热设计一起实现,不仅要考虑航天器与宇宙空间之间的换热,而且要考虑航天器内部各部位的热耦合。

2.4.3 电磁环境效应

电磁危害源总体或某一种对敏感装置或生物体的作用效果称为"电磁环境效应"(electromagnetic environment effects),国外一般称为 E3 问题。电磁干扰(或称电磁不兼容,EMI)现象是电磁环境效应的重要表现形式。

电磁干扰现象的产生和响应过程必须同时具备三个要素,即干扰源、敏感装置和传播途径(耦合通道),如图 2-15 所示[2]。

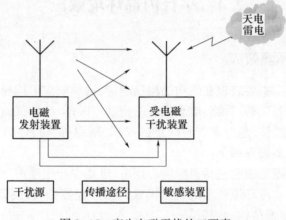

图 2-15 产生电磁干扰的三要素

凡释放电磁能量的线路或产品统称为源,但它不一定形成干扰,只有能中断、阻碍、降低或限制其他线路或产品有效性的电磁能量才称为电磁干扰源。有时,一个设备的有用信号进入到另一产品时也会成为不希望有的信号或噪声,因此,任何产品都有可能成为干扰源,特别是现代化的大系统内部装有可产生不同功率和不同形式信号的各种电气电子设备、可产生小火花瞬态脉冲的切换开关、高速度的数字电路等都会对敏感设备产生不同程度的干扰。

敏感装置是指该产品接收到干扰能量并引起明显性能恶化的敏感设备或敏感器,也包括生物体。

耦合通道是指传播干扰能量到受扰设备的途径。通过传导途径传播的干扰称为传导干扰,通过辐射途径传播的干扰称为辐射干扰,相应的传播形式称为传导耦合和辐射耦合。

电磁环境效应的危害主要体现在以下几个方面:干扰通信信号的接收;干扰电子仪器、设备的正常工作,可能造成信息失误、控制失灵等事故;较强的电磁辐射(如高功率电磁脉冲)对生物体的健康有很大的影响,或者造成静电放电、设备硬损伤等。按照作用机理可以概括为以下四个方面[25]。

（1）热效应。可使系统中的微电子器件、电磁敏感电路过热,造成局部热损伤,电路性能变坏或失效。尤其是静电放电和高功率电磁脉冲产生的热效应,一般是在纳秒或微秒量级完成的,是一种绝热过程,作为点火源、引爆源,瞬时可引起易燃、易爆气体或电火工品爆炸。

（2）电磁辐射场和浪涌效应。电磁辐射对电子设备造成电噪声、电磁干扰,使其产生误动作或功能失效;强电磁脉冲及其浪涌效应对电子设备可以造成硬损伤或软损伤,既可以造成器件或电路的性能参数劣化或完全失效,也可以形成累积效应,埋下潜在的危害,使电路或设备的可靠性降低。

（3）强电场效应。电磁危害源产生的强电场不仅可使 MOS 场效应器件的栅氧化层击穿或金属线间介质击穿,造成电路失效,而且可形成潜在性损伤,对许多测试仪器和敏感电路的工作可靠性造成影响,对电磁屏蔽提出了更高的要求。

（4）磁效应。电磁危害源通过产生磁场,使电磁能量可直接耦合到系统内部,干扰电子设备的正常工作,因此对电子设备的设计和磁屏蔽材料的选择都提出了苛刻的要求。

第3章 有效载荷系统研制

由于航天器有效载荷的功能多样、种类繁多,涉及多个学科门类、多种工程技术,在具体研制时会有较大的差异。但是,作为航天器系统中的一个分系统,无论有效载荷的复杂程度如何,其研制一般都要遵循一定的程序和步骤,采用一些相同或相近的方法。有效载荷的研制以航天器的应用需求为直接依据,反过来又对航天器的应用效果产生关键的影响。

3.1 航天器系统研制阶段

有效载荷是航天器系统的一个分系统,有效载荷的研制依赖于航天器的系统研制,并与航天器系统相一致。航天器系统研制阶段划分及主要工作程序如图3-1所示[2],包括任务分析(0)阶段、方案可行论证(A)阶段、总体方案设计(B)阶段、初样(C)阶段、正样(D)阶段、发射(E)阶段和运行(F)阶段。

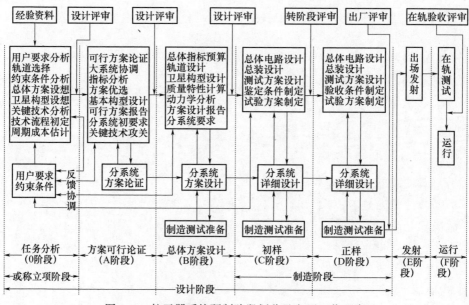

图3-1 航天器系统研制阶段划分及主要工作程序

1. 任务分析(0)阶段

任务分析是航天器总体设计的顶层设计。航天器总体设计部门在接到用户的初步任务要求后,对用户任务要求进行分析,选择实现该任务的轨道(或星座),提出航天器方案设想,协调航天器总体设计的约束条件,进行关键技术分析,并初步制定航天器研制技术流程。

在任务分析阶段,由于设计工作处于初始状态,航天器的定义尚未完全明确,航天器整体的面貌还不十分清晰,航天器所包含的分系统以及各分系统之间、分系统与总体之间的各种关系也都还没有确定。因此,此时的设计难以对总体和分系统作明确划分。

2. 方案可行论证(A)阶段

总体方案可行性论证工作是总体设计中定方案、定大局的关键性技术工作。总体方案可行性论证工作主要有:论证航天器的分系统组成及其方案选择;分析实现航天器使用技术要求的途径;确定航天器的基本构型。

由于方案可行论证的目的在于得出能够在整体上最好地满足设计指标要求的、在经济与时间限制条件下可以完成研制任务的和现实条件下可行的航天器总体方案,因此,此时的设计工作也不宜明显地划分为总体设计和分系统设计两个层次[26]。

3. 总体方案设计(B)阶段

在任务分析和可行性总体方案论证阶段,提出可行性总体方案及分系统初步技术要求,只是初步的(随着航天器设计的深入还有可能修改)、概要的(只是定了一个详细的设计框架)。在方案设计中,要通过轨道设计、构型设计、总体性能指标预算和各分系统方案设计,并与航天器工程系统中各个系统以及航天器各分系统进行多次反复协调,才能最后完成航天器方案设计任务。

航天器总体设计与分系统设计的明确划分,一般是从方案设计开始。进入航天器方案设计后,航天器在航天器工程系统中的位置,与外部的接口关系,航天器的定义、目标和任务以及实现航天器任务的技术途径等均已明确。与此同时,承担航天器研制任务的单位和总设计师也已确定。此时,航天器已具备了全面开展具体和专业设计的条件。

需要注意的是,对 A 阶段和 B 阶段应给予足够的研制经费的支持。如果对 A 阶段和 B 阶段给予足够的研制经费的支持,则可以使前期工作,尤其是关键技术的演示验证工作做得充分,大大降低型号研制的后期风险。前期经费的投入不仅不会增加研制总经费,反而会降低。据系统工程原理和大量的统计结果表明:A 阶段+B 阶段的研制费用应占研制总费用的 25%左右。如果 A 阶段+B 阶段的研制经费占研制总经费的 25%,则最终研制总经费的超支仅为 20%;如果

A阶段+B阶段的研制经费只占研制总经费的5%(或以下),则最终研制总经费的超支可能达到120%~160%(见图3-2)[26]。

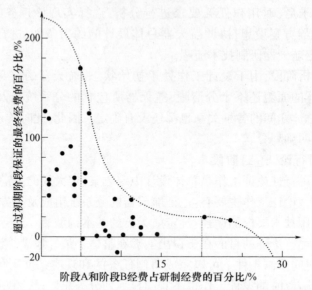

图3-2　A阶段和B阶段研制经费对研制总经费超支的影响

4. 初样(C)阶段

航天器方案设计完成后,经评审并通过批准,研制工作就可进入初样阶段。在初样阶段,总体设计完成总体初样设计,包括总体电路设计、总装设计、测试方案设计、鉴定条件制定和试验方案制定等;各分系统完成初样详细设计和仪器设备的初样研制。航天器总体、分系统及其组成部分的全部技术图纸和文件满足制造和总装出合格的航天器的要求,并且经过电性能测试检查和环境模拟试验,各仪器设备的机械接口和电接口、分系统及航天器电性能、结构强度与刚度完全能满足正式设计任务书全部要求。最后,总体在有关部门配合下完成初样系统级的总装、测试和试验。

按"先高后低"的设计规律,无论是航天器方案设计还是详细设计,总是先做总体设计、后做分系统设计。通过航天器总体设计,明确分系统的组成及其间的关系,明确各分系统的目标、任务和各项技术、经济指标,并以分系统设计任务书的形式下达给各分系统。在此基础上,各分系统才有条件开展设计。航天器的分系统设计必须向总体设计进行及时的反馈,以充实、完善、协调和修正总体设计[27]。

5. 正样(D)阶段

初样阶段工作完成后,经评审并通过批准,研制工作就可进入正样阶段。在正样阶段,总体设计师向各分系统提出正式的(正样)设计要求;总体设计完成总体正样设计,包括总体电路设计、总装设计、测试方案设计、鉴定条件制定和试验方案制定等;各分系统完成正样详细设计和仪器设备的正样研制。最后,总体在有关部门配合下完成正样系统级的总装、测试和试验。

6. 发射(E)阶段

总体、分系统设计师在发射场对航天器做好发射前的准备工作,包括在发射场的总装、测试和加注等。同时,总体和分系统设计师要在测控中心的配合下对航天器进行测控和故障处理。

7. 运行(F)阶段

在航天器入轨后,总体、分系统与地面应用系统在测控中心配合下,对航天器进行在轨测试,合格后交付给用户使用。在轨运行阶段,对航天器进行在轨管理,监视航天器工作状态,如发生故障要及时处理。在轨工作寿命结束后,要按照国际空间碎片减缓规定,防止碎片产生,要使航天器易爆设备钝化,并使航天器离轨废弃或回收。

由上述内容可见,有效载荷分系统的研制工作基本上贯穿于航天器系统研制的全过程,具有研制阶段上的一致性。

3.2 有效载荷系统研制的程序和要求

有效载荷是航天器最终提供用户使用的最重要的一个分系统。航天器总体(本体)方案设计的最终特性和规模大小取决于有效载荷的种类、功能、性能和对航天器的各种要求,尤其是质量、尺寸和功耗。而有效载荷的类型繁多,在每一类有效载荷中又有很多种有效载荷方案,有效载荷所选择的类型和方案主要是依据航天任务(航天器的用户要求)而确定。所以,在对航天器用户要求分析以后,选择和分析有效载荷的总体方案及其对航天器的各种要求,是有效载荷分系统设计师和航天器总体设计师需要共同研究解决的首要问题,在达成一致方案的基础上,才能继续进行有效载荷的详细设计与制造。

3.2.1 研制程序

有效载荷分系统的研制一般要经历约束条件分析、技术指标确定、技术方案制定、技术指标分配、详细设计、试验验证、制造装配和应用等步骤(见图3-3),而且往往要有几次循环反复,才能使研制方案更合理、更优化[28]。

1. 约束条件分析

这是有效载荷系统研制的第一步。需要在航天器总体分析与设计的基础

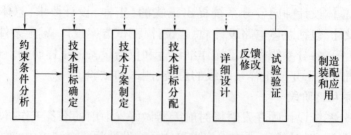

图 3-3 航天器有效载荷系统研制的一般程序

上,考虑航天器的系统要求、环境条件、技术水平、时间周期、经费投入等多种制约因素,进行有效载荷系统的约束条件分析,明确有效载荷系统研制的目标和技术途径。

2. 技术指标确定

航天器的主要特征和性能参数,例如外形尺寸、质量、功耗、姿态控制精度等,主要是根据有效载荷的要求而确定的。因此,在有效载荷总体技术指标设计时,必须考虑航天器平台的承载能力,兼顾技术指标的先进性与可实现性,通过综合分析和论证,确定有效载荷的总体技术指标。有效载荷的总体技术指标应全面和定量,具有确切的定义,并具有可测性。

3. 技术方案制定

方案制定应以满足总体技术指标为前提,研究分析各种限制条件,制定多种技术方案,从中选择最优方案。所确定的方案应兼顾创新性和继承性:鼓励采用新技术、新材料、新工艺以及先进的设计方法和手段,但应尽可能地采用现成的和成熟的技术,尽可能地采用简洁的而整体性能和功能又能满足要求的方案,这样可以节省经费,缩短研制周期,提高可靠性。

4. 技术指标分配

有效载荷总体技术指标的分配,一般要经过分析预估、调整、验证等迭代过程。在有效载荷总体方案和技术指标确定后,要将其指标分配到有效载荷内部的各子系统。各子系统通过分析和比较,最终确定各子系统方案,从而分析、预测出各子系统所能达到的指标值。综合各子系统对总体技术指标所能作的贡献,得出有效载荷的总体技术指标预测值。如果预测值达到或优于总体设计指标,则可以按预测值为基础进行分配;如果预测值不满足总体设计指标要求,就要进行另一个循环的分配和预测,必要时应对影响总体设计指标的关键子系统从方案到技术途径等方面做进一步的改进、优化。这种指标分配的迭代过程使指标分配结果达到最佳的效果。

5. 详细设计与试验验证

在有效载荷的详细设计阶段,技术方案、技术指标和技术途径都已经明确,应对有效载荷的各子系统、各部件进行详尽的设计,为有效载荷制造和系统软件制作提供全部技术资料。根据有效载荷详细设计制造和装配出来的产品,应进行检测、试验和环境模拟试验来验证有效载荷的性能、功能以及环境适应性。如果在检测和试验中发现问题,则需要改进设计,甚至重新进行约束条件分析,并根据改进设计制造和装配出新的产品,再进行检测和试验,直到所有的检测和试验均能通过为止。

详细设计分初样和正样两个阶段。全部通过检测、试验和环境模拟试验的详细设计称为有效载荷的正样详细设计;需修改和改进的详细设计称为有效载荷的初样详细设计。

6. 制造装配和应用

有效载荷详细设计和验证的后继研制程序就是有效载荷正样的制造装配和应用,应注重使设计出来的产品有较好的工艺性、装配性和可靠性,注重制造装配和应用的经济性。

3.2.2 研制要求

不同类型的有效载荷其具体研制要求不同,甚至有相当大的区别,然而,有一些共同性的问题在研制中是必须加以考虑的。航天器有效载荷的研制应遵循以下基本要求[2]:

1. 认真理解用户需求,正确确定总体技术指标

该项工作是十分重要的。用户需求往往是针对航天器或针对整个航天器应用系统提出的,而不是直接对有效载荷提出的,有效载荷设计者就需要与航天器应用系统和航天器总体设计者一起,根据用户需求,进行综合分析,确定有效载荷的总体指标,要尽量全面和定量。例如,对于光学成像遥感卫星,用户往往提出地面分辨率、观测带宽度、重复观测周期等要求,也不是完全针对有效载荷的,而与卫星轨道类型(包括倾角、高度等)、光学系统的焦距、像元尺寸、扫描方式、指向控制能力等都有密切的关系。

2. 认真研究各种约束条件,科学选择有效载荷方案

有效载荷的设计一般都有几种方案可供选择,在满足总体指标前提下,必须认真研究各种约束条件,从多方面进行比较,尽量使选择的方案优化。方案的比较要尽量量化,不同因素要赋予不同的权重。过分强调方案的技术指标越高越好的观点是不正确的,应以满足用户需求为原则;当然技术可行性和经济性的考虑也是重要的。

3. 从系统出发,合理分配技术指标

有效载荷总体技术指标确定后,要将指标合理分配至设备级、部件级。这种分配要将有效载荷作为系统看待,进行系统性能综合分析,指标分配结果要使系统最优。例如,卫星光学遥感系统的调制传递函数(MTF)已分配至有效载荷光学遥感器之后,要将光学遥感器作为系统进行 MTF 指标分配。光学遥感器的 MTF 是光学系统 MTF、探测器 MTF 和成像电路 MTF 等之积,MTF 指标的科学合理分配必须从系统出发。

4. 通过仿真和试验来验证优化设计

上面所说的确定总体指标、选择方案、分解指标并不是一个单方向过程,往往需要多次迭代,才能使设计更加合理、科学;与此同时在设计中建立和应用恰当的模型进行仿真分析可以使设计更优化。通过仿真分析确定系统、设备和部件的参数,对系统性能进行预估,可降低研制成本,缩短研制周期,但模型的正确性必须经过验证。即使这样,一般还需要进行"设计—试验验证—修改设计"的循环,才能使设计尽量满足要求。这就是各研制阶段的任务,每个阶段都要通过评审。

总体而言,航天器有效载荷的研制主要要考虑以下原则:

(1) 技术指标的确定应满足用户要求,兼顾先进性与可实现性。

(2) 技术途径的选择应尽量采用成熟技术,以保证可靠性和经济性等。

(3) 技术方案的制定应充分考虑各种约束条件,以及加工、装调和测试的可行性。

3.3 有效载荷分析与设计

3.3.1 约束条件分析

在航天器系统总体设计的基础上,进行有效载荷分析与设计,首先要分析设计的约束条件。航天器有效载荷设计的主要约束条件包括:质量、体积、功耗的要求;与航天器平台之间的协调;与应用系统之间的协调;航天器轨道特性和参数;航天器发射、在轨运行时的环境条件要求等。

1. 质量、体积、功耗的要求

一般说来,有效载荷质量减小 1kg,运载火箭的起飞质量可减小 1~2t。减小质量对于提高性能价格比是十分重要的,而减小有效载荷质量是有潜力可挖的。例如,选用紧凑的电路构形以减小部件体积,利用结构自身或器件局部的抗辐照防护避免整个机壳的加厚,利用多模技术减少微波滤波器的实际物理腔数,以及采用新工艺和新材料等。

航天器可供功率的有效利用突出表现在功率的转换效率上,它是输出功率与输入功率之比。有效载荷中的输出功率放大器往往是"能耗大户",目前航天器上行波管放大器(TWTA)的效率已达50%以上,而未转换的能量将全部变成为增加热控负担和可能影响电子部件可靠性的热能[28]。

2. 与航天器平台之间的协调

有效载荷要满足与航天器平台的接口关系,包括设备尺寸和安装尺寸、质心、转动惯量、功耗、供电电压,以及其他机械接口、热接口、电接口和电磁兼容性(EMC)要求等,一般用接口数据单(IDS)的形式表示[29]。

平台的性能,特别是姿轨控性能对有效载荷性能有重要影响,如对通信卫星天线覆盖的影响或对卫星遥感图像像质的影响。对于许多遥感卫星来说,往往要将平台与有效载荷进行一体化设计。尤其许多遥感卫星扩大观测范围是通过卫星平台俯仰和滚动运动实现的,这时有效载荷的设计必须综合考虑平台性能,或对平台设计提出特定要求。

3. 与应用系统之间的协调

有效载荷的功能和性能技术指标是由应用的需求决定的。航天器有效载荷和地面应用系统,以及二者之间的媒介共同组成航天器应用系统,如卫星通信系统、卫星遥感系统和卫星导航系统等。有效载荷的设计必须符合航天器应用系统顶层设计的要求,必须与地面应用系统设计综合考虑;航天器与地面设备之间应合理分配指标,尽量达到系统设计整体优化。如通信卫星有效载荷的设计必须考虑地球站的性能、地面移动终端的性能和电离层及大气带来的各种衰减;遥感卫星有效载荷的设计必须考虑遥感数据传输设备的性能、地面接收站的性能、地面数据处理设备的性能、大气环境和季节变化的影响等。

4. 航天器轨道特性与参数要求

随着几十年应用卫星的研制发展,完成各种应用卫星的任务而对应选择的轨道类型已基本成熟,甚至在用户要求中就已确定。表3-1列出了常用的几种类型轨道的应用范围[2]。在总体方案论证中一方面进行具体轨道参数选择和轨道相关设计;另一方面要用较多的精力针对所选轨道去分析并提出用何种卫星方案去实现卫星的任务要求。

表3-1 几种类型轨道的应用范围

轨道类型	应用范围
地球静止轨道及其星座	国际通信、区域和国内通信广播、海事通信、移动通信、区域导航、区域气象观测等卫星
太阳同步(回归)轨道及其星座	地球资源观测、全球气象观测、空间环境探测和科学技术试验、海洋监测等卫星

(续表)

轨道类型	应用范围
甚低轨道(高数百千米)	返回式遥感卫星、载人飞船、航天飞机、空间实验室、空间站等
临界倾角大椭圆轨道(周期12h)及其星座	空间环境探测和科学技术试验卫星、三颗星组网可实现高纬度地区的连续通信广播
高(约20000km)、中(约10000km)、低(约1000km)轨道实时全球覆盖星座	全球移动通信(含少量固定通信)、全球导航、全球环境监测等卫星网

5. 航天器发射、在轨运行时的环境条件要求

像航天器上的其他仪器一样,有效载荷将经受航天器发射阶段的力学环境和在轨运行阶段的空间环境,有效载荷必须能适应航天器发射、在轨运行(有的还要求返回)时的环境条件要求。因此,有效载荷研制时需要进行相应的环境适应性分析与设计,并使有效载荷具有尽可能宽的环境适应性。

3.3.2 环境适应性分析与设计

环境适应性是有效载荷系统研制的重要内容,也是重要约束条件之一。在第2章已经对有效载荷的环境进行了专门的分析,这里主要对环境适应性设计的内容进行论述[28]。

1. 能适应发射力学环境

为了适应航天器发射(包括返回式航天器的返回)阶段产生的振动、冲击、过载、噪声等力学环境,要求有效载荷的结构有足够的强度、刚度,避免产生共振,造成有效载荷的破坏。为了承受发射阶段的力学环境条件,有效载荷中的活动部件,包括在轨工作需展开的设备(如某些大型通信天线、雷达天线等)一般既要锁紧,又要便于解锁展开。

2. 能适应失重状态

航天器在轨运行处于失重状态,而有效载荷在地面调试时处于有重力作用状态。某些有效载荷,如通信卫星或遥感卫星上装载的尺寸为几米、十几米,甚至几十米的大型天线,某些大型光学系统及有些遥感器扫描机构的性能在有重力与无重力状态下是不同的。这些需要在设计中和地面调试中采取适当方法和措施,以确保有效载荷在轨运行失重状态下的性能能满足规定要求。

3. 能适应高真空状态

有效载荷在真空状态与常压条件下的性能会发生变化。例如:真空放电可能造成某些电路部件的损伤;二次电子倍增效应可能造成微波部件的损伤;高真空会导致冷焊现象,使活动部件金属接触面润滑消失而不能正常工作;光学遥感器在真空状态下与常压下的焦面位置相比会发生偏差;胶片式相机的输片和展平机构及磁带记录器的运带机构等必须在有足够气压状态下工作;在高真空状态下某些有机材料会释放出气体,造成光学有效载荷的光学部件污染。因此,在有效载荷设计上需要采取相应措施,在材料选用上应加以限制,才能确保适应高真空状态。

4. 能适应温度变化

有效载荷中的许多组成部分,如精密光学系统、扫描驱动机构等对其温度场有严格要求。航天器的外热流和内部热流变化都会使有效载荷所处的温度场发生变化,导致有效载荷的性能变化。因此,有效载荷必须采取必要的热控手段以适应环境温度变化。

5. 能适应空间辐射环境

航天器在运行轨道上将遇到来自于地球辐射带、太阳宇宙线和银河宇宙线的高能带电粒子,如高能电子、质子和重离子等。这些带电粒子通过总剂量效应、单粒子效应等辐射效应对有效载荷的性能乃至安全构成影响。空间带电粒子会导致光学部件、光电器件的性能衰减,同时空间辐射环境会使 CMOS 电路因单粒子反转和锁定造成故障,使 CPU 出现故障。因此,有效载荷在设计和器件的选用上都要考虑防辐射措施。

3.3.3 性能参数分析与选择

一般来说,有效载荷的性能,反映了整个航天器的使用性能。换言之,在一定条件下,有什么样的有效载荷,才有什么样的航天器。

由于有效载荷的种类太多,其参数涉及面太宽,内容太多,又由于随着技术的发展不断出现新的性能参数,因此,很难一并进行全面描述,而必须结合具体的有效载荷和应用才能够进行性能参数的分析与选择。例如,对于气象卫星的光学遥感器来说,所获取信息的光谱特性(包括光谱范围、谱段的宽度和数目、光谱分辨率等)、辐射度量特性(包括测量精度、辐射分辨率、动态范围等)和几何特性(包括视场角、空间分辨率、调制传递函数、波段间配准等)是最重要的性能参数;而对于通信卫星的转发器和天线来说,最重要的是与通信容量(包括等效全向辐射功率、接收系统增益噪声温度比、饱和功率通量密度、通信频段、带宽和频率再用特性等)和通信品质(包括通道的幅频特性、相频特性、幅度非线性、相位非线性、变换频率及其准确度、杂波输出和相位噪声、对上行信号变化的补偿和各种稳定性等)有关的性能参数。这一部分的内容将在后面的章节中结合具体有效载荷进行详细的描述。

3.3.4 热控设计

航天器的飞行过程通常要经历四个阶段,即地面段、上升段、轨道段和返回段。每个阶段的热环境和热状态是不同的:地面段,航天器在发射场的地面环境工作,处于部分仪器预热(或预冷)状态;上升段,航天器在火箭运送下穿过地球大气层,经受气动加热(有无整流罩状况不一样);轨道段,航天器在大气层外轨道上运行,处于空间环境,有效载荷处于工作状态;返回段,航天器再入地球或行星大气层,承受严重气动加热,有效载荷一般不工作。所以,有效载荷的热控设计一般主要考虑航天器处于轨道段时的情况。

大多数有效载荷都裸露在空间,在轨运行中要经受各种温度环境(包括高温日照和进入阴影区后的冷空间环境),最高环境温度可达500K,最低环境温度可达3K。而对极轨航天器来说,每100min左右冷热温度环境交变一次。这些对有效载荷特别是精度要求高的光学有效载荷的影响很大,必须进行热分析并采取相应的热控措施,以保证有效载荷工作在合适的温度范围[28]。

1. 热控设计准则

有效载荷的热设计准则主要有以下五项:

(1) 有效载荷的结构设计应选择具有对热环境不很敏感、热稳定性比较好的技术方案,一般结构材料采用钛合金、殷钢、铝合金和碳纤维复合材料等。

(2) 有效载荷的光学部件应选择膨胀系数小的光学零件材料,如熔石英、微晶玻璃和碳化硅等。

(3) 有效载荷的热控设计以被动热控为主,如热控涂层、多层隔热材料、热导填料、散热面和热管等热控措施。

(4) 对于热控要求高的、功率变化大的及热交换快的元件或组件,采取必要的主动热控措施,如薄膜型电加热器、可控热管等,关键组件采用恒定功率的主动加被动热设计方法,保证其热稳定性。

(5) 热控材料不应对光学有效载荷造成污染。

2. 热控设计内容

设计者应根据有效载荷的功能要求或热变形指标要求,转化成有效载荷的温度指标要求,例如温度水平指标和温度梯度指标等;结合航天器的轨道条件,考虑有效载荷所面临的空间外热流,有效载荷在航天器上所处的热耦合环境,进行热控设计,并应用热分析软件进行分析计算、优化、校正热设计,必要时还需进行热试验验证,最后确定热设计方案。

通常有效载荷的热分析计算过程包括:

(1) 根据轨道条件和有效载荷在航天器上的布局,分析有效载荷所受空间极端外热流(最大和最小)。外热流由太阳直射、地球红外辐射、地球反照组成,必要时还需要考虑航天器上其他部件对有效载荷的反射热流。

(2) 准确计算有效载荷在航天器上所处的热交换关系,包括热辐射和热传导关系,并分析极端热边界耦合关系。

(3) 根据有效载荷的工作模式,组合极端外界热流和热边界条件,计算有效载荷的各种极端热状态(如温度最高、最低,温度瞬变速度最快、最慢,温度场梯度的最大、最小等)。

(4) 将计算结果与温度指标进行对比,如不能满足指标要求,还需要修正热设计,再进行新一轮分析计算,直到各项指标满足要求为止。

3. 热控措施

为了保证有效载荷在空间环境中正常工作,需要采取必要的热控措施,将有效载荷控制在一定的温度和温度梯度下。

有效载荷通常采取被动和主动相结合的热控制技术:典型的被动热控措施主要有热控涂层、多层隔热材料、热导填料、辐射器和热管等;典型的主动热控措施主要有可控热管和薄膜电加热器等。例如"风云一号"气象卫星上的扫描辐射计安装在星体外,裸露在空间,其温度环境较恶劣,故采取了下述热控措施:裸露在外的单机用多层隔热材料包扎;仪器外表面作黑色阳极化处理;电机贴电加热片加热;仪器安装面采用导热脂或铟箔加强导热等。扫描辐射计入轨后功能、性能正常,其工作温度始终控制在设计范围之内。

3.3.5 电磁兼容性设计

电磁兼容是研究在有限的空间、有限的时间、有限的频谱资源条件下,各种用电设备或系统在公共电磁环境中共存,而不至于引起性能降级的一门学科。当电子设备或系统所产生的电磁能量不干扰任何其他设备、也不受外界干扰而正常工作时,这些设备是电磁兼容的,在此令人满意的状态下无论是在系统内,还是在所处的环境中系统都能按预先设计的状态工作。所以,电磁兼容性(electro magnetic compatibility,EMC)就是指电子系统在规定的电磁环境中具有按设计指标要求进行工作的能力。

1. 电磁兼容性的主要参数

1) 电磁敏感度阈值

系统、分系统或设备(以下简称产品)不能正常工作的干扰临界电平称为电磁敏感度阈值,是产品在其全部工作频段内,受电磁干扰最敏感的频段或最敏感频率上的干扰临界电平值。它是衡量产品受电磁干扰的易损性参数,也是电磁兼容性设计的基本指标之一。此值越低说明产品越易受干扰。从概率统计学进行定义,敏感度阈值是在一定置信水平下,敏感产品受电磁干扰电平的概率值。

2) 敏感度限制值

产品的电磁敏感度限制值是指规定产品抗电磁干扰能力的电磁敏感电平值。敏感度限制值越高,则抗电磁干扰的能力就越强。敏感度限制值是为了防护设计,在电磁敏感度阈值基础上制定的,敏感度限制值通常要小于敏感度阈值一个安全余量。

3) 电磁干扰值

产品在电磁环境中感受到的无用信号电平值称为电磁干扰值。电磁干扰值小于产品的敏感度限制值时,则产品能正常工作;小于敏感度阈值且大于敏感度限制值时,不一定满足对产品的安全余量要求。

4) 电磁发射极限值

产品工作时对周围环境产生电磁发射电平,规定电磁发射极限值指标是控制产品电磁干扰发射、保护电磁环境、实现产品与电磁环境兼容工作的必要措施。产品的设计一般应满足电磁兼容性标准或产品规范中规定的相应电磁发射极限值要求。

5) 电磁干扰安全余量值

电磁干扰安全余量是衡量产品电磁兼容程度的一个参数。它的定义是产品(关键部位)的敏感度阈值与该产品在所处的环境中实际接收到的电磁干扰值(已考虑到耦合因素)之比。若用 dB 表示则为两者之差,则

$$M_1 = S - P$$

式中:M_1 为电磁干扰安全余量值;S 为产品的敏感度阈值;P 为产品实际接收到的干扰电平值。

M_1 是为保证产品不受干扰而加上的安全余量。当 $S=P$ 即 $M_1=0$ 时,产品处于临界状态;当 $S<P$ 即 $M_1<0$ 时,产品处于受扰状态,与所处电磁环境不兼容;当 $S>P$ 即 $M_1>0$ 时,产品处于兼容工作状态。单纯考虑产品的可靠性,安全余量越大越好,但还要考虑产品的费用效益比,只能综合平衡适当选值。

电磁兼容性和安全余量关系如图 3-4 所示。

6) 性能降低判据

性能降低判据是用来评定产品不希望有的响应依据。当产品受到干扰后,最低可接受的性能指标就是它的性能降低的判据。不同类型的产品判据是不同的,产品设计者应在对产品进行电磁兼容性预测分析或在电磁敏感度试验前提供性能降低判断依据。

7) 失效判据

产品在受到电磁干扰后有可能产生失效现象。失效判据就是评定产品不允

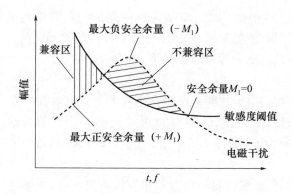

图 3-4 电磁兼容性和安全余量

许接受的电磁干扰电平。不允许的干扰信号进入产品后可能引起永久性恶化或永久性失效。

2. 电磁兼容性设计内容

与电磁干扰对应,电磁兼容性也包括干扰源、传播途径(耦合通道)和敏感装置三个要素。解决电磁兼容性问题的关键是有效载荷和航天器平台共同做好电磁兼容性设计,抑制航天器内电磁干扰源,提高敏感设备抗干扰能力,切断航天器内干扰可能的传播途径,使航天器各系统间互不干扰、协调地工作。

有效载荷的电磁兼容性设计主要从两方面考虑:一方面要抑制有效载荷自身的传导发射和辐射发射,减小有效载荷对航天器其他相关系统的电磁干扰;另一方面是有效载荷自身的传导和辐射的敏感度设计,提高敏感元件的抗干扰能力,使有效载荷免受航天器其他相关系统的电磁干扰,保障有效载荷能安全、正常地工作。

3. 电磁兼容性设计措施

电磁兼容性设计主要包括硬件上的接口隔离设计、屏蔽设计、接地设计、布线设计、滤波设计和系统布局设计,以及空间隔离、时间分割、频率隔离等抗干扰控制措施[2]。

1) 屏蔽设计

屏蔽设计是防止辐射干扰的主要手段。所谓屏蔽就是采用一定的技术手段,把电磁场限制在一定的空间范围之内,包括主动屏蔽和被动屏蔽两种。主动屏蔽是把干扰源置于屏蔽体之内,防止电磁能量和干扰信号泄漏到外部空间;被动屏蔽是把敏感设备置于屏蔽体内,使其不受外部干扰的影响。

2) 接地设计

航天器有效载荷的"地"一般来说就是航天器的结构。航天器结构是否能为有效载荷提供一个好的"地",与结构所使用的材料和结构的构成方式有关。有了满足要求的"地"之后还必须设计出一个合理的接地系统。实践证明,设计合理的接地系统是电磁干扰控制最经济、最有效的措施。

3) 空间隔离

空间隔离是对辐射干扰和感应耦合干扰的一种有效控制办法。加大干扰源和接收干扰的敏感设备之间的距离 r,可达到抑制干扰的目的:场强对近场按 $1/r^3$ 感应衰减,对远场辐射按 $1/r$ 减小。空间隔离法同样适用于总体的布线和设备的布局。

此外,空间隔离还包括对辐射方向和方位调整,以及干扰电场及磁场矢量在空间相位的控制,适用于避免天线间相互干扰和变压器、机箱等的电磁泄漏。

4) 时间分割

时间分割可用来控制与信号频率近似且强度大、不易抑制的干扰。当有用信号与干扰信号的出现时间可确定先后关系时,可采取适当的主动控制使其不受扰,也可利用有用信号或干扰信号的特征,在识别后使其迅速关闭干扰信号,达到时间上不重合、不覆盖的控制目的。在高精度、高可靠性系统中,这也是常被采用的一种简单易行的控制干扰手段。

5) 频率隔离

任何有用信号或干扰信号都是由一定频率分量组成,可利用其频谱特性去掉干扰,如频谱管制、滤波、频率调制、数字传输、光电传输等方法。

频谱管制是将频谱资源人为进行分配和管理,不同用途的信号只能在国际无线电组织和中国无线电管理委员会规定分配的频段内工作或传输;为使长距离传输免受干扰可采用调幅或调频不同的调制方法;采用数字传输可防止信号在传输过程中受干扰。

6) 电气隔离

电气隔离是避免干扰在电路中传播的可靠方法,包括机械耦合(如继电器)、电磁耦合(如变压器)、光电耦合(利用光电器件)等,使输入端的干扰不能进入输出电路。

4. 电磁兼容性预测分析[2]

电磁兼容性预测分析实质上就是对电磁干扰的预测与分析。它是一项新的技术,也是实现系统电磁兼容性的一种重要手段,不仅适用于新研制系统,也可应用于已有系统的改进。要避免产品建成后在试验或使用中发现干扰问题再来修改,这样不仅造成人力物力上的浪费,拖延了研制进度,甚至有些措施难以实施。对航天器来说,有些修改还要受到质量、体积和特殊结构的限制,有可能使得问题得不到彻底解决而存在隐患。因此对航天器有效载荷等复杂系统或其组成设备,在方案和设计阶段事先开展电磁兼容性预测分析工作,提前发现可能存在的干扰问题,可及时有针对性地采取抑制或防护干扰的适当措施,起到防患于未然的作用。

电磁兼容性预测分析工作的核心是建立干扰预测分析工作中需用的数学模型、预测分析方程以及存放运算所需数据的数据库。

3.3.6 寿命与可靠性设计

由于航天器有效载荷一般是一次性产品,不可在轨进行维修,所以对高可靠性和长寿命提出了特殊的要求。

寿命与可靠性是航天器有效载荷设计中两个相互紧密关联又不同概念的技术指标。在有效载荷设计中往往同时提出寿命以及在整个寿命期间该仪器的可靠性指标[28]。有效载荷的寿命指标是指它能正常工作的年限,一般寿命分为设计寿命和工作寿命。设计寿命是指有效载荷按其设计分析,在规定的使用条件下,应能达到的寿命值,以年为单位。工作寿命是指卫星正常在轨运行期间,有效载荷在轨正常工作的实际年限值,以年为单位。它依赖于有效载荷的设计和制造品质。有效载荷的可靠性是指在稳定的储存、运输、主动段飞行、在轨空间运行的条件下,在技术指标偏差允许范围内,正常、有效工作的能力。衡量这种能力的概率是可靠性最基本特征量,称为可靠度。

1. 可靠性设计准则

可靠性设计准则主要有以下五项:

(1) 在满足技术性能指标前提下,设计尽可能简化,符合简单可靠的原理,力求采用标准化设计。

(2) 尽可能继承经过证明是成功的成熟技术,对所采用的新技术必须在地面进行充分的可靠性试验验证后才允许使用。

(3) 在质量、体积和功耗允许的前提下,对单点失效的关键系统采用冗余设计,尽可能避免单点故障,提高产品的可靠性。

(4) 产品设计时充分考虑其安全性,采取故障隔离技术,以使局部故障不会导致有效载荷的故障,有效载荷的故障不会影响整星正常工作。

(5) 在有效载荷设计中必须选用置信水平高的高可靠性系统、设备、线路和元器件,确保产品高可靠性和高质量。

2. 可靠性设计内容

有效载荷可靠性设计的具体内容如下:

(1) 根据有效载荷的任务和目标,经计算和分析提出有效载荷的可靠性指标。

(2) 在可行方案设计阶段,作出可靠性的预测,并与可靠性指标进行比较,如预测与指标不符,则从实际出发或修订可靠性指标,或修改有效载荷的设计。

(3) 在方案设计阶段,完成有效载荷各子系统的可靠性指标的分配。

(4) 在详细设计阶段,随着设计工作的进展调整可靠性指标的分配值,并解决存在和出现的问题,最终使由各子系统综合得出的有效载荷的可靠性符合指标要求。

(5) 进行失效模式、后果及严重度分析,找出导致严重后果的失效环节以便改进设计和提高可靠性,或者进行故障树分析以摸清所分析系统的故障情况,找出薄弱环节并加以改进。

3. 可靠性设计审查

为保证可靠性设计的完整性、准确性,对其设计进行审查是十分必要的。在航天器有效载荷研制过程中,应该制作航天器有效载荷部件可靠性设计审查单(见表3-2),作为设计师对自己产品的可靠性设计进行自查、部件设计评审时评审人员对被评产品可靠性设计的评审检查的参考资料[30]。对在评审时审查出的不符合项应记录在案,并提出改进设计的纠正措施。质量控制师要跟踪检查纠正措施的实施情况。

表3-2 航天器有效载荷部件可靠性设计审查单(仅供参考)

序号	审查项目	审查内容	审查结果		
01	任务书的可靠性要求	可靠性指标(平均寿命 MTTF,或失效率 λ,或可靠度 $R(t)$)	有□	无□	不适用□
		安全性要求	有□	无□	不适用□
		EMC 要求	有□	无□	不适用□
		环境条件及试验要求	有□	无□	不适用□
		环境应力筛选或老炼要求	有□	无□	不适用□
02	电路的继承性与新技术	对继承性是否作了分析?	是□	否□	
		继承性是否大于80%?	是□	否□	□%
		对采用的新技术、新工艺、新器材实现的可行性是否进行了分析?	是□	否□	
		对采用的新技术、新工艺、新器材实现的可行性是否进行了试验验证?	是□	否□	
⋮	⋮	⋮	⋮	⋮	⋮

3.3.7 个性化特殊设计

在航天器有效载荷的设计中,除了上述几种常见的设计内容,根据有效载荷的不同,还会有一些个性化的特殊设计发生。例如光学遥感器的防污染设计及成像质量控制设计、空间站有效载荷的维修性设计、航天员的健康保障设计等,这些都必须予以高度重视。

1. 光学遥感器的防污染设计[28]

光学遥感器等高敏感性有效载荷的防污染是有效载荷研制过程中的一项重要内容。例如,对于长寿命光学遥感卫星来说,污染对遥感器的性能具有很大的危害性,它可使遥感器的光学系统性能下降,特别是对红外探测器由辐射制冷器制冷的遥感器,可导致红外通道性能衰减甚至失效。

有效载荷防污染设计主要包括以下内容:

1) 全过程的防污染控制

实践表明,为了确保有效载荷正常工作,有效载荷防污染设计必须与航天器平台结合起来,进行航天器研制全过程的防污染控制。全过程包括从航天器设计、研制、试验、发射直至在轨运行的每一个环节。

2) 消除航天器内部的污染源

航天器上所用材料严格按航天要求和标准选择,严格禁用出气率高、挥发性大的非金属材料,使总质量损失(TML)、可凝挥发物(CVCM)和水蒸气回收量(WVR)等指标控制在规定的范围内,从而消除航天器内部的污染源。

航天器热控多层很容易在地面吸附水汽,入轨运行后,在空间高真空环境条件下开始释放水汽,成为航天器上的污染源。为了防止热控多层吸附水汽,可在航天器热控多层上打一定孔径、一定比例的出气孔,入轨后加速排放多层所吸附的水汽,提高出气率。另外,将发射航天器所用的热控多层使用前存放在充高纯氮气的密闭容器内加以保护。

3) 防止地面环境对有效载荷的污染

地面环境包括装调厂房、总装厂房、测试厂房、试验厂房、运输、发射等航天器研制和发射过程中主要环节的环境。地面环境的温度、湿度、洁净度、非挥发性残留物等参数都要严格控制在规定的范围内,防止地面环境对有效载荷的污染。

4) 易污染部件的防污染保护措施

以气象卫星遥感仪器为例,容易被污染的部件或设备有辐射制冷器、光学部件和漫反射板等,其中辐射制冷器由于工作温度低和冷块辐射率高等特点,成为气象卫星上最容易被环境污染的设备,因此对其采取以下防污染和去污染措施:

(1) 辐射制冷器加防污染罩,卫星入轨运行一定时间(去污染加热时间)后方才允许打开。

(2) 辐射制冷器外壳,一级和二级冷块以及光学窗口设计加热去污染装置,卫星入轨后按程序进行加热去污染。

(3) 发射用的辐射制冷器在装星前一直存放在充高纯氮气的专用包装箱内,装星后参加有关试验时必须连续通高纯氮气加以保护。

5) 红外辐射定标试验和热真空试验防污染措施

红外辐射定标试验必须在无油真空系统进行。如果真空系统为非无油系统,必须在真空容器内装有防止返油装置或采取其他防污染措施。在真空容器内设置测量污染量装置,对航天器特别是对航天器上有效载荷污染情况进行监测。航天器有效载荷的热真空试验可以与红外辐射定标试验结合起来做,在不影响航天器热真空试验前提下,有效载荷可用初样产品代替正样产品装机,参加整个航天器热真空试验。

2. 光学遥感器的成像质量控制设计

光学遥感器的成像质量是光学遥感器的重要性能,在设计时需要对其影响因素进行分析,并采取相应的应对措施和控制方法,以提高成像质量。

1) 光学遥感器对杂散辐射影响的控制[28]

杂散辐射是指到达光学遥感器像面的视场外的非景物目标辐射。光学遥感器所探测的信号除景物目标信号外,还存在着太阳光、大气的散射光、云层反射和地面景物光信号等。杂散辐射控制就是抑制目标信号外的其他信号,从而提高光学遥感器的成像品质。杂散光问题是光学遥感器设计中必须特别重视的问题。从卫星工作环境出发,应进行合理的卫星布局,合理地配置遮阳罩、视场光阑等,避免太阳光等视场外非景物目标辐射进入光学系统。具有红外观测能力的光学有效载荷,还必须控制遥感器自身辐射,避免引起系统探测精度下降。

2) 光学遥感器的光学系统偏振控制

光学遥感器光学系统的偏振控制主要包括以下两方面:一方面是控制光学系统的偏振像差,光学系统中的透镜、反射镜、镀膜、棱镜、光栅和晶体等都会引起偏振,出现偏振像差,导致光学系统成像品质下降;另一方面是控制系统偏振灵敏度,大气、海洋表面、地面景物目标反射太阳光具有一定的偏振特性,如果光学系统的部件是偏振敏感的,将导致系统探测误差。因此,光学遥感器特别是高辐射灵敏度的光学遥感器,应特别注意系统偏振特性并进行控制,尽可能降低系统偏振灵敏度。

3) 活动部件对光学遥感器成像品质的影响

当星上活动部件运动时,如太阳翼伸展,飞轮、扫描镜等部件转动,快门开关等,都会使光学遥感器的关键部件产生振动或抖动,卫星姿态控制又消除不了这种高频抖动,从而引起光学遥感器的像移,造成遥感器的分辨率下降。对于高分辨率的光学遥感器,星上活动部件的影响是不可忽视的,设计时必须加以考虑。

3. 空间站有效载荷的维修性设计

要保持空间站有效载荷能按照正常方式长时间工作,与其他航天器的有效载荷项目相比,需要开展相应的维修工作。所以,在进行空间站有效载荷设计时需要考虑维修性的内容。以国际空间站为例,欧空局在国际空间站有效载荷的设计、开发和运行中,专门制定和实施了有关有效载荷(ISS P/L)的维修性手册和维修规划指南,作为有效载荷维修性和维修规划工作的指导性文件。图3-5列出了维修的两种基本类型及其规定的实施策略。这两种基本维修类型如下:

(1) 计划维修或者预防性维修,包括定期检查措施(也叫视情维修)、状态监测措施(通过内部数据的采集或者专用自主测量,在轨与/或监视有效载荷分系统情况)、寿命有限项目更换(也叫定时例行维修)和擦拭保养措施(为了防止或者推迟故障发生并保持设备符合要求性能规范的使用寿命)。

(2) 非计划维修或者修复性维修,指设备故障发生时采取必要的维修措施,确保设备恢复到规定的技术状态。

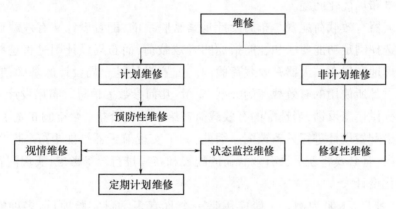

图3-5 基本维修体系

维修性作为一种设计特性,与有效载荷设计中的其他特性之间存在相互作用的关系。例如,维修性与可靠性之间的关系:通常情况下,当系统的可靠性提高时,维修的频率会降低;反之,当可靠性降低时,维修的频率会升高。因此,在设计空间站有效载荷时,应该将维修性与其他设计特性一起综合考虑,组织实施,从而达到以最大的效费比完成任务的效果。

3.3.8 配置与布局设计

航天器有效载荷配置与布局设计是基于航天器平台的航天器总体方案设计

的重要内容,也是有效载荷系统集成设计的主要工作,它对于缩短航天器的研制周期、节约成本、提高性能等方面都具有非常重要的作用。

航天器的技术水平和使用效益主要取决于有效载荷的配置及其性能。有效载荷配置设计是指从有效载荷的备选集中选择满足客户功能要求和约束条件的有效载荷,并通过合理的组合最大限度地满足并优化用户提出的性能指标集(如成本最低、总质量最小),从而形成最佳的产品配置方案。有效载荷的配置首先应满足航天器的应用需求,其次要考虑技术的可实现性、先进性和性价比等因素。

在仪器、设备选择完成之后还有一个重要问题,即如何将这些仪器、设备合理地布置在航天器有效载荷舱内,这就是航天器有效载荷的布局设计问题。通常,航天器有效载荷的布局设计是指将航天器舱内、外装载的大量仪器、设备(有效载荷)布置在航天器舱内、外有限的空间,并满足其内部和周围环境的各种约束要求且尽量对客户提出的布局方案性能指标进行优化,它属于带性能约束的三维布局优化问题。

航天器有效载荷配置与布局设计是紧密联系的,配置设计从有效载荷的候选集中选择满足功能要求和性能指标的有效载荷,而布局设计则是将这些有效载荷合理地布置在航天器有效载荷舱内。配置设计是布局设计的基础,它决定着布局设计所使用的有效载荷的类型、质量、几何参数等信息。布局设计又为配置设计提供信息反馈,当选配的有效载荷在给定的航天器平台空间布置不下时,要反馈给配置设计进行重新选配。因此,为了实现航天器性能更好、速度更快、经费更省,有必要将航天器有效载荷的配置和布局进行统筹考虑,实现配置和布局一体化设计[31]。

以"神舟"飞船为例。飞船应用是一个具有多学科实验项目、多种实验仪器、多层次系统组合和多运行模式工作状态等特点的复杂系统,涉及对地观测和空间科学实验等领域的 16 项应用任务。28 项应用有效载荷,分别安装在 4 艘无人飞船和 1 艘载人飞船上,主要有中分辨率成像光谱仪、多模态微波遥感器等 9 项对地观测仪器,以及空间材料科学、微重力流体物理、空间生命科学、空间天文及空间环境监测等 19 项实验和观测仪器[32]。各艘飞船的有效载荷配置,是在质量、功耗、体积、测控、数传能力等约束条件下,本着尽可能满足应用需求、充分发挥载荷效益、优化总体方案的原则进行安排的。在充分考虑各项任务的实验需求与技术可实现性基础上,经多方案的分析比较及与飞船系统的协调,最终确定各艘飞船有效载荷项目安排及其安装舱段,见表 3-3。

表 3-3 各艘飞船有效载荷项目安排

	应用项目	总件数	返回舱件数	轨道舱件数	附加段件数
SZ-1	6	6	6	0	0
SZ-2	11	64	15	12	37
SZ-3	11	44	13	11	20
SZ-4	14	52	15	20	17
SZ-5	5	19	2	14	3
总计	28	185	51	57	77

3.3.9 常用分析与设计工具

在航天器有效载荷分析与设计中,计算机已成为各级技术人员和管理人员必不可少的工具,大到项目研制流程的优化,小到某个具体产品的设计、分析,都离不开计算机的参与。计算机在航天器有效载荷分析与设计中的应用范围很广,它包括计算机辅助工程(CAE)、计算机辅助设计(CAD)、计算机辅助工艺过程规划(CAPP)、计算机辅助制造(CAM)、计算机辅助测试(CAT)、产品数据管理(PDM)、直接数字仿真(DNS)、计算机辅助创新(CAI)技术等内容。虚拟样机技术(VP)和虚拟现实技术(VR)的出现,又大大扩展了计算机的应用范围。由于篇幅限制,本章仅介绍几种与航天器有效载荷分析设计直接有关的常用工具。

1. 卫星工具箱(STK)软件

美国 Analytical Graphics 公司(AGI)开发的卫星工具箱(satellite tool kit,STK)软件,是航天工业领先的商品化分析软件。它支持航天任务周期的全过程,包括概念、需求、设计、制造、测试、发射、运行和应用等。STK 可以支援航天、防御和情报任务,利用它可以快速方便地分析复杂的陆、海、空、天任务,获得易于理解的图表和文本形式的分析结果,以确定最佳解决方案,并可利用可视化手段将其展现。

STK8 重新整理了原有的产品模块,合并为三个版本:基础版、专业版和专家版。基础版对所有用户免费,主要解决与陆、海、空、天场景相关的基本定位和交互识别问题。STK 专业版和专家版都包含三维可视场景,可解决更复杂的设计和运行问题。STK 专家版可以在对象组或目标链路中实现交互式算法,输出可视化数据格式文档(VDF)供 STK 和 AGI 浏览器用户共享;STK 专家版是最复杂最全面的版本,除了包含 STK 专业版的所有功能,还包含 STK/Integration、STK/Terrain、Imagery、Maps 和 STK 标准分析模块[33]。STK 组成部分见表 3-4,STK 专家版组成见表 3-5。

表 3-4 STK 组成部分

STK 版本	简 介
STK Basic Edition（STK 基本版）	STK 基本版提供分析引擎用于计算数据，并可显示多种形式的二维地图，显示卫星和其他对象（如运载火箭、地面车辆）的时空关系
STK Professional Edition（STK 专业版）	STK 专业版扩展了 STK 基本版的功能，该版本包含了附加的数据库、轨道预报算法、姿态定义、坐标类型和坐标系统、多种遥感器类型、高级的约束条件定义以及定制报告等。另外，它有三维可视化模块，为 STK 和其他附加模块提供三维显示环境
STK Expert Edition（STK 专家版）	STK 专家版包含了 STK 专业版和 STK/Integration、STK/Terrain、Imager、Maps 和标准分析模块，还可以单独添加专用分析模块。AGI 技术套件用于满足专业需求，包含复杂建模、多应用领域、工业级的集成。包含的模块如下： STK Professional Edition(STK 专业版) STK/Integration(STK/集成模块) STK/Terrain, Imagery and Maps(STK/地形、影像和地图模块) Standard Analysis Modules(标准分析模块) STK/Specialized Analysis Modules(STK/专用分析模块)

表 3-5 STK 专家版组成模块

组 成 模 块		简 介
STK/Integration(STK/集成模块)		用包括定制脚本在内的各种方式将用户应用程序与 AGI 的私有 Connect 接口相连从而实现与 STK 集成；在 DIS 实体层起到杠杆作用；使用 ActiveX 控制将 STK 组件嵌入到其他应用程序；或者与第三方软件诸如 MathWorks、Matlab 和 ArcGIS 的互连
STK/Terrain, Imagery and Maps(STK/地形、影像和地图模块)		提供全球 1km 的地形数据、1km 的影像和高分辨率的二维地图。Pdttx 格式的 BlueMarble、geosphere、Planet_Earth_Basic、Planet_Earth_Bathymetric 1km 影像数据；STK/High Resolution Maps(高分辨率地图)
标准分析模块	STK/Analyzer(分析)	通过生成多参量的最优化解决方案来扩展 STK 的分析能力
	STK/Attitude(姿态分析)	高级姿态动力学分析模块，用于高级运载工具姿态和分析可视化
	STK/Chains(链路分析)	复杂网络的多次链接分析和星座分析
	STK/Communications(通信分析)	分析移动的射频通信和干涉
	STK/Coverage(覆盖分析)	对用户定义区域进行覆盖分析，分析设备与区域之间的相互作用
	STK/Radar(雷达分析)	为雷达环境、干涉和干扰建模

（续表）

	组成模块	简介
专用分析模块	STK/Astrogator(轨道机动)	交互的轨道机动和任务规划工具
	STK/MMT(导弹建模工具)	对导弹飞行、拦截以及拦截系统性能进行仿真
	STK/PODS(精确轨道确定)	处理航天器的跟踪数据,用于确定轨道和相关参数
	STK/Scheduler(任务规划)	对航天任务进行规划与计划
	STK/Space Enviroment(空间环境)	对包括地磁场、高能粒子、温度等的空间环境进行仿真

场景(Scenario)是 STK 中的最高级别对象,它包括一个或多个二维图形窗口(2D Graphics Windows)和三维图形窗口(3D Graphics Windows),并且包含 STK 所有对象(如卫星、地面设施等)。图 3-6 是一个典型 STK 场景工作界面。STK 窗口中可分为以下部分:

(1) "Workspace"(STK 工作区),最外层的 STK 主窗口,包括了 STK 所有功能模块。启动程序时工具栏和菜单位于窗口默认的位置。

(2) "Grey Space"(灰色区域),位于 STK 工作区中间的灰色区域,默认状态下它包含了二级窗口。

(3) "Secondary Window"(二级窗口),即是主窗口中所包含的窗口,如对象浏览器、可视化窗口、HTML 浏览器等。"Object Browser"(对象浏览器),用来管理用户创建的 STK 对象的二级窗口。"Visualization Window"(可视化窗口),即二维图形窗口和三维图形窗口。

(4) "HTML Viewer"(HTML 浏览器),是一个内嵌的 HTML 窗口。

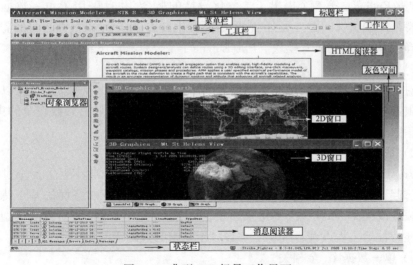

图 3-6 典型 STK 场景工作界面

(5)"Title Bar"(标题栏),位于 STK 工作空间的顶端,在其中显示为最后选择的二级窗口名称。

(6)"Message Viewer"(消息阅读器),用于返回 STK 相关数据源和鼠标动作信息。

(7)"Status Bar"(状态栏),出现在 STK 工作区底部,显示信息包括:当前选定的对象、当前二维图形窗口鼠标位置的纬度/经度、当前场景时间、时间步长、动画帧速率、二维图形窗口地图分辨率等级。

(8)"Menu Bar"(菜单栏),位于标题栏下方,包括了 STK 各菜单项。

(9)"Tool Bar"(工具栏),位于菜单栏下方,用于快速访问常用工具。用户可以在"Grey Space"上方的区域中单击右键,选择需要显示的 STK 工具,或使用"View"菜单项中的"Toolbars"选择工具栏。

2. Pro/Engineer 工具软件

Pro/Engineer 工具软件是美国参数技术公司(parametric technology corporation,PTC)旗下的 CAD/CAM/CAE 一体化的三维软件。Pro/Engineer 软件以参数化著称,是参数化技术的最早应用者,在目前的三维造型软件领域中占有着重要地位,Pro/Engineer 作为当今世界机械 CAD/CAE/CAM 领域的新标准而得到业界的认可和推广,是现今主流的 CAD/CAM/CAE 软件之一。2010 年 10 月 29 日,PTC 公司宣布,推出 Creo 设计软件。也就是说,Pro/Engineer 正式更名为 Creo。目前 Pro/Engineer 最高版本为 Creo Parametric 4.0(2017 年 7 月 4 日发布),但在市场应用中,Wildfire 3.0 和 Wildfire 5.0 是主流应用版本。

Pro/Engineer 第一个提出了参数化设计的概念,并且采用了单一数据库来解决特征的相关性问题。另外,它采用模块化方式,用户可以根据自身的需要进行选择,而不必安装所有模块。Pro/Engineer 主要具有以下特性:

1)参数化设计

对于产品,可以看成是几何模型,而无论多么复杂的几何模型,都可以分解成有限数量的构成特征,而每一种构成特征,都可以用有限的参数完全约束,这就是参数化的基本概念。

2)基于特征建模

Pro/Engineer 是基于特征的实体模型化系统,能够将设计至生产全过程集成到一起,实现并行工程设计。工程设计人员采用具有智能特性的基于特征的功能去生成模型,如腔、壳、倒角及圆角,可以随意勾画草图,轻易改变模型。这一功能特性给工程设计者提供了在设计上从未有过的简易和灵活。

3)单一数据库(全相关)

Pro/Engineer 是建立在统一的数据库上,不像一些传统的 CAD/CAM 系统建立在多个数据库上。所谓单一数据库,就是工程中的资料全部来自一个库,使得每一个独立用户在为一件产品造型而工作,不管他是哪一个部门的。换言之,在整个设计过程的任何一处发生改动,也可以前后反映在整个设计过程的相关环节上。例如,一旦工程详图有改变,NC(数控)工具路径也会自动更新;组装工程图如有任何变动,也完全同样反映在整个三维模型上。这种独特的数据结构与工程设计的完整的结合,使得一件产品的设计结合起来,设计更优化,成品质量更高,价格也更便宜。

4) 模块化方式

Pro/Engineer 采用了模块化方式,可以分别进行草图绘制、零件制作、装配设计、钣金设计、加工处理等,保证用户可以按照自己的需要进行选择使用。

启动 Pro/Engineer 后,主窗口会被打开。图 3-7 给出了 Pro/Engineer 的一个典型工作界面。"导航器"面板在左侧打开,并连接到零件库、Internet 网站或局域网上的其他工作站。"模型树"是一个包括零件文件中所有特征的列表,包括基准和坐标系。当处于零件文件中时,"模型树"会在根目录显示零件文件名称,并在其下显示出零件中的每个特征。对于组件文件,"模型树"会在根目录

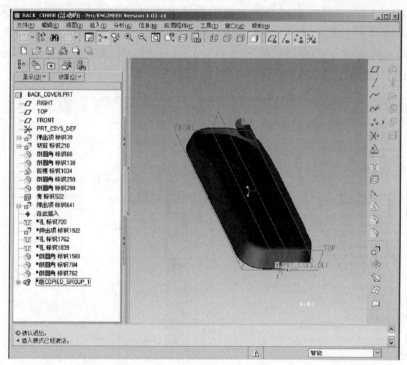

图 3-7 Pro/Engineer 工作界面

显示组件文件,并在其下显示出所包含的零件文件。"模型树"中的项目直接连接到设计数据库。当选中树中的项目时,它们所代表的特征会被加亮,并在图形窗口中呈现被选中的状态。

3. Matlab/Simulink 仿真工具

Matlab 是美国 MathWorks 公司于 1982 年推出的一套高性能的数值计算和可视化数学软件,被誉为"巨人肩上的工具"。它简单易用且具有强大的计算和可视化功能,并拥有许多应用于特定领域的工具箱(Toolbox),因此广泛应用在科研院所、高等院校及工业企业中。它已经成为工程和科研必不可少的工具。在美国,Matlab 是大学生和研究生必修的课程之一。美国许多大学的实验室都安装有 Matlab,供学习和研究之用。

Matlab 集数值分析、矩阵运算、信号处理和图形显示于一体,构成了一个方便的、界面友好的用户环境。其工具箱包括多类应用问题的求解工具,可用来求解各类学科的问题,包括信号处理、图像处理、控制系统辨识、神经网络等。随着 Matlab 版本的不断升级,其所含的工具箱的功能也越来越丰富,因此应用范围也越来越广泛,成为涉及数值分析的各类设计不可或缺的工具。

Simulink 是 Matlab 中附带的一种图形仿真工具,拥有对系统进行可视化建模、动态仿真与分析的集成环境,能够应用图形化仿真模块(见图 3-8)对时间连续、离散或混合系统进行建模和仿真。在 Simulink 环境下构造的典型仿真案例如图 3-9 所示。

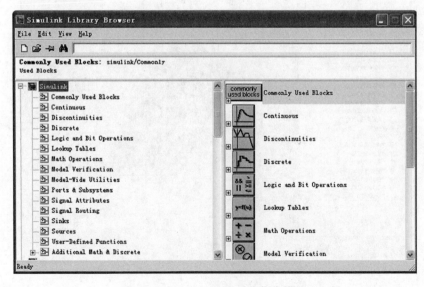

图 3-8 Simulink 的图形化仿真模块

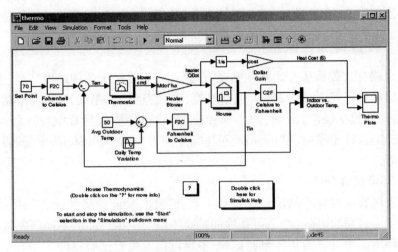

图 3-9 Simulink 仿真案例

传统的航天器设计是将航天器分解成结构、电源、热控制、姿态与轨道控制、测控、数据管理等分系统,各个分系统分别按照航天器总体设计提出的要求和本系统的技术特点进行设计、加工,并制成硬件,然后再把所有分系统进行总装、测试、试验和调整,组成航天器。在航天器设计中,目前虽然已经普遍使用了 CAD 等先进手段,但基本上是不同的分系统采用各自的软件。

为了提高航天器的设计水平和设计效率,将进一步开发把航天器当成一个整体来进行设计的应用软件。它把航天器的各个分系统的物理特性、技术特点、设计程序等工作过程加以集成,形成一个称为"航天器多学科辅助设计系统"的集成软件包。该软件包不仅提供各种设计规范、分析工具、数据库,而且能自动完成多方案分析比较,给出最优设计。设计人员只要输入一组新的原始数据,即能生成一个新的最优设计,从而大大提高航天器的设计效率。随着"航天器多学科辅助设计系统"的建立和应用,必将大大提高航天器总体设计质量和进度,并使航天器总体设计产生重大变革。

3.4 有效载荷试验与测试

试验与测试的目的是为了确保有效载荷系统及其子系统的功能性能能够达到状态转换或集成所要求的标准。为了确保有效载荷在设计环境下能正常工作,在航天器的各研制阶段必须对有效载荷进行充分而又必要的试验与测试,以考核有效载荷对各种约束条件的适应性,验证有效载荷设计的合理性。同时,通过试验发现隐患、改进设计、避免早期失效,从而提高有效载荷的功能性能。

3.4.1 环境适应性试验

航天器有效载荷从开始研制到在轨运行,先后要经历各种地面环境、发射环境及轨道环境。其中,地面环境包括温度,湿度,运输和吊装产生的振动、冲击等;发射环境包括噪声、振动、冲击和加速度;轨道环境包括真空、冷黑、太阳辐照、电磁辐射、粒子辐射、磁场、微流星体与空间碎片、等离子体、静电场、微重力、原子氧等。

1. 环境试验分类

环境试验是检验产品设计余量和工艺合理性、验证产品经受各种环境应力的适应能力、检验和保证产品可靠性的重要手段。根据产品的不同研制阶段,有效载荷环境试验可分为初样研制试验、鉴定试验及验收试验三种。

初样研制试验目的是检验有效载荷产品设计与工艺方案的合理性,验证有效载荷能达到规定功能及对各种环境的承受能力,为正样设计提供依据。对新型号来说,研制试验是必不可少的。由于研制试验具有因型号而不同的特点,不可把研制试验简化成一组标准的试验程序。尤其对于使用现有型号或具有大量继承性的型号,研制试验的内容和程序就和新研制型号不同。但有一点是明确的,研制试验的试验内容一般不少于鉴定试验内容。为了搞清设计余量而使用的试验条件、应力可能要高出设计极限。但是,研制试验不必像鉴定、验收试验那样对试验程序、试验条件和试验状态有严格控制。试验可在分系统承制单位的设备上进行,也可在总体单位或第三方的设备上进行。但所使用的试验方法、原理要符合有关试验标准要求。

鉴定试验是在产品初样研制阶段,为检查设计方案和工艺方案是否满足预定的强度要求和性能要求而进行的测试试验。该试验要验证被试产品不仅能经受最高的预示环境,而且还要有一定的余量。鉴定试验用的产品是按照与飞行产品相同的图样、元器件、原材料、加工工具和工艺制造成的,或者它是同一批次飞行产品中的一件。鉴定试验是在鉴定试验件或在同批次飞行产品上随机抽取的样品上进行的,因此,它具有代表其他产品的资格。对新型号来说,鉴定试验是必不可少的;对于采用原有型号或继承性很大的型号或分系统仪器设备,而使用环境又不超过以往的环境,鉴定试验可以省略不做。鉴定试验与验收试验一样,在合同条款中做出明确的规定,而且在产品验收试验之前要完成。

验收试验的目的是要暴露正样产品的元器件、原材料和制造工艺中的潜在缺陷所造成的故障,以排除早期故障,保证产品的使用可靠性,确认产品符合合同要求,可以验收交付。验收试验是正样阶段在正样产品上进行的试验,通过验收试验证明每一件交付飞行的产品是可以接受的,因此,有时又称为交付试验。验收试验与鉴定试验的目的截然不同,鉴定试验主要解决方案问题,验收试验要解决产品的生产质量问题。

2. 动力学环境试验

针对不同的动力学环境,有效载荷的动力学环境试验可分为噪声试验、随机振动试验、正弦振动试验、冲击试验、加速度试验等。作为实例,表 3-6 给出了"风云二号"气象卫星有效载荷动力学环境试验项目表[28]。

表 3-6 "风云二号"气象卫星有效载荷设备动力学环境试验项目表

试验项目	电子电工组件	活动/分离部件	天线	光学组件	微波组件
噪声试验	R,n	N,n	N,n	N,n	N,n
冲击试验	R,n	R,n	O,n	N,n	R,n
正弦振动试验	R,r	R,r	R,r	R,r	R,r
随机振动试验	R,n	O,n	O,n	O,n	R,n
加速度试验	R,n	R,n	N,n	N,n	R,n

注:R 表示鉴定必做,r 表示验收必做,N 表示鉴定不做,n 表示验收不做,O 表示鉴定选做

3. 空间环境试验

有效载荷的空间环境试验项目一般包括热真空试验、真空放电试验、微放电试验、热循环试验、紫外辐照试验、粒子辐照试验和磁试验等。作为实例,表 3-7 给出了"风云一号"气象卫星有效载荷空间环境试验项目表[28]。

表 3-7 "风云一号"气象卫星有效载荷设备空间环境试验项目表

试验项目	电子电工组件	活动/分离部件	天线	光学组件	微波组件
热真空试验	R,r	R,r	R,r	R,r	R,r
热循环试验	R,r	N,n	N,n	N,n	N,n
真空放电试验	R,r	N,n	N,n	N,n	R,r
微放电试验	N,n	N,n	N,n	N,n	N,n
冷热交变试验	N,n	O,n	O,n	R,n	N,n
静电放电试验	R,n	N,n	N,n	N,n	N,n
粒子辐照试验	R,n	N,n	N,n	N,n	N,n
紫外辐照试验	N,n	N,n	N,n	R,n	N,n
磁试验	O,o	O,o	O,o	N,n	N,n
冷焊试验	N,n	R,n	R,n	N,n	N,n

注:R 表示鉴定必做,r 表示验收必做,N 表示鉴定不做,n 表示验收不做,O 表示鉴定选做,o 表示验收选做

4. 环境试验的有效性

从前面的介绍可知,航天产品的环境试验项目很多,当然需要的试验设备和条件就很多。这样,有效载荷在环境试验方面所花费的人力、物力和时间是很可观的。如何评价和提高环境试验的有效性,使有效载荷潜在的缺陷通过地面试验得到暴露和排除,同时,能够降低试验费用,缩短试验时间,成为各国航天部门的研究课题。目前,可用下式来评估环境试验的有效性:

$$\text{试验的有效性} = \frac{\text{试验中暴露的故障}}{\text{试验中暴露的故障} + \text{在轨发生的故障}}$$

美国 NASA 的戈达德航天飞行中心曾对 57 颗卫星发射后第一天的故障数作了统计,得到热真空试验的有效性约占 91%,振动试验的有效性约占 85%。

3.4.2 电磁兼容性试验

电磁兼容性试验是电磁兼容性工程的基本任务之一,是目前电磁兼容研究的基本手段。一方面,它是分析预测的验证,另一方面,它是设计的最终检验,系统是否电磁兼容只有用试验来检验[34]。

对于航天器有效载荷系统,电磁兼容性试验的内容主要分为以下几项:

(1) 兼容性分析试验:是指在系统研制的初期,对分部件进行电磁兼容性试验或采用等效替代方法对系统作电磁兼容性试验,以验证理论分析的正确性或找出设计过程中需要考虑的电磁兼容性关键部件。

(2) 相互作用试验:是指将系统内易产生干扰的两个或多个部件设备,模拟实际工作情况,以各种工作方式工作,观察各个部件设备工作是否正常,达到解决突出的不兼容问题的目的。

(3) 干扰试验:在系统正常工作情况下,测试系统自身是否产生内部干扰和系统自身的干扰特性是否满足规定的要求。

(4) 环境试验:模拟系统可能工作的各种干扰环境,对系统的环境适应性进行考核。

(5) 安全系数试验:安全系数是评定一个系统电磁兼容性的重要指标之一,它定义为敏感度阈值与实际干扰之比。安全系数试验就是要比较准确地测试出安全系数,从而给系统的电磁兼容性以较客观的评价。

图 3-10 所示为典型的电磁兼容测试试验装置,测试是在类似于消声室的腔中进行的。消声材料吸收射频,通常会减少内在和外在电磁环境之间的干扰和折射。这个消声室也可以确保一个包含多数电磁波的特定波带从消声室的侧壁发射出来。发射或接收电磁波的装置要置于不同远近的设备周围或对被测设备进行扫描。

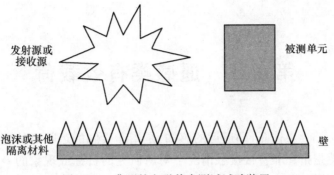

图 3-10 典型的电磁兼容测试试验装置

3.4.3 可靠性试验

可靠性试验分为工程试验和统计试验两大类[28]。工程试验的目的在于暴露产品的可靠性缺陷并采取措施加以排除(或使其出现的概率低于允许水平),工程试验包括可靠性老炼试验、环境应力筛选试验和可靠性增长试验。统计试验的目的是确定或验证产品的可靠性特性或其量值,包括可靠性测定试验和可靠性验证试验。对一般航天产品而言,由于其任务时间比较长,不具备进行统计试验的条件。

3.4.4 在轨测试

有效载荷在发射之前虽然已进行过多次地面测试,但最终还要靠在轨测试来检测航天器有效载荷在轨运行中的性能和技术参数,验证航天器总体和有效载荷系统设计方案的正确性和合理性,为有效载荷应用和后续设计的改进提供重要依据。现实情况是,在入轨初期,有效载荷与航天器平台一起都经过在轨调试和测试过程。

在轨测试是一种大型并带有一定风险的试验,事先必须进行充分准备,认真编写测试大纲和测试细则,制定比较完备的故障对策,进行严密的组织,并使整个航天器(含有效载荷)和地面系统的状态满足一定技术要求之后才能进行。因为航天器某些技术参数是在天地系统作为整体测试的基础上推算的,因此必须事先对地面系统设备的技术参数进行标定,并使地面系统处于良好的技术状态。同时,对测试中出现的问题必须有相应的对策和必要的措施[28]。

第4章 遥感类有效载荷

遥感(remote sensing)即遥远的感知,是指非接触的远距离的探测技术。广义上讲,遥感是指在非直接接触情况下对所研究的目标或现象的一些特性信息进行测量或采集,因此,广义上讲,人们利用视觉系统获取信息就属于遥感。严格意义上讲,遥感是指利用位于地面载体(如车辆、舰船)、航空器(如飞机、气球、飞艇)或航天器(如卫星、飞船、航天飞机)上的探测仪器,在非直接接触情况下获取地球表面(陆地和海洋)、大气以及宇宙中其他天体的信息的一门科学和技术。与遥感相对的是近感(proximal sensing),即通过人员或传感器靠近乃至接触目标来获取目标的数据或信息。用于遥感的探测仪器常称为遥感器或遥感传感器,用于承载遥感器的工具或载体称为遥感平台。遥感类的航天器有效载荷就是指在航天器平台上搭载的各种遥感器。

4.1 遥感理论基础

遥感是一门涉及多个学科的综合而复杂的探测技术,它涵盖了能量产生与传输、能量与物质相互作用、能量探测以及探测数据处理与分析等多个领域中的学科和技术。为了便于理解遥感的内容与实质,这里简要介绍一些遥感中常用的概念、理论和方法,主要内容包括电磁波与电磁波谱、辐射度学与光度学、图像采样与重构以及基本探测原理和探测谱段等[35]。

4.1.1 电磁波与电磁波谱

在遥感中,目标反射、散射或辐射的电磁波称为通常的遥感信息载体。遥感器接收到的电磁辐射能量一般是来自电磁波谱中的某一或某些波长范围。

1. 电磁波

在真空或物质中通过传播电磁场的振动而传输电磁能的波叫电磁波(或电磁辐射),如光波、微波、无线电波等。电磁波是通过电场和磁场之间的相互联系和转化来传播的,也是物质运动和能量传输的一种特殊形式:任何变化的电场都将在它周围产生变化的磁场,而任何变化的磁场都会在它周围感应出变化的电场。在电磁波中,电场强度矢量与磁场强度矢量互相垂直,并都垂直于电磁波的传播方向,因此,电磁波是一种横波,如图4-1所示。

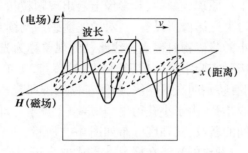

图 4-1　电磁波

电磁波的传播可以由麦克斯韦方程导出,其在介质中的传播速度为

$$v = \frac{c}{\sqrt{\varepsilon\mu}}$$

式中:c 为真空中的光速,约为 3×10^8 m/s;当 $\varepsilon \geqslant 1$ 时,为介质的相对介电常数;当 $\mu \geqslant 1$ 时,为介质的相对磁导率。

在真空中,$\varepsilon=\mu=1$。所以,电磁波在真空中的传播速度等于光速,而且电磁波谱中任一部分的传播速度都相同。

波长 λ 和频率 ν 是电磁辐射的两个重要特性参数。波长为一个波周期的长度,可通过测量两个连续波峰或波谷的距离来得到,常用单位为 nm、μm、cm 等。频率指的是单位时间内电磁波通过固定点的周期数目,常用单位为 Hz、kHz 和 MHz 等。

电磁波的波长 λ、频率 ν 与传播速度 v 的关系为

$$\lambda = \frac{v}{\nu}$$

在真空中传播时,$v=c$,是一常数。可见,电磁辐射的波长和频率成反比,即波长越短,频率越高。

电磁波既具有波动性,又具有粒子性,即电磁波具有波粒二象性。

单色波的波动性可用波函数来描述,它是一个时空的周期性函数,由振幅和相位组成。一般成像原理只记录振幅,只有全息成像时,才同时记录振幅和相位。波动性主要表现在波的干涉、衍射和偏振现象[36]。

由两个(或两个以上)频率、振动方向相同,相位相同或相位差恒定的电磁波在空间叠加时,合成波振幅为各个波的振幅的矢量和,因此会出现交叠区某些地方振动加强、某些地方振动减弱或完全抵消的现象,这种现象称为干涉。一般

地,凡是单色波都是相干波。取得时间和空间相干波对于利用干涉进行距离测量是相当重要的。激光就是相干波,它是光波测距仪的理想光源。微波遥感中的雷达也是应用了干涉原理成像的,其影像上会出现颗粒状或斑点状的特征,这是一般非相干波的可见光影像所没有的,对微波遥感的判读意义重大。

光通过有限大小的障碍物时偏离直线路径的现象称为光的衍射。从夫朗和费衍射装置的单缝衍射实验中可以看到:在入射光垂直于单缝平面时的单缝衍射实验图样中,中间有特别明亮的亮纹,两侧对称地排列着一些强度逐渐减弱的亮纹。如果单缝变成小孔,由于小孔衍射,在屏幕上就有一个亮斑,它周围还有逐渐减弱的明暗相间的条纹,其强度分布如图4-2所示。一个物体通过物镜成像,实际上是物体各点发出的光线在屏幕上形成的亮斑组合而成。研究电磁波的衍射现象对设计遥感仪器和提高遥感图像几何分辨率具有重要的意义。另外,在数字影像的处理中也要考虑光的衍射现象。

电磁波有偏振、部分偏振和非偏振波,许多散射光、反射光、透射光都是部分偏振光。通常把包含电场振动方向的面称为偏振面。遥感技术中的偏振摄影和雷达成像就利用了电磁波的偏振这一特性。入射波与再辐射波的偏振状态,在信息传递时起着重要的作用。它们提供除了强度和频率之外的附加信息,例如,辐射发射或散射性质。

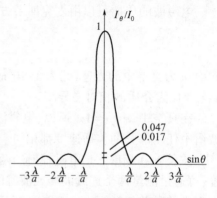

图4-2 衍射光强度分布

电磁波的粒子性主要表现在粒子具有能量和动量。电磁波粒子性的最小单元称为光量子或光子。连续的波动性和不连续的粒子性本来是相互对立的,但在一定条件下二者可以统一起来。根据普朗克的电磁辐射量子理论,量子的能量 Q 与电磁辐射的频率 ν 成正比,即

$$Q = h\nu = \frac{hc}{\lambda}$$

式中,h 为普朗克常数,$h = 6.626 \times 10^{-34} \text{J} \cdot \text{s}$。由此可见,量子的能量与波长成反比。波长越长,能量值越小,这在遥感中有重要意义,这也是为什么探测热红外波长辐射比探测可见光波段辐射要困难得多的原因。为了获得足够的能量信号,在给定的时间内必须探测足够大的地表区域。

2. 电磁波谱

电磁波是由物质产生并发射的。作为固有的特性,一切物质都会辐射、反

射、吸收、透射电磁波,物质的性质、结构不同,辐射、反射、吸收、透射的电磁波波长也不同,物质对电磁波波长的这种固有特性称为物质的波谱特性(或光谱特性)。物质的波谱特性与物质的原子能级、分子能级和固体能带有直接的关系。遥感之所以能够根据收集到的电磁波来判断地物目标和自然现象,正是因为一切物体,由于其种类、特征和环境条件的不同,而具有完全不同的电磁波波谱特性。

由于产生电磁波的原因不同,例如电磁振荡,晶格与分子的热运动,晶体、分子和原子中外层与内层电子的跃迁,原子核的振荡与转动等,电磁波的波长变化范围很大,从 $10^{-11} \sim 10^4$ cm。尽管电磁波的波长各不相同,但它们在真空中的传播速度是相等的,波长越短,频率越高,能量也越大。无线电波、微波、红外线、可见光、紫外线、X 射线、γ 射线等都是电磁波。

按电磁波在真空中的波长或频率依顺序划分成波段,排列成谱即为电磁波谱,见图 4-3 和表 4-1。

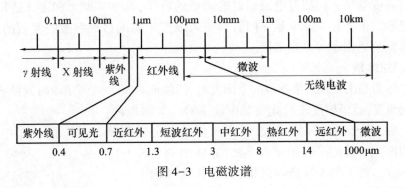

图 4-3 电磁波谱

表 4-1 电磁波的分类与名称

名　　称		波 长 范 围	频 率 范 围
紫外线		10nm～0.4μm	750～3000THz
可见光		0.4～0.7μm	430～750THz
红外线	近红外	0.7～1.3μm	230～430THz
	短波红外	1.3～3μm	100～230THz
	中红外	3～8μm	38～100THz
	热红外	8～14μm	22～38THz
	远红外	14μm～1mm	0.3～22THz
无线电波	亚毫米波	0.1～1mm	0.3～3THz
	微波 毫米波(EHF)	1～10mm	30～300GHz
	厘米波(SHF)	1～10cm	3～30GHz
	分米波(UHF)	0.1～1m	0.3～3GHz

(续表)

名称		波长范围	频率范围
无线电波	超短波(VHF)	1~10m	30~300MHz
	短波(HF)	10~100m	3~30MHz
	中波(MF)	0.1~1km	0.3~3MHz
	长波(LF)	1~10km	30~300kHz
	超长波(VLF)	10~100km	3~30kHz

电磁波的波段从波长短的一侧开始依次为γ射线、X射线、紫外线、可见光、红外线、无线电波等,波长越短,电磁波的粒子性越强,直线性和指向性也越好。目前,遥感应用的电磁波主要有紫外线、可见光、红外线和微波等。

4.1.2 辐射度学与光度学

辐射度学是一门研究电磁辐射能测量的科学,其基本概念和定律适用于整个电磁频谱范围。光度学是一门研究使人眼产生总的目视刺激的度量的科学,其基本概念适用于可见光谱段。

1. 立体角

立体角是用来描述辐射能向空间发射、传输或被某一表面接收时发散或汇聚的空间角度,是辐射度学与光度学中常用的一个物理量。球面上的一个区域相对于球心所张的立体角定义为该区域的面积与球的半径的平方之比,立体角的单位为球面度(sr)。对于图4-4所示球面,假设 A 为球面上一个区域的面积,r 为球的半径,Ω 为球面上表面积为 A 的区域相对于球心所张的立体角,则立体角 Ω 的表达式为

$$\Omega = \frac{A}{r^2}$$

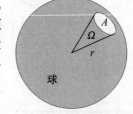

图4-4 立体角的概念

对于半径为 r 的球,由于其表面积为 $4\pi r^2$,所以相对球心所张立体角的最大值为 4π。因为曲面面积比较难计算,如果 r 比表面积为 A 区域的任何方向上的尺度都大得多,则可以近似用该区域的平面面积代替其曲面面积。

2. 辐射度量

遥感中用到的辐射度量主要包括辐射能、辐射能通量(辐射功率)、辐射强度、辐射照度、辐射出射度和辐射亮度。

辐射能为以电磁辐射形式发射、传输或接收的能量,简称辐能,单位是焦耳(J)。

辐射能通量(辐射功率)定义为单位时间内发射、传输或接收的辐射能,简称辐通量,单位是瓦(W)。

辐射强度定义为在给定方向上辐射源在单位立体角内发出的辐通量,简称辐强度,单位是瓦每球面度(W/sr)。

辐射照度定义为入射到单位面积表面上的辐通量,简称辐照度,单位是瓦每平方米(W/m^2)或瓦每平方厘米(W/cm^2)。

辐射出射度定义为单位面积表面发出的辐通量,简称辐出度,单位是瓦每平方米(W/m^2)或瓦每平方厘米(W/cm^2)。

辐射亮度定义为表面上被观测区域在给定方向上单位投影面积的辐强度,简称辐亮度,单位是瓦每球面度平方米[$W/(sr \cdot m^2)$]或瓦每球面度平方厘米[$W/(sr \cdot cm^2)$]。

表4-2给出了遥感中使用的主要辐射度量的名称、符号、定义和常用单位。

表4-2 辐射度量的名称、符号、定义和常用单位

辐射度量	符号	定义	常用单位
辐射能	Q	基本量	J
辐射能通量(辐射功率)	Φ	$\dfrac{\partial Q}{\partial t}$	W
辐射强度	I	$\dfrac{\partial^2 Q}{\partial t \partial \Omega} = \dfrac{\partial \Phi}{\partial \Omega}$	W/sr
辐射照度	E	$\dfrac{\partial^2 Q}{\partial t \partial A} = \dfrac{\partial \Phi}{\partial A}$	W/m^2 或 W/cm^2
辐射出射度	M	$\dfrac{\partial^2 Q}{\partial t \partial A} = \dfrac{\partial \Phi}{\partial A}$	W/m^2 或 W/cm^2
辐射亮度	L	$\dfrac{\partial^2 \Phi}{\partial \Omega (\partial A \cos\theta)} = \dfrac{\partial I}{\partial A \cos\theta}$	$W/(sr \cdot m^2)$ 或 $W/(sr \cdot cm^2)$

辐射度量一般是波长的函数,当描述光谱辐射度量时,需要在其名称前加"光谱"二字,并在它们的符号上加下标"λ"。例如,光谱辐通量为波长 λ 处单位波长间隔的辐通量,即 $\Phi_\lambda = \dfrac{\partial \Phi}{\partial \lambda}$。

3. 光度量

遥感中用到的光度量主要包括光量、光通量、发光强度、光照度、出光射度和光亮度。光度量与辐射度量的定义类似,定义方程一一对应。当容易造成混淆时,根据国际照明委员会(CIE)建议,在辐射度量符号上加下标"e",而在光度量符号上加下标"v"。光度量为被平均人眼的光谱光视效率(也叫视见函数)加权的辐射

度量。比如,光通量 Φ_v 与辐通量 Φ_e 的关系为 $\Phi_v = K_m \int_0^\infty V(\lambda)\Phi_e(\lambda)d\lambda$,其中 $V(\lambda)$ 为 CIE 推荐的平均人眼的光谱光视效率。对于明视觉,$V(\lambda)$ 等于波长 555nm 的辐通量与某波长能对平均人眼产生相同光视刺激的辐通量的比值。K_m 为比例常数,对于波长为 555nm 的单色光,K_m 等于 683lm/W。

lm(流明)是光通量的单位,1lm 等于光强为 1cd(坎德拉)的点源在单位立体角发出的光通量。坎德拉则是发光强度的单位,是光度量中最基本的单位,也是国际单位制中七个基本单位之一。发光强度的定义是:光源发出频率为 540×10^{12}Hz(在真空中对应的波长为 555nm)的单色辐射,在给定方向上的辐射强度为 1/683W/sr 时,该光源在该方向上的发光强度规定为 1cd。

表 4-3 给出了遥感中使用的主要光度量的名称、符号、定义和常用单位。如同辐射度量一样,光度量一般也是波长的函数。当描述光谱光度量时,需要在其名称前加"光谱"二字,并在它们的符号上加下标"λ"。

表 4-3 光度量的名称、符号、定义和常用单位

辐射度量	符号	定义	常用单位
光量	Q	$\int K(\lambda)\Phi_{e\lambda}d\lambda$	lm·s 或 lm·h
光通量	Φ	$\dfrac{\partial Q}{\partial t}$	lm
发光强度	I	$\dfrac{\partial^2 Q}{\partial t \partial \Omega}=\dfrac{\partial \Phi}{\partial \Omega}$	cd
光照度	E	$\dfrac{\partial^2 Q}{\partial t \partial A}=\dfrac{\partial \Phi}{\partial A}$	lm/m² 或 lx(勒克斯)
光出射度	M	$\dfrac{\partial^2 Q}{\partial t \partial A}=\dfrac{\partial \Phi}{\partial A}$	lm/m²
光亮度	L	$\dfrac{\partial^2 \Phi}{\partial \Omega(\partial A\cos\theta)}=\dfrac{\partial I}{\partial A\cos\theta}$	cd/m²

4. 基本定律

1)反射定律和斯涅尔折射定律

当一束光入射到两种不同透明介质的边界面上时,它被分成两部分。一部分透射(或折射),从第一介质进入到第二介质,另一部分从边界面反射回来,如图 4-5 所示。O_i 为入射光线,O_r 为反射光线,O_t 为透射(折射)光线,N_s 为边界面法线,n_1 为第一介质的折射率,n_2 为第二介质的折射率。θ_i 为入射角,θ_r 为反射角,θ_t 为折射角,这些角分别定义为各光线与边界面法线的夹角。

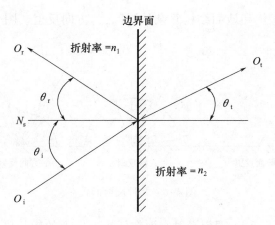

图 4-5 光在介质表面的反射和折射

反射定律表述为,反射光线位于入射面内,反射角等于入射角,即

$$\theta_r = \theta_i$$

折射定律(即斯涅尔定律)表述为:折射光线位于入射面内,折射角的正弦与入射角的正弦之比为 n_1/n_2,即

$$\sin\theta_t / \sin\theta_i = n_1/n_2$$

由折射定律可知,当光从一种介质进入另一种介质时,其速度及传播方向发生变化。

事实上,如果两种介质都是各向同性的,则入射光线、入射点的法线、折射光线和反射光线均位于入射面内。对电磁波谱的任何部分来说,反射定律和折射定律都是最基本的定律。

2)漫反射与朗伯余弦定律

物体对电磁波的反射有三种形式:

(1)镜面反射。是指物体的反射满足反射定律。当发生镜面反射时,对于不透明物体,其反射能量等于入射能量减去物体吸收的能量。自然界中真正的镜面很少,非常平静的水面可以近似认为是镜面。

(2)漫反射。如果入射电磁波波长 λ 不变,表面粗糙度 h 逐渐增加,直到 h 与 λ 同数量级,这时整个表面均匀反射入射电磁波,入射到此表面的电磁辐射按照朗伯余弦定律反射。

(3)方向反射。实际地物表面由于地形起伏,在某个方向上反射最强烈,这种现象称为方向反射。它是镜面反射和漫反射的结合,发生在地物粗糙度继续增大的情况下,这种反射没有规律可循。

从空间对地面观察时,对于平面地区,并且地面物体均匀分布,可以看成漫反射;对于地形起伏和地面结构复杂的地区,为方向反射。图 4-6 示出了三种反射的情况。

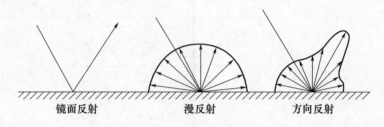

图 4-6 几种反射形式

朗伯余弦定律指出,理想漫射表面在任意方向上的辐强度随该方向与表面法线之间夹角的余弦变化,即

$$I_\theta = I_0 \cos\theta$$

式中:I_0 为理想漫射表面在法线方向上的辐强度;I_θ 为与表面法线方向夹角为 θ 的方向上的辐强度。

由于漫射表面的投影面积也随 $\cos\theta$ 变化,所以,理想漫射表面的辐亮度不随观测角变化而变化。因此,朗伯定义理想漫射表面(简称为朗伯表面)为与表面法线夹角为 θ 的任意方向上辐亮度 L 为常数的表面。

3) 基尔霍夫定律

根据热力学第二定律,基尔霍夫推导出物体的发射率、吸收率和反射率之间的关系:

$$\varepsilon(\lambda) = 1-\rho(\lambda) = \alpha(\lambda)$$

式中:$\varepsilon(\lambda)$ 为光谱发射率;$\rho(\lambda)$ 为光谱反射率;$\alpha(\lambda)$ 为光谱吸收率。这说明,在任意给定波长和温度下,当物体达到辐射平衡时,它的吸收率、发射率以及(1-反射率)相等。由此得出,好的吸收体也是好的辐(发)射体,同时是差的反射体。这说明凡是吸收热辐射能力强的物体,它们的热发射能力也强;凡是吸收热辐射能力弱的物体,它们的热发射能力也就弱。

4) 普朗克黑体辐射定律

黑体是一种能够完全吸收入射在它上面的辐射能并且能够在任意给定温度和每一波长下最大限度地辐射辐射能的理想物体。与其他同样温度的物质相比,黑体的辐射最大,因此,黑体也被称为理想辐射体。如果一个物体对于任何波长的电磁辐射都全部吸收,则这个物体是绝对黑体。

热力学温度为 T 的理想黑体源的光谱辐射出射度可由普朗克黑体辐射定律来表示,即

$$M(\lambda,T)=\frac{2\pi hc^2}{\lambda^5}\left[\exp\left(\frac{hc}{\lambda kT}\right)-1\right]^{-1}\ [\text{W}/(\text{m}^2\cdot\mu\text{m})]$$

式中：h 为普朗克常数；c 为真空中的光速；k 为玻耳兹曼常数，$k=1.380\times10^{-23}\text{J/K}$；$\lambda$ 为波长，单位为 μm；T 为黑体的热力学温度，单位为 K。根据上式绘制了几种温度下的黑体辐射波谱曲线，如图 4-7 所示。

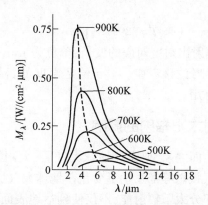

图 4-7 几种温度下的黑体辐射波谱曲线

尽管一些物质的特性接近于黑体，但实际物质都不是真正的黑体。在遥感中，常见的观测目标不是黑体，而是灰体或选择性辐射体。实际物体与黑体间的差异可由发射率（ε）来表征。一个物体的发射率定义为该物体的辐射出射度与相同温度的黑体的辐射出射度之比，即

$$\varepsilon=\frac{M_{\text{object}}}{M_{\text{blackbody}}}$$

一般来讲，发射率介于 0~1 之间，它与物体的介电常数、表面粗糙度、温度、波长和观测角等有关。

5) 斯忒藩-玻耳兹曼定律

对由普朗克黑体辐射定律给出的光谱辐射出射度从 $\lambda=0$ 到 $\lambda=\infty$ 积分，可以得到黑体总的辐射出射度与其温度之间的关系：

$$M(T)=\int_0^\infty M(\lambda,T)\text{d}\lambda=\frac{2\pi^5 k^4}{15c^2h^3}T^4=\sigma T^4\ (\text{W}/\text{m}^2)$$

式中：$M(T)$ 为总的辐射出射度；σ 为斯忒藩-玻耳兹曼常数，$\sigma=5.6697\times10^{-8}\text{W}/(\text{m}^2\cdot\text{K}^4)$。这一关系称为斯忒藩-玻耳兹曼定律。它代表的是面积为 1m^2 的黑体对上方半球的辐射出射度。斯忒藩-玻耳兹曼定律表明，黑体总的辐射出射度与其热力学温度的四次方成正比。

斯忒藩-玻耳兹曼定律适用于黑体和灰体辐射源。灰体总的辐射出射度与

其温度的关系为

$$M_{\text{greybody}}(T) = \varepsilon \cdot M_{\text{blackbody}}(T) = \varepsilon \cdot \sigma T^4 \,(\text{W/m}^2)$$

6) 维恩位移定律

对光谱辐射出射度进行微分,可以得到一个很有用的关系式,该关系式表明黑体辐射的峰值波长(对应于光谱辐射出射度的最大值)与黑体温度的乘积近似为一个常数:

$$\lambda_m T = 2897.8\,(\mu\text{m} \cdot \text{K})$$

式中:λ_m 为最大光谱辐射出射度对应的波长,单位为 μm;T 为热力学温度,单位为 K。这一关系称为维恩位移定律。对于给定温度的目标,维恩位移定律对于确定最佳测量波长很有用。

4.1.3 地球大气对太阳辐射的影响

太阳辐射在到达地面之前,要穿过地球大气层,太阳辐射的光谱、辐射能量的大小、空间分布、偏振状态等都发生了变化。地球大气层对太阳辐射的影响一方面表现为它吸收了部分太阳辐射能,不仅使到达地表面的直射太阳辐射减弱,而且使辐射的光谱能量分布发生变化;另一方面,地球大气气体分子和不同密度、不同尺寸的悬浮颗粒将部分太阳辐射反射回空间或向各个方向散射。这些散射的太阳辐射在散射介质之间以及介质与地表之间进行多次散射,构成了分布不均匀的向下和向上的天空散射辐射,即天空辐射。因此,地球大气对太阳辐射的影响不仅表现为衰减作用,而且天空辐射对遥感器获得的目标信号产生了附加的影响,此外,对于同一地点,由于地球的自转(从日出到日落)与公转(四季变化),太阳的方位角和高度角在不断地变化,使地面观测点的太阳辐射(太阳直射辐射)也因地因时而异。

1. 大气吸收

大气的吸收光谱是很复杂的,如图 4-8 所示。其中占大气成分 78.1% 左右的氮几乎不吸收太阳辐射,而氧、水汽、二氧化碳、臭氧、一氧化碳和其他碳氢化合物(如 CH_4)等都是光谱选择性的吸收介质,在不同程度上吸收太阳辐射。

从图 4-8 可以看出,水汽是最重要的吸收介质,它对太阳辐射的吸收光谱范围很宽,从可见光、红外直至微波各区域都有多个吸收带:在 2.7μm 和 6.3μm 有两个极强的吸收带;在 0.94μm、1.13μm、1.38μm、1.86μm 和 3.20μm 处有些中等强度的吸收带;在 0.72μm、0.82μm、2.01μm 和 2.05μm 处还有一些弱吸收带。在 16~24μm 波长范围内,水汽也吸收了大部分能量,对波长大于 24μm 的红外辐射大气几乎完全不透明。

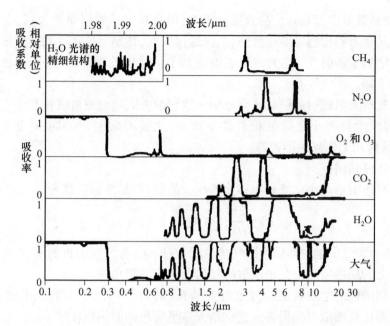

图 4-8 大气各种成分及总的吸收谱

二氧化碳也是大气中重要的吸收介质,在 2.7μm、4.3μm 和 15.0μm 处有强吸收带;在 1.4μm、1.6μm、2.0μm、9.4μm、10.4μm 和 12.0μm 处有弱吸收带。

臭氧层集中在 23km 高空,虽然它在大气中的平均浓度按体积比只占 0.03%,但波长小于 0.32μm 的太阳紫外辐射中,99%都被它吸收了。另外它在 0.32~0.36μm 区也有较强的吸收;在热红外 9.60μm 处有一强吸收带;在 4.75μm 和 14.00μm 处两个弱的吸收峰。

氧在 0.1752~0.1925μm 的紫外区有一强吸收带;在 0.242~0.260μm、0.760μm 附近和 1.270μm 附近有弱吸收带,使大气的透射率略为下降些。

此外,N_2O 在 3.90μm、4.06μm、4.50μm 及 7.78μm 有吸收峰;CH_4 在 3.3μm、7.6μm 处有吸收峰;NH_3 在 2.0μm 及 10.5μm 处有吸收峰。这些气体在大气中含量很小,它们对大气透射率影响很小。

大气吸收对遥感的影响主要是造成遥感影像暗淡。大气对电磁波的选择性吸收,使大气在不同谱段对电磁波的衰减程度各不相同。

2. 大气散射

太阳辐射在大气中传输时,它会受到诸如原子、分子、尘粒、雾滴和雨滴的作用,使传输方向发生改变(向各个方向传输),这就是散射。大气散射是大气中辐射衰减的重要原因之一,尤其在可见光波段范围内,大气分子吸收的影响很小,主要是散射引起衰减。尽管强度不大,但是从遥感数据角度分析,太阳辐射到地面又反射到传感器的过程中,二次通过大气,传感器所接收到的能量除了反射光还增加了散射光。这种二次影响增加了信号中的噪声部分,造成遥感影像质量的下降。

大气对太阳辐射的散射非常复杂。散射的方式随电磁波波长与大气分子直径、气溶胶微粒大小之间的相对关系而变,主要有瑞利(Rayleigh)散射、米氏(Mie)散射和无选择性散射等。

1) 瑞利散射

瑞利散射是大小比波长小得多的粒子的散射,其散射系数为

$$\beta_R(\lambda) = \frac{2\pi^2}{H\lambda^4}[n(\lambda)-1]^2(1+\cos^2\theta)$$

式中,H 为大气中单位体积内的气体分子数;$n(\lambda)$ 为大气的折射率;θ 为入射在该分子上的辐通量与由分子散射的辐通量之间的夹角。

瑞利散射的主要特点是,它的散射强度与波长四次方的倒数成正比,因此短波散射要比长波散射强得多。这就是天空呈蓝色的原因所在。

在高度 z 到大气边缘,瑞利散射的大气光学厚度为

$$\tau_{R,\lambda} = \int_z^\infty \beta_R(\lambda,z) N(z) \mathrm{d}z$$

式中:$N(z)$ 为分子密度,它是高度的函数。

由于大气中气体分子的分布比较稳定,随地域、气候变化很小,所以大气中瑞利散射是比较稳定的。

瑞利散射理论适用于分子半径 R 远小于波长 λ 时的散射过程。当粒子半径增大到一定尺度,一般认为尺度参数 $x = \frac{2\pi R}{\lambda} > 0.1 \sim 0.3$ 时,瑞利散射公式失效,应当使用描述球形粒子散射的米氏理论。

2) 米氏散射

米氏散射是大小与波长相近的粒子散射,主要是指下层大气中稍大的悬浮质点的散射。它的主要特点是散射特性复杂,取决于质点的尺寸、性质、分布等,而且散射的方向性很强。米氏散射造成的大气透射率为

$$T_{\alpha,\lambda} = \exp(-\beta\lambda^{-\alpha}m)$$

式中:β 为大气浑浊系数,一般在 0.02~0.20 范围变化;α 为波长指数,一般取 1.3±0.2;m 为空气质量。

3) 无选择性散射

无选择性散射是尺寸比波长大得多的粒子散射,如云雾等对可见光的散射。

它们对各种波长的可见光来说,散射是一样大的,因此云雾看起来是白色的。

3. 大气对辐射信号的衰减与影响

1) 大气对辐射信号的衰减

大气的衰减作用可用透射率表示:

$$T = \frac{E'}{E_0} = \exp[-m(\theta)\tau]$$

式中:E_0 为太阳常数;E' 为地面的太阳辐射照度;θ 为太阳天顶角;$m(\theta)$ 为大气质量;τ 为大气垂直光学厚度;$m(\theta)\tau$ 为大气光学厚度。

2) 大气对辐射信号的影响

在高度为 h 的飞行平台上,观察地面物体的辐亮度 L 为

$$L = L_G T(h) + L_p$$

式中:L_G 为地面物体的辐亮度;$T(h)$ 为从地面至高度 h 的大气层透射比;L_p 为地面至高度 h 的大气柱向上的辐亮度。

4. 大气窗口

不同电磁波段通过大气后衰减的程度是不一样的,因而遥感所能够使用的电磁波是有限的。例如,由于大气对紫外线有很强的吸收作用,现阶段遥感中很少用到紫外线波段。像这样,大气中有些电磁波透射率很小,甚至完全无法透过电磁波,称为"大气屏障";反之,有些波段的电磁辐射通过大气后衰减较小,透射率较高,对遥感十分有利,这些波段通常称为"大气窗口",如图 4-9 所示。研究和选择有利的大气窗口、最大限度地接收有用信息是遥感技术的重要课题之一。

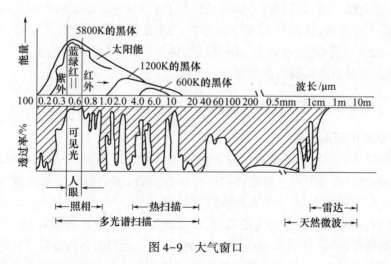

图 4-9 大气窗口

目前所知,可以用作遥感的大气窗口大体有如下几个:

(1) 0.3~1.1μm 大气窗口,包括全部可见光波段、部分紫外波段和部分近红外波段,是遥感技术应用最主要的窗口之一。其中,0.3~0.4μm 近紫外窗口,透射率为 70%;0.4~0.7μm 可见光窗口,透射率约为 95%;0.7~1.1μm 近红外窗口,透射率约为 80%。该窗口的光谱主要是反映地物对太阳光的反射,通常采用摄影或扫描的方式在白天感测、收集目标信息成像。通常称为短波区。

(2) 1.3~2.5μm 大气窗口属于近红外波段。该窗口习惯分为 1.40~1.90μm 和 2.00~2.50μm 两个小窗口,透射率在 60%~95%之间。其中 1.55~1.75μm 透过率较高,白天夜间都可应用,是以扫描的成像方式感测、收集目标信息,主要应用于地质遥感。这个窗口的辐射信息仍属于地物目标的反射光谱。

(3) 3.5~5.0μm 大气窗口属于中红外波段,透射率约为 60%~70%,包含地物反射及发射光谱,用来探测高温目标,例如森林火灾、火山、核爆炸等。

(4) 8~14μm 热红外窗口,透射率为 80%左右,属于地物的发射波谱。常温下地物光谱辐射出射度最大值对应的波长是 9.7μm。此窗口是常温下地物热辐射能量最集中的波段,所探测的信息主要反映地物的发射率及温度,是地质遥感很有用的一个窗口。

(5) 1mm~1m 微波窗口,分为毫米波、厘米波、分米波。其中,1~1.8mm 窗口透射率约为 35%~40%;2~5mm 窗口透射率约为 50%~70%;8~1000mm 窗口透射率为 100%。微波的特点是能穿透云层、植被及一定厚度的冰和土壤,具有全天候的工作能力,因而越来越受到重视。遥感中常采用被动式遥感(微波辐射测量)和主动式遥感,前者主要测量地物热辐射,后者是用雷达发射一系列脉冲,然后记录分析地物的回波信号。

4.1.4 地物的反射辐射与热辐射

1. 地物的反射辐射

地物的反射辐射主要是指地球表面物体反射太阳辐射,一般发生在波长小于 6.0μm 的波谱范围内。对地物的反射辐射而言,影响辐亮度的因素有两个:一个为太阳辐照度 E,另一个为地物的反射率 ρ。

不同地物的反射率有很大的差别,而且该反射率是波长的函数,不同地物的反射光谱特征不同(见图 4-10):水的反射率较低,反射波谱曲线近于直线,而且随波长增加反射率减小;新降的雪反射曲线形态与水体相近,也是直线,但反射率却比水体高得多;黑土的反射光谱曲线形态也是近似直线,但反射率随波长增加而增加;土壤的反射率与土壤的含水量有很大关系,含水量越高反射率越低;而植物的反射率主要是由其叶绿素决定,植物叶绿素含量的任何微小变化,都能使植物反射率发生明显的变化。

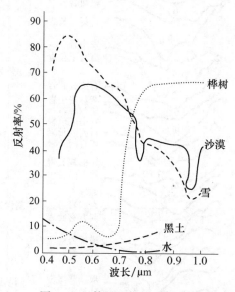

图 4-10 某些地物的反射光谱

在自然界中,植物种类成千上万,各地区不同土壤类型也有几十种,岩石矿物也有数百种,含有不同化学成分和水等的区别,它们均具有各自不同的电磁波反射光谱特征,这就是遥感技术识别地物的主要依据。利用物体的反射波谱可以区分各种不同物体,并反映各种信息,如土壤的湿度、植物的病害程度等。

2. 地物的热辐射

地物的热辐射(自身辐射)主要发生在波长大于 $3.0\mu m$ 的波谱范围内,所以又称长波辐射。

地物热辐射的辐亮度与地物的发射率、地物的温度及波长有关。不同物体由于它们的物质结构不同,其发射光谱曲线也不相同。图 4-11 给出某些岩浆岩的发射波谱曲线。在常温下,各种岩石的发射波谱形态有明显的差异,其发射率的最小值位置,随 SiO_2 含量的增多向短波方向移动。

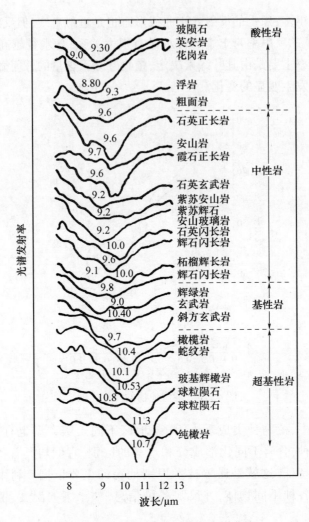

图 4-11 某些岩浆岩的发射光谱曲线

4.1.5 航天遥感基本原理

1. 遥感链路组成与工作过程

以对地遥感卫星为例,典型的遥感链路通常由辐射源(如太阳)、大气、目标、遥感卫星(含卫星平台、遥感器)、地面接收与处理、显示(图像重构)和观察者(用户)等部分组成。遥感链路组成如图 4-12 所示。

卫星上的遥感器用于探测来自目标的入射到其入瞳处的电磁辐射。若太阳作为辐射源,遥感器探测到的太阳辐射不仅包含目标直接反射的太阳辐射,还包含大气散射的太阳辐射。遥感器将收集到的电磁辐射进行信号转换和数据处

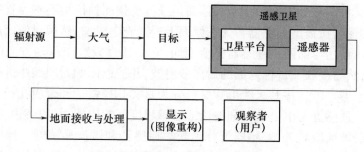

图 4-12 典型的遥感链路组成框图

理,然后经卫星平台上的数据传输系统发往地面接收站,或通过数据中继卫星发往地面接收站,或者待卫星回收后进行地面处理(如早期的胶片型空间相机)。

地面接收站接收到的遥感数据被记录到存储介质上,并进行格式化以便与计算机兼容,遥感数据被标上经度、纬度、日期以及获取时间等参数。接下来要对遥感数据进行预处理(如辐射校正等)。经过预处理的遥感数据通常被显示到显示器上,或者做成胶片、打印出来,以供用户判读和使用。

2. 遥感器的分类

遥感器是获取遥感数据的关键设备,它收集、探测、记录目标的电磁辐射信息。由于设计和获取数据的特点与应用目的不同,遥感器的种类很多,分类方式也多种多样,常见的分类方式有以下几种[37]:

(1)按电磁辐射来源的不同,遥感器可分为主动式遥感器和被动式遥感器,其中,主动式遥感器向目标发射电磁波,然后收集由目标反射回来的电磁波信息,如合成孔径雷达(SAR)和干涉成像雷达(IFSAR 或称 INSAR)等,被动式遥感器自身不发射电磁波,而是收集目标反射的太阳电磁辐射和(或)目标自身辐射的电磁波信息,如各种摄影机、多光谱扫描仪等。

(2)按遥感器是否成像可将其分为成像遥感器和非成像遥感器。成像遥感器获取的遥感数据是目标的影像,如画幅式摄影机、多光谱扫描仪、成像光谱仪、成像雷达等;非成像遥感器获取的遥感数据是目标的特征数据而非目标的影像,如微波散射计、微波高度计、激光水深计、重力测量仪等。成像遥感器按成像原理的不同,可分摄影型遥感器(胶片型空间相机)、扫描型遥感器(光电传输型空间相机)和成像雷达等三种类型。其中,摄影型遥感器的记录介质是摄影胶片,携带摄影型遥感器的航天器通常都是回收型航天器。扫描型遥感器采用专门的光敏或热敏探测器把收集到的来自目标的电磁波能量变成电信号,通过无线电实时地向地面发送或暂时存储起来,在适当的时候向地面发送。携带此类遥感器的航天器不需要回收,因而轨道较高,寿命较长,适合于长期对地观测。扫描型遥感器又可细分为物面扫描型和像面扫描型。物面扫描型遥感器直接对地面扫描成像;像面扫描型遥感器首先在像面上进行光学成像,然后对像面进行扫描成像。成像雷达与前两类遥感器完全不同,它是通过天线向移动方向的侧方发射电磁波,然后接收从目标返回的后向散射波,并按返回的时间顺序进行成像的主动式遥感器。雷达按其天线形式又可分为真实孔径雷达和合成孔径雷达。

(3) 按遥感器对电磁波不同波段的敏感程度和响应能力,或者说,按遥感器探测的电磁波波段划分,遥感器可分为光学遥感器和微波遥感器。探测波谱范围从可见光到红外区的遥感器称为光学遥感器,而探测微波范围的遥感器称为微波遥感器。光学遥感器又可分为全色波段遥感器、多光谱遥感器和红外遥感器,微波遥感器有雷达、微波辐射计、微波散射计和微波高度计等。对遥感器更详细的分类如图 4-13 所示。

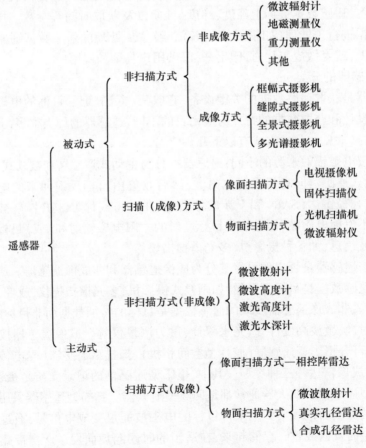

图 4-13 遥感器分类

3. 遥感器的一般结构

虽然遥感器的种类繁多,但就其基本结构原理来看,无论哪种类型遥感器,它们都由收集器、探测器、处理器和输出器等基本部分组成,如图4-14所示。

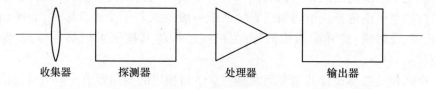

图4-14 遥感器的一般结构

(1) 收集器:收集地物辐射来的能量。具体的元件如透镜组、反射镜组、天线等。

(2) 探测器:将收集的辐射能转变成化学能或电能。具体的元器件如感光胶片、光电管、光敏和热敏探测元件、共振腔谐振器等。

(3) 处理器:对收集的信号进行处理,如显影、定影、信号放大、变换、校正和编码等。具体的处理器类型有摄影处理装置和电子处理装置。

(4) 输出器:输出获取的数据。输出器类型有扫描晒像仪、阴极射线管、电视显像管、磁带记录仪、彩色喷墨仪等。

4.2 光学成像遥感器

4.2.1 基本概况

在航天遥感中,光学成像遥感器也称空间相机或星载相机。它是装在可提供电源、姿态稳定、环境控制等以及轨道保障工作条件的空间平台上,与地面站等配合,以光学波段(紫外、可见光、红外)对地球或空间目标进行拍照并传回信息的具有光、机、电、热、控制和信息处理等技术综合性的光机仪器[38]。按接收器或探测器分类,空间相机可分成两类:一是以胶片为接收器和存储器,并以光-化学效应为获得目标信息手段的胶片型空间相机;二是以光电器件为探测器,并以光电效应为记录图像手段的光电传输型空间相机。

1. 基本组成

空间相机(包括胶片型空间相机和光电传输型空间相机)一般由物镜、探测接收和电路系统、机械结构、热控装置、控制和信息处理器等部分组成。对于胶片型空间相机还包括快门、输片系统、展平机构、曝光量测定机构和回收系统等;

对于光电传输型空间相机还包括星上定标系统、信号处理单元、数据编码等。

1) 物镜

它由光学系统和结构组成。光学系统起收集目标信号光能量和抑制杂光等作用。光学系统的形式很多,如折射式、折反式和反射式等,每种形式又有不同的结构类型可供选择。空间相机光学系统一般包括若干个光学零件,如照相窗口、透镜、反射镜、滤光镜和棱镜等,由机械结构将其按要求组装在一起,称为物镜。

空间相机总体设计的重要问题是将对空间相机的使用要求变换为对相机光学系统的技术要求,如物镜的工作波段、传递函数与分辨率等,并进一步确定物镜的结构参数,如焦距、相对孔径、视场等。为此需对物镜进行认真的选择和审定。

2) 探测接收和电路系统

空间相机利用胶片或光电器件接收信息,其中光电探测接收涉及光电转换理论,光电器件(如光电探测器等)的利用和选择涉及信号放大、处理和显示技术(包括存储、注记装置)等。它一般由胶片或光电探测器和各种电路及机械夹装件组成。其中光电器件接收到的信息,除经过处理后向地面实时传输以外,有的还要进行星上数据压缩和存储等,以便等到航天器飞经地面站上空时传下来。

3) 机械结构

物镜、探测接收和电路系统构成了空间相机的基本部件,总体结构将这些基本部件利用机械结构零件集成为空间相机。光学零件或探测接收器和探测接收系统中的部件必须用相应的结构固定在一起。

空间相机的结构一般设置主机架,将相机各部件如快门、焦面部件、机械传动、光阑、遮光罩等组装在架体上,并有与航天器安装的界面。

4) 热控装置

一般由热控涂层、隔热薄膜、相变材料、热管、导热索、散热器、加热器和温度控制器等组成。在空间热环境下,要使空间相机能正常工作,都应有主动式或被动式热控措施,以保持相机工作所需的温度范围和温度梯度。根据高精度高分辨率相机研制的经验,光学系统的热控精度有时要优于±1℃,对温度梯度的要求也很高,因此热控装置也是空间相机的重要组成部分。对于红外探测器,一般需要工作在低温环境中,通常工作温度为60~150K。

5) 控制和信息处理器

现代空间相机的整个工作过程通常都在微处理器的控制和监督下完成。由微处理器控制图像数据采集、存储处理或编码,以及控制各伺服系统如输片、调焦、定标、曝光量调整、像移补偿等,并给注记装置输入信息。同时还要监视各个部件的工作状态,一旦相机出现故障,将转入备份通道工作或自动切断相机工作电源;并将故障信息通过遥测系统传向地面控制中心,以便采取对策。

2. 主要特点

空间相机的特点大致可归纳为以下几个方面:

(1) 相机能经受住发射和返回阶段产生的振动、过载冲击和噪声等恶劣力学环境影响的考验,入轨工作后能适应卫星平台的姿态运动、高频抖动(颤动)等环境。在设计相机时通常采用比刚度高的铝合金、镁合金、钛合金和碳纤维复合材料;结构件要进行优化设计,要求动态刚度高;连接紧固件要考虑特殊防松措施等。

(2) 相机工作在比飞机高几十倍至数千倍的高度上,为了得到与机载遥感类似效果,空间相机一般应具有长的焦距。当空间相机用于对空间目标观测时,由于摆脱了大气抖动影响,所获图像的空间分辨潜力得到充分发挥。

(3) 相机须采取适应空间环境特性的技术措施。

① 相机能在真空或低气压等条件下进行正常工作,要考虑大气与真空的折射率的差异和压差,以便计算和校正引起相机的离焦或摄影窗口的变形。

② 快门及其他活动部件在真空环境条件下,须进行防冷焊设计。

③ 相机在地面装校检测,周围环境可能造成相机的光学污染,有机材料在轨道上工作,特别在真空环境下产生挥发,可能污染光学表面及探测器,须考虑防污染问题。

④ 地球辐射带的粒子辐射,会使光学零件的透过率降低,甚至变成不透光,对光电器件产生影响,须进行防辐射设计。

⑤ 太阳是 $115\sim300nm$ 紫外辐射的重要光源,位于绝大多数光学材料吸收带内,经紫外照射后,容易产生不可逆的光化学污染,使光学玻璃变颜色,使增透膜、干涉滤光膜、胶合剂性能严重降低。因此,胶合面在空间应尽量避免使用,对于地物相机由于处于紫外的阴影区,可忽略其影响。而对观测太阳的空间相机,须考虑防紫外措施。

⑥ 空间星相机白天在轨道上工作往往面临着强大的杂光,恰似白天用肉眼看星,背景光远大于星光,导致星像被淹没,而使拍恒星失效。为此,须在星相机或星敏感器设计时考虑完善的消杂光措施。

⑦ 在地面调试相机,重力加速度为 $1g$,而入轨后为微重力,这将引起大口径的光学零件的重力变形,引起扫描装置参数变化。因此,要对大型反射光学零件进行轻量化以增加比刚度或者取用大型超薄反射镜面。同时,在地面调试时要采取措施尽量模拟相机在轨工作的微重力状态。

⑧ 在轨道环境中,由于舱内温度场的变化对空间相机光学系统和有关部件性能的影响,从而影响遥感图像的品质,因而对空间相机须进行热分析和热设计并采取热控措施。

(4) 可靠性高。空间相机通常是一次使用不可维修的产品,因此对可靠性有很高的要求。为此,应把提高系统可靠性工作贯穿到空间相机设计、生产、装配、试验等每一个环节中,如选用优质材料、宇航级元器件,备份冗余技术等。

(5) 严格的体积、质量和功耗限制。由于航天器价格质量比很高,在空间相机的设计中,要尽量选用轻型材料,采取轻量化措施,将质量轻、体积小、功耗低、功能密度高作为永恒的追求目标。

3. 基本技术指标

空间相机的基本技术指标直接影响用户获取数据的品质,主要包括空间分辨率、调制传递函数、光谱分辨率、辐射分辨率、时间分辨率等。前四项是评价图像质量的四要素,具有高辐射分辨率和高空间分辨率的空间相机才能获得高清晰度空间特征的图像;时间分辨率直接影响到遥感数据应用效率。

1) 空间分辨率

空间分辨率是指遥感器能区分的两相邻目标之间的最小角度间隔或线性间隔。不同空间相机空间分辨率的定义和表示方法不同。

摄影相机的空间分辨率称为地面摄影分辨率,简称地面分辨率,也用摄影分辨率表示。摄影分辨率是指摄影胶片能分辨被摄影物体的能力,它又分径向分辨率和切向分辨率。摄影相机能使两个相邻的线分开的能力,用焦面上 1mm 内能分开的线对数表示,记作对线/mm,我国用每对线对应的地面尺寸称为地面摄影分辨率。具体数值与目标的反射差和形状有关,例如,摄影分辨率为 10m,是指它能分开宽度和间距各为 5m 的两个方形靶标。

对扫描成像的光机扫描仪、CCD 相机及成像光谱仪等传输型空间相机,空间分辨率是指瞬时视场对应的最小像元,或与探测器单元对应的最小地面尺寸,也称像元分辨率。

根据有关研究,地面分辨率与像元分辨率有如下的关系:

$$R_g = KG_p$$

式中:R_g 为地面摄影分辨率;G_p 为地面像元分辨率;K 为和目标与背景对比度有关的换算系数。

通常标准目标与背景对比度为 2.5:1.0,此时取地面分辨率是像元分辨率 2 倍,即 $K=2$。

2) 调制传递函数

空间相机一般都是作为线性系统对待的。描述线性系统特性的重要参数是系统的传递函数,即系统响应的傅里叶变换。它是一个复函数,其模部分就是调制传递函数(MTF),其相位部分称为相位传递函数(PTF)。按此定义,调制传递函数可以表示为:以不同频率的正弦信号作为系统输入,系统输出信号的调制度与输入信号调制度之比随频率变化的函数。对于空间相机而言,调制传递函数就是图像调制度与目标调制度之比的函数,它实际上表示了空间相机在不同空间频率下,对目标对比度的传输能力,主要影响遥感图像的清晰度。调制传递函数是空间频率的函数,空间频率通常用单位长度的线对数或单位角度的线对数表示。

通常,用户要求的调制传递函数是经过整个遥感系统的综合调制传递函数。它包括大气传输特性、卫星平台稳定性、卫星运动、空间相机、数据传输和地面图像处理等各个环节。因此,在确定空间相机调制传递函数性能指标时需要深入研究系统工作模式和遥感系统各要素传递函数的关系。

空间相机的调制传递函数是空间相机光学、探测器(或胶片)、电子线路综合传输特性的体现。

3) 光谱分辨率

空间相机的光谱特性包括光谱范围、谱段的宽度和数目以及光谱分辨率。

光谱范围是指空间相机获取图像来自的光谱段。谱段的宽度和数目反映了谱段设置要求。光谱分辨率是指在光谱曲线上能够区分开的两个相邻波长的最小间隔,一般用波长的单位(如纳米)表示。光谱分辨率越高,可分解的光谱数目越多,获得的光谱曲线越精细,则能更真实地反映地物目标的光谱特征,从而能更精确地识别地物和进行分类。正在发展中的超光谱成像技术,在连续的光谱范围,可以很小的光谱间隔(<1nm)获取地物目标的图像。

4) 辐射分辨率

地面特征在空间、光谱和时间上的变化都是通过其辐射量的分布和变化反映出来的,因此辐射分辨率是空间相机获取地面特征信息的重要保障。辐射分辨率越高,在给定同等空间分辨率的条件下,识别目标的概率越大。

辐射分辨率是指空间相机在接收目标反射或辐射信号时能分辨的最小辐射度差,可以用噪声等效辐射度(NER)表示,也可用噪声等效反射率差(NERD)表示,或者用噪声等效温差(NETD)表示。它们分别定义为产生等效于相机系统噪声所需的辐射度变化量,产生等效于相机系统噪声所需的目标反射率变化量,以及产生等效于热成像相机系统噪声所需的目标温度变化量。

为了保证达到规定的辐射分辨率要求,空间相机输出的模拟信号变换为数字信号(即 A/D 变换)时,必须合理选择量化分层数。空间分辨率、光谱分辨率和辐射分辨率的共同提高是精细识别地物的重要途径,但它们之间彼此关系又相互制约。在给定的空间相机系统中,单纯提高任何一种分辨率都是以降低其他分辨率为代价的。

5) 时间分辨率

时间分辨率是指空间相机为测量目标随时间的变化而对同一目标重复观测的最小时间间隔。时间分辨率用同一地物随时间的变化所作的重复成像的周期表示。它的单位是时间单位,如天、小时等。物质在不同季节和时间段受地球体及外层作用的程度有差别,自身也在随时间变化着,并因这种变化导致物质的反射、辐射特性的变化。例如,一棵小麦随季节、日期、一天内不同时间太阳高度的变化引起了光谱反射、辐射特性也在随着变化;小麦的生长速度、外形、成熟程度也分别对应着不同的光谱反射、辐射特性。时间分辨率是空间相机系统应用的重要指标,与空间相机的观测视场、侧视功能有直接关系。它与信息提取有关,是空间相机的设计依据,但不是图像品质要求。表4-4列举了几种遥感应用对监测周期的要求。

表4-4 几种遥感应用对监测周期的要求

应用项目	监测周期	
	普查要求	详查要求
植物生长期及农作物收获量监测	4星期	1星期
植物病虫害及生物地球化学影响监测	以季计算	<1星期
自然灾害危险和损失监测与评价	4星期	以分钟计算

4.2.2 胶片型空间相机

1. 特点与作用

胶片型空间相机是以摄影胶片为信息载体的空间相机,是随着空间技术发展,为满足对地观测的迫切需求而逐步发展起来的,为空间遥感事业做出了巨大的、开拓性的贡献。胶片型空间相机一般以在低轨道上运行的空间飞行器(卫星、航天飞机、宇宙飞船等)为摄影平台,它是返回式遥感卫星的重要有效载荷[38]。

胶片型空间相机的照片具有分辨率高,信息量大,胶片制作、处理加工及判读技术成熟等特点。在正常摄影条件下,由于胶片分辨率高,可达到500~600对线/mm,因此胶片型相机一般远高于CCD相机的分辨率。换句话说,要获取同样的地面分辨率,胶片型相机的焦距可比CCD相机的焦距短。

由于返回式卫星运行时间较短,通常只有十几天,最多几个月;地物相机装片量也有限,通常为1000~3000m,胶片返回处理需要一段时间,因此实效性低。

为了弥补其不足,采用卫星多回收体的回收技术,可在 3~4 天内得到需要的照片,但是胶片型相机短的有效工作寿命和低的实时性,依然限制它的发展。

胶片型可见光空间相机仍然有其优势,例如它不受卫星地面接收站布局和星上存储器容量的限制,较容易获取全球范围的信息;信息载体为胶片,不容易受到电磁干扰;飞行轨道低,地物相机地面分辨率高,地面覆盖宽,具有良好的几何精度和相对低的成本。因此,在侦察和测绘领域有广泛的应用。美国和俄罗斯的光学成像侦察卫星都已经历了七代发展,其中前四代都是采用胶片相机,基本上是通过胶片回收获取信息的。"普查"相机的地面分辨率约为几米量级,"详查"相机的分辨率优于 1m。美国第三代 KH-8 的地面分辨率高达 0.15m;第四代 KH-9(又称"大鸟")工作寿命最长,高达 275 天,采用 4 个胶片舱回收。

2. 相机分类

胶片型空间相机可分为画幅式相机(Frame Camera)、全景式相机(Panoramic Camera)和航线式相机(Strip Camera)。

1) 画幅式相机

画幅式的空间相机照相时物镜光轴指向不变,是利用启闭快门将物镜视场内地物影像聚焦在胶片上。当用中心快门时,画幅式相机获得的照片的几何关系较为严格,常用于侦察、测绘、目标定位和建立地形控制网。画幅式相机几何尺寸严谨,要求使用快门。快门寿命要求高,通常大于 3 万次,制造难度大。美国航天飞机及空间实验室用过的 RMK-A30/23 相机、俄罗斯"和平"号空间站安装的 KFA-1000 相机等都属于画幅式相机。

2) 全景式相机

全景式相机是利用物镜及其位于视场中央的曝光狭缝(与航天器飞行方向平行)一起或单用棱镜等光学零件转动以进行与卫星飞行方向相垂直的扫描,连续改变光轴指向而获得宽覆盖,实现全景摄影。全景照片具有全景畸变、像移补偿畸变和扫描位置畸变,用于军事和国土普查。普查相机通常选用全景式相机。

3) 航线式相机

航线式相机又称缝隙式相机或推扫式相机。航线式相机光轴指向不变,胶片以掠过焦面的影像速度向前运行,通过焦面上位于物镜视场中央的一个横向狭缝实现连续曝光,从而获得与狭缝宽度相对应的地面窄条覆盖的照片。航线式相机拍摄的照片具有线性畸变和角畸变,照片比例尺在飞行方向与其他方向的比例尺不相等,几何关系不如画幅式相机严谨。照相时胶片连续运动,不需要快门,可靠性比画幅式相机高,焦距允许很长一般用于详查。为了获得清晰的影像,要求相机的姿态在整个摄影过程中不发生变化,胶片移动速度适当和均匀,否则,影像便会出现重叠和遗漏。由于实际摄影时难以保持合适的卷片速度,相机姿态在摄影过程中也会发生变化,因而,航线式相机已很少应用,但航线式相机的思想却是目前广泛应用的线阵CCD遥感器的基础。

3. 主要性能参数的选择

1) 胶片选择

胶片型空间相机使用的胶片采用聚酯片基,厚度较薄约62.5μm,胶片厚约75μm。通常工作在低压和低湿度环境条件下,要求胶片能防静电、防粘连和防脱膜。有的胶片采用炭黑防光晕及聚乙烯醇二次护膜,并要求在空间使用前,经过抗真空脱膜、耐温、耐湿和摩擦抗静电等一系列地面模拟实验及地面、飞机应用研究。

胶片的分辨率越高,感光度越低。感光度低时,要求镜头相对孔径大,曝光时间长,才能保证胶片正确曝光。随着镜头相对孔径的增大,光学零件口径增大,相机尺寸和质量增加,制造成本也随之增加。随着曝光时间增长,卫星姿态抖动等运动产生的像移增大,降低了相机分辨率,因此要权衡胶片的分辨率和感光度,来选择合适的胶片。

2) 光学系统选择

(1) 折射系统。折射系统全部采用透镜,即无反射镜。折射系统主要应用于可见光及近红外光谱区,也有少数应用于热红外光谱区。由于可调整变量多,折射光学系统比较容易实现大视场、高成像品质的要求。但宽谱段、大口径、长焦距折射系统受到玻璃材料光学特性(如折射率稳定性、材料均匀性、材料物理特性)限制,实现起来较为困难。此外,对环境温度和气压变化的要求高,特别是对温度梯度的要求高,大大限制了折射光学系统的空间应用。

(2) 反射系统。反射系统中参与成像的光学表面全部为反射面,其主要优点是光谱范围宽。由于全部采用反射表面,对从紫外到热红外光谱区全部适用,不存在色差,而且镜面反射率往往比透镜的透射率高得多。缺点在于通常需要采用非球面技术,光学加工检测难度大,装调相对困难。空间相机常用反射系统具有双反射系统和三反射系统。

双反射系统能较好地校正球差和彗差,但视场较小(一般在1°范围以内),并存在着中心遮拦导致能量损失的缺点,主要应用于光机扫描仪和天文望远镜系统。它技术较为成熟,如美国的甚高分辨率辐射计(AVHRR)、主题测绘仪(TM)均采用双反射系统。

三反射系统通过增加一个反射面来扩大两镜系统的视场。例如,在卡塞格林系统次镜后再加入一个反射镜,三个非球面可以校正系统球差、彗差、像散等像差,提高了系统的视场。这是目前长焦距、大视场要求的空间相机常选择的光学系统模式。

(3) 折反系统。常用大视场折反系统是施密特形式,由于要求镜筒很长,在空间相机中通常采用准施密特形式。其光学设计是在反射镜前后各放置一个无光焦度像差校正透镜组,通过两组校正镜实现全视场、全光谱范围的像差校正。有时为缩短镜筒尺寸,还采用在球面与像面之间放置一组无光焦度校正透镜组,入射光和反射光两次通过该透镜组消除像差。

折反系统一般适用于焦距几米、视场要求在 10° 以内的空间相机系统。空间相机采用折反系统的主要优点在于:系统焦距主要由反射面决定,不需要校正二级光谱;选用低膨胀系数的玻璃作反射镜,同时用低膨胀系数的金属作反射镜的支撑材料,可使光学系统对环境温度变化不敏感;光学系统结构比折射系统简单,反射镜对像面位移无影响,而折射元件一般采用无光焦度系统,用以校正视场外像差,故折反系统对环境压力变化不敏感。存在的主要缺点是:中心遮拦不仅会损失光通量,而且降低中、低频的衍射 MTF 值;反射面加工精度比折射面要求高。

3) 相机的焦距和摄影分辨率

(1) 相机焦距(f)。相机地面摄影分辨率取决于相机摄影分辨率、轨道高度和相机的焦距,可用下式表示:

$$GRD = \frac{H}{R_S \cdot f}$$

式中:GRD 为地面摄影分辨率(m);R_S 为相机摄影分辨率(对线/mm);H 为摄影高度(km);f 为相机焦距(m)。

从上式可以看出,当 R_S 和 H 确定后,焦距越长,地面摄影分辨率越高。

普查相机地面摄影分辨率为 1~1.5m;详查相机分辨率为 3~8m 以上。

(2) 相机摄影分辨率(R_S):

$$R_S = \frac{H}{GRD \cdot f}$$

通常普查相机 R_S 约 30~50 对线/mm;详查相机 R_S 约 60~100 对线/mm。

(3) 相机实验室动、静态分辨率(R、R_0)。相机摄影分辨率主要由相机实验室的分辨率决定,其次卫星的照相窗口、姿态控制精度、卫星姿态抖动、温度和压力变化、大气和景物对比等均影响分辨率。根据经验和分析,可计算出相机实验室动态摄影分辨率和静态摄影分辨率。通常星载摄影分辨率约是实验室静态分辨率的 2/3 左右。

4) 相对孔径(D/f)

光学元件或光学系统可以用相对孔径 D/f 来描述,其中 D 为透镜的孔径大小。相对孔径直接影响空间相机的静态摄影分辨率、调制传递函数(MTF)和曝光量,即以最低太阳高度角摄影时,相对孔径应保证胶片摄影时最低的曝光量要求。

根据所选用的胶片分辨率,初步估计出镜头光学系统的相对孔径,经光学系统形式选择后,计算出理想光学系统的 MTF,分别绘制 MTF 和胶片阈值模量曲线(见图 4-15),两个曲线交点对应的分辨率为光学系统与胶片综合的静态摄影分辨率。

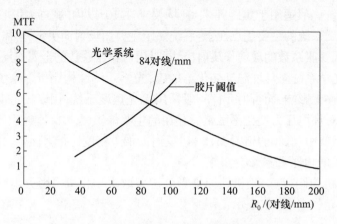

图 4-15 光学系统 MTF 与胶片阈值模量曲线

图 4-15 中的光学系统 $D/f=1/5.6$,采用 EK3412 胶片,对比度 2:1,交点处对应于分辨率 84 对线/mm。根据不同的相对孔径,如 1/6、1/5 等,用上述方法进行优化 MTF 求出最佳的相对孔径。

相机的像移补偿误差、胶片展平误差、调焦误差、快门振动、胶片等因素决定了相机实验室动态摄影分辨率。相机实验室动态的 MTF 曲线与胶片阈值曲线交点对应的分辨率为相机实验室动态摄影分辨率。

5) 视场角

根据地面摄影覆盖面积或像幅尺寸计算出镜头视场角(2ω),如下式所示:

$$2\omega = 2\arctan\frac{a}{2f}$$

式中:a 为像幅尺寸;f 为相机焦距。

6) 摄影周期

摄影周期用下式计算:

$$T=\frac{l_i(1-k)}{f(v/H)}$$

式中：T 为摄影周期（s）；l_i 为相幅长度（有效幅长）（mm）；v/H 为卫星的速高比（s^{-1}）；k 为纵向重叠率。

4. 相机应用系统的组成

胶片型空间相机系统一般由一台地物相机（对地观测相机）、一台（或两台）恒星相机、暗盒、回收片盒等组成。星相机和地物相机装在返回式卫星的密封舱中，两台相机光轴夹角大于90°安装。地物相机拍摄地球表面目标，信息记录在胶片上，拍摄每幅地物照片的同时，星相机同步拍摄一幅恒星照片，空间相机系统摄影示意图如图4-16所示。利用恒星的已知位置和它在底片上的成像位置，可解算出卫星的姿态角，确定地物相机摄影照片时光轴的精确指向。相机已曝光的胶片经过暗盒，以恒定张力卷绕到回收片盒中。回收片盒装在卫星的返回舱中。当相机完成全部摄影任务后，回收片盒随返回舱返回地面。胶片经处理后供用户使用。

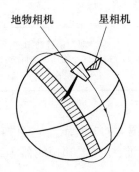

图4-16 空间相机系统摄影示意图

4.2.3 光机扫描仪

光机扫描仪是光学机械扫描式多光谱扫描仪的简称，是星载遥感系统中最早使用的传输型遥感器之一，又称多光谱扫描仪。它可以对物面扫描成像也可以对像面扫描成像。通常情况下，这类扫描仪通过航天遥感平台的运动和遥感器光学机械装置的横向（垂直于遥感平台飞行方向）扫描进行二维成像。典型代表是美国NOAA气象卫星上使用的高级甚高分辨率扫描辐射计（AVHRR）、陆地卫星（Landsat）上使用的多光谱扫描仪（multispectral scanner, MSS）和主题绘图仪（thematic mapper, TM）。光机扫描仪广泛应用于气象、海洋、陆地和环境观测等各类遥感卫星中。表4-5给出了几种有代表性的光机扫描仪[38]。下面以陆地卫星上的MSS多光谱扫描仪为例进行介绍。

表 4-5 几种有代表性的光机扫描仪简况

名 称	国别	年 代	特 征	应 用
AVHRR（高级甚高分辨率扫描辐射计）	美国	1978 年至今	45°镜转动扫描；各波段均用单元探测器；分色片分光	NOAA 极轨气象卫星
CZCS（海岸带水色扫描仪）	美国	1978—1986 年	45°镜转动扫描；各波段均用单元探测器；光栅分光	"雨云"7 号试验卫星
GLI（全球成像仪）	日本	—	摆动镜扫描；各波段多元并扫	海洋观察（ADEOS-2）
MSS（多光谱扫描仪）	美国	1972 年至 20 世纪 80 年代	单向摆动扫描；各波段多元并扫；光纤分光	"陆地"卫星 1~5 号
TM（主题绘图仪）	美国	1982 年至今	双向摆动扫描；各波段多元并扫；分色片加焦面分离视场滤光片分光	"陆地"卫星 4~5 号
ETM+（增强型主题绘图仪）	美国	1999 年 4 月		"陆地"卫星 7 号
MODIS（中分辨率成像光谱仪）	美国	1999 年 11 月	双面镜转动扫描；各波段多元并扫；分色片加焦面分离视场滤光片分光	EOS-AM 平台 EOS-PM 平台

1. 结构组成

多光谱扫描仪的结构如图 4-17 所示。它由扫描反射镜、校正器、聚光系统、旋转快门、成像板、光学纤维、滤光器和探测器等组成[36]。

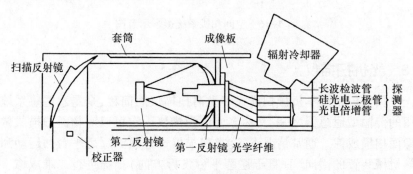

图 4-17 多光谱扫描仪结构

1）扫描反射镜

扫描反射镜是一个表面镀银的椭圆形的铍反射镜，长轴为 33cm，短轴为 23cm。当仪器垂直观察地面时，来自地面的光线与进入聚光镜的光线成 90°。扫描镜摆动的幅度为±2.89°，摆动频率为 13.62Hz，周期为 73.42ms，它的总观测视场角为 11.56°。扫描镜的作用是获取垂直飞行方向两边共 185km 范围内来自景物的辐射能量,配合飞行器的往前运行获得地表的二维图像。

2）反射镜组

反射镜组由主反射镜和次反射镜组成,焦距为 82.3cm,第一反射镜的孔径为 22.9cm,第二反射镜的孔径为 8.9cm,相对孔径为 3.6。反射镜组的作用是将扫描镜反射进入的地面景物聚集在成像面上。

3）成像板

成像板上排列有 24+2 个玻璃纤维单元,如图 4-18 所示。按波段排列成四列,每列有六个纤维单元,每个纤维单元为扫描仪的瞬时视场的构像范围,由于瞬时视场为 86μrad,而卫星高度为 915km,因此它观察到地面上的面积为 79m×79m。四列的波段编号和光谱范围见表 4-6。陆地卫星 2 号和陆地卫星 3 号上增加一个热红外通道,编号 MSS-8,波长范围为 10.4~12.6μm,分辨率为 240m×240m,仅由两个纤维单元构成。纤维单元后面有光学纤维将成像面上接收的能量传递到探测器上去。

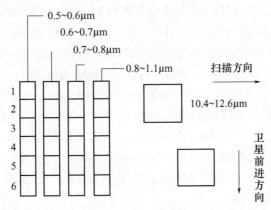

图 4-18 成像板

表 4-6 MSS 波段编号和范围

陆地卫星 1~3 号	陆地卫星 4~5 号	波长范围/μm
MSS-4	MSS-1	0.5~0.6
MSS-5	MSS-2	0.6~0.7
MSS-6	MSS-3	0.7~0.8
MSS-7	MSS-4	0.8~1.1

4）探测器

探测器的作用是将辐射能转变成电信号输出。它的数量与成像板上的光学纤维单元的个数相同,所使用的类型与响应波长有关,MSS-4~6采用18个光电倍增管,MSS-7使用6个硅光电二极管,陆地卫星2、3号上的MSS-8采用2个汞镉碲热敏感探测器。其制冷方式采用辐射制冷器制冷。经探测器检波后输出的模拟信号进入模数变换器进行数字化,再由发射机内调制器调制后向地面发送或记录在宽带磁带记录仪上。

2. 成像过程

扫描仪扫描瞬间每个像元的地面分辨率为79m×79m,每个波段由6个相同大小的探测单元与飞行方向平行排列,这样在瞬间看到的地面大小为474m×79m。又由于扫描总视场为11.56°,地面宽度为185km,因此扫描一次每个波段获取6条扫描线图像,其地面范围为474m×185km。又因扫描周期为73.42ms,卫星速度(地速)为6.5km/s,在扫描一次的时间里卫星往前正好移动474m,因此扫描线恰好衔接。实际上在扫描的同时地球自西往东自转,下一次扫描所观测到的地面景象相对上一次扫描应往西移位。

成像板上的光学纤维单元接收的辐射能,经光学纤维传递至探测器,探测器对信号检波后有24路输出,采用脉码多路调制方式,每9.958μs对每个信道作一次抽样,由于扫描镜周期为73.42ms,而自西往东对地面的有效扫描时间为33ms(即在33ms内扫描地面的宽度为185km),按以上宽度计算,每9.958μs内扫描镜视轴仅在地面上移动了56m,因此采样后的MSS像元空间分辨率为56m×79m。采样后对每个像元(每个信道的一次采样)采用6bit进行编码(像元亮度值在0~63之间),24路输出共需144bit,都在9.958μs内生成,反算成每字节(6bit)所需的时间为0.3983μs(其中包括一个同步信号约占0.3983μs),每比特为0.0664μs,因此,比特速率约为15Mbit/s(15MHz)。采样后的数据用脉码调制方式以2229.5MHz或2265.5MHz的频率馈入天线向地面发送。

3. 地面接收及产品

遥感数据的地面接收站主要接收卫星发下来的遥感图像信息及卫星姿态、星历参数等,将这些信息记录在高密度数字磁带上,然后送往数据中心处理成可提供用户使用的胶片和数字磁带等。发射卫星的国家除了在本土建立接收站以外,还可根据本土和其他有关国家的需要,在其他国家建立接收站。那些地面接收站的主要任务仅仅接收遥感图像信息,本土上的地面接收站除了这项任务外,还负责发送控制中心的指令,以指挥星体的运行和星上设备的工作,同时接收卫星发回的有关星上设备工作状态的遥感数据和地面遥测数据收集站发射给卫星的数据。每个接收站都有一个跟踪卫星的大型天线,一般陆地卫星接收站的天线张角为±85°,接收站除了接收本国卫星发回的信息,还可以经其他国家允许,每年交纳一定费用,接收其他国家卫星发送的图像信息。

MSS 产品有以下几种类别：

（1）粗加工产品，它是经过了辐射校准（系统噪声改正）、几何校正（系统误差改正）、分幅注记的产品。

（2）精加工产品，它在粗加工的基础上，用地面控制点进行了纠正（去除了系统误差和偶然误差）。

（3）特殊处理产品。

4.2.4 空间 CCD 相机

CCD 即电荷耦合器件，是"charge coupled device"的缩写。空间 CCD 相机是指用 CCD 探测器作为敏感器的光电传输型空间相机。自 20 世纪 70 年代以来，空间 CCD 相机技术得到了飞速发展，逐渐成熟，并广泛应用于空间军事侦察、地球资源探测和测绘等领域，成为当前应用最广泛的空间光学遥感器之一[38]。

空间 CCD 相机有多种分类方法。按使用的 CCD 类型不同，空间 CCD 相机可分为线阵推扫式 CCD 相机、面阵 CCD 相机和 TDI（time delay integration，延时积分）CCD 相机。按相机应用不同，空间 CCD 相机可分为长焦距高分辨率详查 CCD 相机、多光谱资源探测 CCD 相机、测绘型 CCD 相机和海洋水色探测 CCD 相机等。空间 CCD 相机的技术水平一直在不断提高，应用领域也在不断扩展。

1. 组成和工作原理

空间 CCD 相机一般由光学系统、相机结构、CCD 探测器、CCD 成像电路和温控系统等基本组成部分构成。光学系统用于将来自目标的辐射汇聚到 CCD 探测器上；CCD 探测器将接收到的光信号转换成电荷包，经电荷耦合形式的模拟寄存移位在输出电容处转变成电压形式的电信号；CCD 成像电路的主要功能包括时钟产生、CCD 驱动、信号采样保持以及信号放大和增益匹配，并经模数转换将模拟信号转变成数字信号；相机结构用于使各零部件连接和固定，形成相机整体，并与卫星实现机械接口；温控系统用于控制相机的温度环境。图 4-19 给出了中巴资源卫星（CBERS）CCD 相机的组成框图。

除了上述主要组成部分外，有些空间 CCD 相机还根据需要配备了一些必要的功能单元和保障单元，主要有：

（1）侧视机构。侧视机构用于使相机侧视成像。如法国 SPOT 卫星 HRV 相机用侧视反射镜转动作左右侧视成像，美国的 MLA 相机方案用反射镜作前后视成像并通过相机绕轴（飞行方向）转动作左右侧视成像。

（2）星上定标机构。许多空间 CCD 相机都设有星上定标机构，用于在飞行中对相机进行辐射定标。有的用定标灯作为星上定标源，也有的用太阳光对相机进行星上绝对定标。

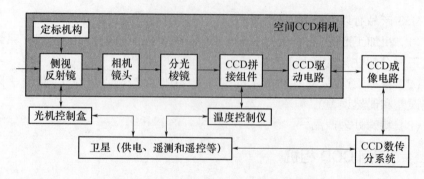

图 4-19 中巴资源卫星 CCD 相机的组成框图

（3）调焦机构。有些相机配备了调焦机构,当相机产生离焦后,利用调焦机构将 CCD 光敏面调到光学系统的焦面上。

（4）分光系统。对于采用单镜头的多光谱相机,一般需要用分光系统将谱段范围较宽的入射光分成几个宽度较窄的谱段。

（5）相机控制电路。空间 CCD 相机的侧视机构、调焦机构、定标机构和温控系统等都有自己的控制电路。相机还有相应的遥控、遥测变换单元电路以及供电电路。

（6）自适应光学成像系统。由于要求的地面分辨率很高,如美国第六代高级 KH-11 相机的地面分辨率高达 0.1m,这已接近由于大气扰动影响的极限分辨率。相机光学系统采用了最先进的自适应光学成像技术,实时测量出光波波前受动态干扰造成的畸变,并将它转换成相应的控制信号加到波前校正元件上,使波前畸变得到实时补偿,从而使光学系统能够实时获得接近衍射极限的分辨率。

有些卫星由几台相机组成相机系统。例如小型多光谱 CCD 相机常由数台仅滤光片不同的 CCD 相机构成;测绘型 CCD 相机由两台或三台相同或不同焦距的 CCD 相机组合而成;还有的卫星为了满足观测视场要求将几台 CCD 相机组合并列成像。

为了便于设计和装配,一般根据 CCD 相机的组成将其分成若干个设备和部件。为了结构合理,一般将 CCD 成像电路及温控和相机控制电路单独组成一个或数个电路设备,而将光学系统和各个光机功能单元组装成相机的主体设备（常被称为光机结构）。这些设备分别装入卫星,用电缆连接起来,同时与卫星的电源、星上数据管理和数传分系统连接起来,从而实现相机功能。

2. CCD 探测器

CCD 探测器(以下简称 CCD)是一种光电摄像器件,具有将接收到的光信号转换为电荷、在积分时间内积累这些电荷、将电荷以电荷包形式暂时存储、按时钟转移和转变为电压输出等功能。它与普通的 MOS、TTL 等电路一样,属于一种集成电路,但 CCD 具有光电转换,信号储存、转移(传输)、输出、处理以及电子快门等多种独特功能。CCD 具有体积小、质量轻、灵敏度高、功耗低、动态范围大、寿命长和可靠性高等优点,因而在光学遥感中得到广泛应用。

CCD 有很多种类型,包括线阵和面阵 CCD 等。目前空间 CCD 相机采用的 CCD 主要是线阵 CCD。线阵 CCD 是空间相机的关键,也是相机设计的基础,有必要对它的性能作一定了解。下面对线阵 CCD 的一些主要特性作简要介绍。

1) CCD 的光电特性

(1) 调制传递函数。光学传递函数或其模量调制传递函数(MTF)已经成为空间相机像质分析和相机性能控制的主要指标。光学传递函数的概念一般只能用于描述线性和空间不变系统。CCD 成像器件是采样器件,采样的结果使景物的频谱延拓而加入新谱成分,所以 CCD 不是线性系统,不能用调制传递函数的概念描述其性质。但是若在采样器前、后分别加上一个截止频率为 1/2 奈奎斯特频率的理想低通滤波器,作为保护滤波器和恢复滤波器,构成一个增广采样成像系统,这个增广采样成像系统将是一个近似线性系统,就可以用传递函数的理论来处理 CCD 器件和由此构成的成像系统的像质。为此在相机中 CCD 的后面常采用恢复滤波器限制高频信号。但是要在 CCD 器件前面加上保护滤波器实际不可能。为了保证像质、能量及信噪比,镜头的截止频率很高,经常 10 倍于 CCD 的截止频率。即使用延迟积分(TDI) CCD 器件的相机采用小相对孔径,镜头截止频率也为 CCD 器件奈奎斯特频率的 3 倍左右。故 CCD 相机系统仍不是线性系统。尽管如此,为了相机设计和像质评价、相机品质控制的需要,工程上仍广泛采用调制传递函数的方法来处理 CCD 相机的图像性能。

另一方面,由于 CCD 采样性质,当输入超过奈奎斯特频率的信号时,图像将会发生混叠,即输入的高频图像产生类似莫尔条纹的假低频图像,或成为噪声,降低像质。理论上,同样希望用保护滤波器和恢复滤波器限制混叠效应:在需要保持景物几何性能的制图相机中,混叠将影响图像处理运算性能;在医疗成像中,混叠信号可能导致疾病的误判,这两类相机更要注意避免混叠。

(2) 响应度和光谱响应。响应度是 CCD 应用中最直接影响相机性能的参数之一,表示每像元上输入的光能量(曝光量)产生的输出信号电压。它主要与光电转换效率有关,由器件的材料、结构、工艺等因素决定。

CCD 光谱响应随波长而变化,故经常称为光谱响应度。一般 CCD 的光谱响应范围由光敏材料本征硅特性决定,在 400~1000nm 之间,峰值在 700nm 左右。

CCD 的光谱响应与多方面的因素有关,图 4-20 是一典型的 CCD 光谱响应曲线。

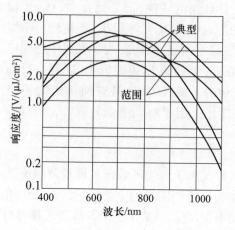

图 4-20 典型 CCD 光谱响应曲线

(3) 光电响应不均匀性(PRNU)。理论上讲,CCD 的各个像元应该具有均匀的响应度。但由于 CCD 是离散采样成像器件,受材料不均匀和工艺等影响,各像元的响应度往往有差异。响应度不均匀常用响应的均方根偏差与平均响应度的比值来表示。由于 CCD 响应不均匀,当用均匀光照射 CCD 时,输出信号曲线将出现细小高频波纹。虽然在相机研制和图像处理时可用定标和图像不均匀性校正来修正和降低其影响,但应尽量减小器件缺陷带来的影响。

(4) 其他光电性能参数。除了上面所列的几项参数外,CCD 还有很多其他性能参数,例如最大信号、最小信号、动态范围、饱和输出电压和最大工作频率、暗电流、噪声、防光晕性能和电荷转移效率等,它们也是影响 CCD 相机工作的重要指标,这里不作深入讨论。

2) CCD 的几何和力学性能

除了光电性能外,还要考虑 CCD 的几何和机械性能。在空间 CCD 相机中,因结构和工艺上的要求,这些参数很重要。主要几何和机械性能参数包括:

(1) CCD 各像元光敏面与窗玻璃外表面的光程差。这是为了保证不因 CCD 像元间的不共面而造成部分像元离焦而降低像质,这项误差包括了 CCD 像元光敏面平面度要求。

(2) CCD 像元尺寸精度。包括各相邻像元中心距误差及其积累误差和总误差。这是因为多光谱 CCD 相机中要在几个谱段间进行配准,要求 CCD 的尺寸准确一致,一般要求尺寸精度优于 $1\mu m$。

(3) CCD 线阵直线性。这是为了保证多光谱相机中各谱段在 CCD 横向能够精确配准,精度应优于 $1\mu m$。

(4) CCD 线阵对陶瓷座的位置。空间相机中,CCD 经常装在结构框内,CCD 与框的间隙不能太大。而有的厂家给出的商业级 CCD 线阵位置与陶瓷座的位置公差(包括平行位置和角度)相当大,所以要专门提出要求。

(5) CCD 管脚引线位置。有的 CCD 手册给出的管脚对陶瓷座位置公差也相当大,如不予以限制,可能造成结构和电路板安装困难。

(6) CCD 的可靠性。空间相机用的 CCD 都应满足空间级标准可靠性要求,制造 CCD 的原材料要专门准备,按照专门工艺流程制造,通过专门的试验和老炼筛选,CCD 一般可以承受一定剂量的空间粒子辐射,在有一定结构屏蔽的条件下,可以在卫星轨道工作 2 年以上。

(7) 要求窗口玻璃镀宽带增加透膜。

4.2.5 空间相机的典型应用

目前世界各国经历过业务应用的空间相机达数千台套,它们在气象、地球资源、海洋、环境和灾害监测、军事侦察及天文观测等方面获得了广泛应用,已成为人类认识自然、探索外层空间及扩展对宇宙和地球认识的不可缺少的手段,为满足各国经济建设、科技发展的需要以及促进人类文明和社会发展做出了重要贡献。空间相机在现实中的应用大致有以下几个方面。

1. 用于气象观测

气象观测的目的是获得制定天气预报、进行科学研究所需的数据。从气象卫星获得的数据可以绘制云图、冰雪覆盖图;发现气压形成物(旋风、台风、飓风)和大气锋面的生成并跟踪其发展;发现湍流,确定云顶温度和地表温度;研究温度和湿度的垂直分布等。用于气象观测的空间相机主要有各种可见光和红外多通道扫描辐射成像仪,也包括可见光红外扫描成像大气(垂直)探测仪。

2. 用于资源调查和环境监测

利用空间相机进行地球资源调查和环境监测是资源和环境勘测手段的一个飞跃。装载各种空间相机的资源卫星主要用于农作物、森林、牧场、土地调查,野生资源考察,地质、矿产、地下及地表水资源勘察,城市规划,环境灾害监测等。用于资源调查和环境监测的空间相机主要包括多光谱 CCD 相机、多光谱光机扫描仪、超光谱成像光谱仪等。

3. 用于海洋遥感

海洋遥感以海洋及海岸带作为观测和研究对象。空间相机可用于海面温度、海水叶绿素、泥沙、海水热污染、水质等的观测,特别是大面积的水色动态监测为深入了解海洋初级生产力提供了唯一的有效途径。此外,空间相机还可用于海流、水深、水下地形、海水覆盖和海冰温度的观测,以及水陆分界和岛屿的调查。用于海洋遥感的空间相机主要包括海洋水色仪、CCD 成像仪、可见光及红外扫描辐射计、中分辨率成像光谱仪等。

4. 用于精确的空间摄影测量

空间摄影测量分为二维和三维摄影测量。前者只研究目标点的平面几何特性(如陆地卫星拍摄的相片,主要用于二维测图,即平面测图);后者是研究三维空间的,主要用于三维空间立体测图。利用空间测量(绘)相机获取的图像和信息进行分析、判读和几何处理,能测绘地球的小比例尺二维和三维地图、月面图和其他天体图。

5. 用于空间侦察和预警

安装有空间侦察相机的卫星由于具有全球性的活动范围,能在短时间对地球上的大片陆地与水域进行监测;能迅速查明重要军事目标和经济目标的分布;能预警洲际或中程弹道导弹的发射和监视核爆炸等,在军事上有十分重要的作用。空间侦察的兴起也促使了空间遥感技术的迅速发展。

6. 用于行星、恒星和空间物理现象的观测

由于天文卫星和深空探测器脱离了地球大气层的障碍,装载其上的空间相机获得的遥感图片,在清晰度和分辨率方面远远优于地面上用最好的望远镜所能达到的效果。

7. 用于空间目标的搜索

基于空间相机在太空中对空间进行的观测不受(对天文目标)或很少受(对空间目标)大气的干扰,这对于识别、搜索空间目标有其独特的优势,如对废弃航天器的观测或在航天器交会对接中近距离目标的识别等。如果空间相机和其他观测手段结合使用,将会使测量精度大为提高。

4.3 微波遥感器

在电磁波谱中,波长为 1~1000mm、相应频率为 300~0.3GHz 的部分称为微波,微波可进一步分为毫米波(波长 1~10mm)、厘米波(波长 10~100mm)和分米波(波长 100~1000mm)。微波遥感器是通过微波对远距离目标进行非接触性探测、成像的遥感器。微波遥感器有主动式和被动式两大类,主动式微波遥感器自身发射微波,而被动式微波遥感器自身不发射微波。

与可见光和红外等光学遥感器相比,微波遥感器主要有以下优点:

(1) 不受大气影响,具有全天候工作能力。微波在大气中虽然也有衰减,但比可见光与红外线的衰减要小得多,它能穿透云雾和雨雪,可进行全天候观测。

(2) 不依赖太阳辐射,具有全天时工作能力。主动式微波遥感器自身发射微波,不依赖太阳辐射,不论白天和黑夜(全天时)都可以进行观测。

(3) 微波的穿透能力强,因而,微波遥感器能探测可见光和红外遥感器探测不到的信息。微波对不太密集的植被、人工伪装、地表干燥土壤有一定的穿透能力,且波长越长穿透能力越强,这对探测地下目标、土壤湿度、雪被深度、地质构造等具有重要的意义。

根据不同波长微波的物理特性及其所能反映的目标特性,可将微波细分成若干个不同的波段,成像雷达常用波段的划分及其主要探测对象列入表4-7中。

表4-7 成像雷达的常用波段及其探测对象

波段	波长范围	探测对象
W	0.3~0.5cm	云
Ka	0.8~1.1cm	雪
K	1.1~1.7cm	植被
Ku	1.7~2.7cm	风、冰、大地水准面
X	2.7~4.8cm	降雨、地形
C	4.8~7.7cm	土壤水分、地形
S	7.7~19.0cm	地质、地形
L	19.0~77.0cm	波浪

常用的微波遥感器主要有四种类型:微波高度计(Microwave Altimeter)、微波散射计(Microwave Scatterometer)、成像雷达(Imaging Radar)和微波辐射计(Microwave Radiometer),其中,前三种为主动式,后一种为被动式,成像雷达和微波辐射计可用于成像,其他的则不能用于成像。

4.3.1 雷达组成与工作原理

雷达(Radar)一词是英文Radio Detection And Ranging(无线电探测与测距)的缩写,是微波遥感器的核心。

由于电磁波具有幅度信息、相位信息、频率信息、时域信息及极化信息等多种信息,雷达就是利用从目标反射或散射回来的电磁波中提取相关信息,从而实现测距、测向、测速及目标识别与重建等。因此,雷达必须具有产生和发射电磁波的装置(即发射机和天线),以及接收物体反射波(简称回波)并对其进行检测、显示的装置(即天线、接收机和显示设备)。由于无论发射与接收电磁波都需要天线,因此,根据天线收发互易原理,一般收发共用一部天线,这样就需要使用收发开关实现收发天线的共用。另外，天线系统一般需要旋转扫描，故还需天线控制系统。雷达系统的基本组成框图如图4-21所示。

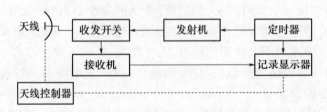

图4-21 雷达系统基本组成框图

传统的雷达主要用于探测目标的距离、方位、速度等尺度信息，随着计算机技术、信号处理技术、电子技术、通信技术等相关技术的发展，现代雷达系统还能识别目标的类型、姿态，实时显示航迹甚至实现实时图像显示。所以，现代雷达系统一般由天馈子系统、射频收发子系统、信号处理子系统、控制子系统、显示子系统及中央处理子系统等组成，其原理框图如图4-22所示。

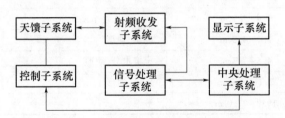

图4-22 现代雷达系统原理框图

1. 测距

电磁波在自由空间是以光速 c 这一有限速度传播的。设雷达与目标之间的距离为 s，则由发射机经天线发射的雷达脉冲经目标反射后回到雷达，共走了 $2s$ 的距离。若能测得发射脉冲与回波脉冲之间的时间间隔 Δt，则目标距雷达的距离可由下式求得：

$$s = \frac{\Delta t}{2} c$$

传统的雷达采用同步扫描显示方式，使回波脉冲和发射脉冲同时显示在屏上，并根据时间比例刻度读出时差或距离，现代雷达则通过数字信号处理器将所测距离直接显示或记录下来。

2. 测角

由天线理论可知，在工作频率一定时，波束越窄，要求天线的口径越大，反之,天线口径一定,则要求的频率越高,因此雷达一般在微波波段工作。为了实现窄波束全方位搜索,传统的雷达系统必须使天线波束按一定规律在要搜索的空间进行扫描以捕获目标。

当发现目标时,停止扫描,微微转动天线,使接收信号最强时,天线所指的方向就是目标所在方向。从原理上讲,利用天线波束尖端的最强方向指向目标从而测定目标的方位是准确的,但由天线方向图可知,波束最强的方向附近,对方向性是很不敏感的,这给测向带来了较大的误差,因此这种方法适合搜索雷达而不适合跟踪雷达。

3. 测速

由振荡源发射的电磁波以不变的光速 c 传播时,如果接收者相对振荡源是不动的,那么它在单位时间内所收到的振荡数目与振荡源产生的相同;如果振荡源与接收者之间有相对接近运动,则接收者在单位时间内接收的振荡数目比它不动时要多一点,也就是接收到的频率升高,当两者向相反方向运动时接收到的频率会下降。这就是多普勒效应。可以证明,当飞行目标向雷达靠近运动时,接收到的频率 f 与雷达振荡源发出的频率 f_0 的频差为

$$f_d = f - f_0 = f_0 \frac{2v_t}{c}$$

式中:f_d 为多普勒频率;v_t 为飞行目标相对雷达的运动速度。可见,只要测得飞行目标的多普勒频率,就可利用上式求得飞行目标的速度。这就是雷达测速原理。

4. 目标识别原理

所谓目标识别就是利用雷达接收到的飞行目标的反射或散射信号,从中提取特征信息并进行分析处理,从而分辨出飞行目标的类别和姿态。如前所述,从目标反射或散射回来的电磁波包含了幅度、相位、极化等有用信息,其中回波中有限频率的幅度响应数据与目标的特征极点有一一对应关系,因此基于频域极点特征提取的目标识别方法是根据回波中有限频率的幅度响应数据提取目标极点,然后将提取的目标极点与各类目标的标准模板库进行匹配识别,从而实现目标的识别。

目标识别的关键是目标特征信息的提取,这涉及对目标的编码、特征选择与提取、自动匹配算法的研制等过程。所以,目标识别涉及电磁散射理论、模式识别理论、数字信号处理及合成孔径技术等多学科知识。

4.3.2 微波高度计

微波高度计是安装在航天器上用以测定航天器至地表高度的测距雷达,也

称雷达高度计。它主要由定时系统、发射机、接收机、天线及其转换开关、距离量测系统等组成。其基本工作原理是：发射机按定时系统的指令发出调制射频波束（一般为窄脉冲），经转换开关导向天线向目标发射，然后，天线接收目标反射（散射）回来的信号，经转换开关导向接收机，返回信号经距离量测系统处理，获得射频波束往返双程传播的时间，根据电磁波的传播速度即可计算出天线至目标的距离。

微波高度计主要用于测量平均海平面高度，从而测定大地水准面，同时可测量有效波高、海面风速、洋流和海冰等。微波高度计实际上就是一部波束指向天底的脉冲雷达，它通过测量高度计发射脉冲和海面回波信号之间的时延，获得卫星高度计天线相位中心距海面的距离；通过分析回波波形，获取海面有效波高；通过测量海面后向散射系数反演海面风速。在摄影测量与遥感中，微波高度计可用来测定遥感平台的高度，作为起始数据或辅助数据引入摄影测量定位中，提高目标定位的可靠性和精度。

目前，微波高度计可以达到很高的量测精度，如欧空局的欧洲遥感卫星（ERS-1、ERS-2）上的微波高度计（RA-1）的量测精度为10cm。最高精度可做到优于5cm，工作频段一般选在Ku，或者Ku与C双频段。

4.3.3 微波散射计

微波散射计是用以测定各类目标微波散射特性的雷达，因此也称雷达散射计。它通过测定目标对微波散射的回波功率（与雷达发射功率之比）来确定目标的后向散射系数的相对值。微波散射计的主要用途是测量海面风场，包括标量风速和风向。测量风速的原理是：海面的雷达后向散射系数与海面风速成幂函数关系，风速越大，后向散射系数越大。测量风向的原理是：海面的雷达后向散射系数与入射角和风向有关，当入射方向（面）和风向方向平行（即顺风或逆风）时，雷达后向散射系数最大，当两者正交（即横风）时，雷达后向散射系数最小。所以，测风向需要有多个入射波束，散射计的天线一般都很复杂。在只用入射方位角相差90°的2个波束测风向时，一般的反演算法还不能完全排除假风向；采用6个入射波束测风向时，效果很好。例如，Seasat、ERS-1、NSCAT、MOS-2等散射计都采用入射方位角在±45°、±0°、±135°的多付天线测风向，至少有3副天线。这些天线都是采用细长的波导缝隙阵，波束形状是扇形的。扇形波束在海面上的"脚印"是细长椭圆形状的。为了分辨"脚印"长方向内不同位置的后向散射系数，在散射计的处理部分设置了动态多普勒滤波器。这种细长的波导缝隙阵一般有3m左右长，为保证电性能的稳定，需要在结构设计中采取措施以达到必要的刚度，同时在地面测试中，要克服重力影响，模拟空间运行环境，以准确测量天线的实际性能。

近年来,由于反演算法的改进,某些新研制的散射计,如 Sea-Winds 和 ASCAT 散射计采用了圆锥扫描的笔形波束。与扇形波束相比,笔形波束天线增益高,在同样入射角和相同发射功率情况下,笔形波束接收信号的信噪比高,风速测量精度高;或者说,在获取相同测量精度前提下,笔形波束所需的发射功率比扇形波束的小。由于采用笔形波束,天线得以大大简化,对于 13GHz 左右的频率,采用直径为 1m 左右的反射面天线就可以满足要求,也不再需要设置动态多普勒滤波器。笔形波束的散射计需要采用先进的风场反演算法,即"场式反演算法",它利用了风场本身的相关性,并用散射计整个测绘带上所有测量点的后向散射系数测量值反演估算整个测绘带上的风场,克服了传统的"点式反演算法"利用单独点的测量数据反演该点风矢量的诸多缺点。

4.3.4 微波辐射计

物体在低温状态下显示出微波辐射的重要特征,物体温度越低,其微波辐射特性越明显。微波辐射计是用于测量地表或大气亮度温度的被动式遥感器,它本身不发射而只收集微波辐射,并由此获得目标的亮度温度,因此,微波辐射测量等效于温度测量。

微波辐射计主要由天线、高灵敏度宽带接收机、绝对温度基准、显示与记录装置等组成。它主要工作在毫米波,其分辨率比同样孔径的可见光遥感器低 3~5 个数量级。为了获得较好的空间分辨率,一般采用孔径较大的抛物面或其变形天线,尽管如此,微波辐射计获得的地面影像的空间分辨率还是比较低,比如探测 3mm 波长的辐射计,当使用直径为 2m 的天线,在 1000km 高度对地成像时,空间分辨率只有 2km。然而,微波辐射计的温度分辨率却很高,星载辐射计的温度分辨率可达 0.5K,因此,微波辐射计广泛用于海洋测量和大气探测中(温度断面、水汽、冰、雪、海面温度、海面粗糙度等)。

4.3.5 成像雷达

成像雷达,也称雷达成像仪,是主动式微波遥感器,可提供"照明",类似夜晚闪光摄影,作为军事侦察它容易被发现或遭受干扰。成像雷达大多是使用厘米波段,受坏天气的影响较小,除非出现雷暴时产生的大粒子才会造成强反射,所以,它是全天时(夜晚也可工作)、全天候(一般不受云、雨和雪的影响)的遥感器。成像雷达可分为真实孔径雷达和合成孔径雷达(synthetic aperture radar,SAR)。

1. 真实孔径雷达

真实孔径雷达通常采用非相干体制,具有对频率的稳定度和平台运动补偿的要求不高、技术简单、成本低等特点。但是,真实孔径雷达通常需要通过增大天线长度和缩短波长来改善方位向分辨率,且有方位向分辨率随距离的增加而迅速降低等缺点,因此,真实孔径雷达主要用于对影像分辨率要求不高、短距离实时监测等情况。

目前使用的真实孔径雷达主要有全景雷达和真实孔径侧视雷达。

1) 全景雷达

全景雷达也称为平面位置显示雷达,是天线旋转式雷达的一种。它通过窄波束天线的旋转扫描(360°旋转扫描或扇形扫描)获取影像。全景雷达的扫描成像原理与过程如图 4-23 所示。

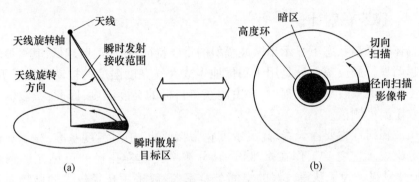

图 4-23　全景雷达扫描成像原理与过程示意图
(a) 天线旋转;(b) 屏幕扫描。

天线在某一方向发射一个脉冲波束后,在停止发射的脉冲重复周期内接收这一方向目标散射的回波信号。由于不同目标与天线的距离(斜距)不同,所以,不同目标散射的回波按距离的远近依次被接收,接收机将回波信号放大,并输入到阴极射线管显示器,显示器沿径向扫描,荧光屏上便显示出反映回波信号到达次序(距离的近远)和强度的径向影像,影像的亮度反映回波信号的强弱(回波信号强则亮度大),沿径向由内到外的顺序反映回波信号的到达次序。

发射机发射、天线旋转与荧光屏扫描同步工作。发射机每发射一个脉冲波束,荧光屏便进行一次径向扫描,得到一条径向影像带。除了径向扫描,荧光屏还随天线的旋转作切向扫描,天线旋转一周(或转过某一扇区),荧光屏的切向扫描也完成一周(或某一扇区),径向扫描与切向扫描结合起来,荧光屏上便形成了二维圆周(或扇形)影像。

由于散射目标与天线间有一定的距离,因此,每次径向扫描开始的一段时间内无回波信号,从而形成所谓的"暗区"。暗区外缘为一浅色调亮环,对应天线正下方向(最短距离)的回波。如果天线旋转轴铅垂,则该亮环对应平台(天线)的高度,因此称为"高度环"。

全景雷达在成像过程中,由于荧光屏的余晖作用,一帧影像在荧光屏上经数秒钟后才会消失,因此,可以通过照相的办法获得雷达相片。

2) 真实孔径侧视雷达

侧视雷达(side-looking radar)的成像原理和成像过程与全景雷达完全不同,它不是旋转天线,而是利用安装在遥感平台一侧的天线,以一定的侧视角发射脉冲波束并接收回波信号,结合平台的运动,便获得由垂直于平台运动方向的一条条影像带组成的二维雷达影像,如图4-24所示。

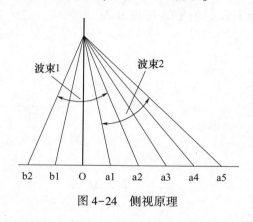

图4-24 侧视原理

对地观测时,真实孔径侧视雷达的天线安装在平台本体下的一侧或两侧,以一定的侧视角发射脉冲,因此称为"侧视"雷达。那么,为什么要侧视呢?下面进行分析。

雷达记录是按照回波返回的时间顺序进行的,即一个发射波束生成的雷达条带影像是散射目标的"距离投影",目标至天线的距离近则回波先返回,距离远则回波后返回,如果两个目标至天线的距离相等,则由这两个目标散射的回波同时返回。两个目标便产生叠加,以至于在影像上无法将它们区分开来,这种现象称为"歧义"。显然,歧义现象会严重影像雷达影像处理的稳定性、可靠性和精度,因此,雷达成像应尽可能地避免歧义现象的出现。如果天线垂直向下发射脉冲波束,如图4-24中波束1,由于垂线两侧的对称点距天线的距离相等,如a1与b1相等、a2与b2相等,因此垂线两侧的点在影像上将产生严重的叠加,出现歧义现象。为了解决这个问题,可以让天线侧视发射脉冲波束,如图4-24中波束2,此时,各散射目标距天线的距离不等,便不会产生歧义现象。需要说明的是,侧视成像不会产生歧义现象是对平地而言的,如果地面有起伏,仍会产生歧义现象。

真实孔径雷达影像在距离和方位上分辨目标的能力是不一样的,因此其分辨率分为距离向分辨率和方位向分辨率。其中,距离向分辨率是影像在垂直于飞行方向的水平方向上的分辨率,而方位向分辨率则是影像在飞行方向上的分辨率。两种分辨率的综合结果决定了地面分辨率。

(1)射向分辨率。射向分辨率又称斜距分辨率,是射向(斜距)方向的距离分辨率,即在射向方向上能够分辨两个物体的最小距离。如图 4-25 所示,雷达发射能量脉冲到达目标 1 的距离为 R_1,雷达接收其反射信号的时间为 Δt_1,则有

$$R_1 = \frac{\Delta t_1}{2} c$$

同样,目标 2 有

$$R_2 = \frac{\Delta t_2}{2} c$$

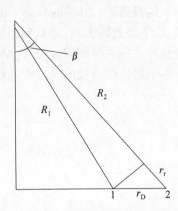

图 4-25　雷达射向和距离向分辨率

上面两式相减得

$$R_2 - R_1 = \frac{\Delta t_2 - \Delta t_1}{2} c$$

式中,$\Delta t_2 - \Delta t_1$ 为两个目标回波的时间差,它不能小于雷达脉冲宽度 τ,因为再小则雷达接收的两个目标的信号将重合为一个,而不能分辨为两个。因此,令 $\Delta t_2 - \Delta t_1 = \tau$,代入上式得射向分辨率:

$$r_r = R_2 - R_1 = \frac{\tau}{2} c$$

由该式可知,要提高射向分辨率的方法是缩小雷达发射的脉冲宽度 τ。然而,脉冲宽度不可能无限制地缩小,否则将使发射功率下降,影响雷达最大探测距离并降低回波信号的信噪比,为了解决这个矛盾,真实孔径与合成孔径侧视雷达均采用脉冲压缩技术来提高射向/距离向分辨率。

(2)距离向分辨率。由图 4-25 可知,距离向分辨率 r_D 为

$$r_D = \frac{\tau c}{2 \sin \beta}$$

式中,β 为射向方向与卫星至星下点连线之间的夹角,称为雷达波入射视角或目标侧视角。由该式可知,距离向分辨率只与脉冲宽度、入射角有关,脉冲宽度越

大,入射角越小,距离向分辨率越低。因此,要提高距离向分辨率必须缩小脉冲宽度,增大入射角(雷达天线侧视的另一个原因)。脉冲宽度不可能无限制地缩小,目标侧视角也不能无限制地增大,否则将增加遮挡造成的阴影对影像质量和影像处理的影响,一般情况下,目标侧视角选择在 20°～80°之间。

(3) 方位向分辨率。方位向分辨率是雷达影像在飞行方向上(方位向)的分辨率,即在飞行方向上能分辨的最小目标的大小。显然,在飞行方向上,如果两个目标在同一脉冲波束内,或者说两个目标能被一个脉冲波束覆盖(照射),那么,这两个目标在雷达影像上是无法区分的,为此,方位向分辨率定义为脉冲波束宽度在目标处对应的方位向距离。它与雷达所使用的波长 λ、天线与目标的斜射距离 R 成正比,与天线长度(孔径)D 成反比,即

$$r_a = \frac{\lambda}{D} R$$

式中,$\lambda/D = \theta$,θ 为雷达天线波束宽度,如图 4-26(a)所示。由上式可知,波长 λ 越短或天线长度 D 越大,方位向分辨率 r_a 就越高;斜射距离 R 越大,方位向分辨率 r_a 就越低。因此,要提高方位向分辨率必须使用较短波长的电磁波,或加大天线孔径,或缩短探测距离,然而,无论是星载或机载雷达,采用这些措施都将受到限制:或者是制造困难,或者是对实际应用不利。为了解决这个矛盾,目前采用合成孔径技术来提高方位向分辨率。

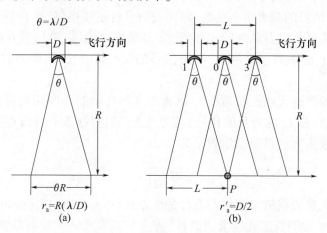

图 4-26　两种雷达方位向分辨率 r_a 的比较示意图
(a) 真实孔径雷达;(b) 合成孔径雷达。

2. 合成孔径雷达

合成孔径雷达是在真实孔径雷达的基础上发展起来的,它将合成孔径技术

与脉冲压缩技术融为一体,是一种应用广泛的高分辨率成像雷达。合成孔径雷达的显著特点是:利用合成孔径技术提高方位向分辨率,并利用脉冲压缩技术提高距离向分辨率,可以获得具有很高的距离与方位向分辨率的雷达影像。合成孔径雷达可以获得与可见光及红外系统相同的分辨率,而且不受距离的影响。

1) 合成孔径

合成孔径是真实孔径的模拟,其基本原理是:天线在运动过程中按一定的重复频率不断发射相干脉冲,并不断接收包含相位信息的回波信号,经多普勒频移与相位相关处理后,可以获得比实际天线(真实孔径)大得多的"等效天线"的观测效果。由于等效天线是实际天线在运动中合成的,因此称为"合成天线",其孔径称为"合成孔径"。

如图4-26(b)所示,孔径为D的天线随平台作速度为v的匀速直线运动,在运动过程中不断发射波束宽度为θ的脉冲并接收回波信号。天线从位置1(开始)到位置3(结束)期间发射的电磁波将照射到目标点P,同时,P点散射的回波信号不断被天线接收。由于不同位置的天线到目标点P的距离$R(t)$不同,因此,天线在每个位置上接收到的回波信号具有不同的相位:

$$\phi(t) = 2\pi \frac{R(t)}{\lambda}$$

另一方面,由位置1到位置0,天线离目标点P的距离越来越近,根据多普勒效应,回波信号的频率将会变高,即回波信号有正频移(蓝移),到位置0,回波信号的频率恰好与发射脉冲频率相等,多普勒频移为零;由位置0到位置3,天线离目标点P的距离越来越远,回波信号的频率将会变低,即回波信号有负频移(红移)。

合成孔径雷达天线在位置1与位置3之间运动时不断对目标点P进行观测,相当于孔径为L(称为合成孔径)的等效天线对目标点P进行观测,合成孔径对应的有效波束宽度可近似地表示为

$$\theta_L = \frac{\lambda}{2L}$$

该式与真实孔径天线波束宽度与孔径的关系式($\theta = \lambda/D$)相比分母多了一个因子2,这个因子说明真实孔径天线的各"阵元"(真实孔径天线可以看作由若干个单元组成,这些单元称为天线阵元)接收的回波信号的相位差取决于该阵元到点目标的距离,因为不同阵元接收的回波信号是点目标对同一波束的反射,而合成孔径天线的各"阵元"(即实际天线D)接收的回波信号的相位差取决于该阵元到点目标的双程距离,因为不同阵元接收的回波信号是点目标对不同波束的反射。

必须注意的是,合成孔径的最大有效长度是有限的,由图 4-26(b)可以看出 L 的取值范围是

$$L \leq R \cdot \theta$$

如果将回波信号的相位与多普勒频移接收并记录下来,经过相应的处理后,便能以真实孔径 D 得到与真实孔径 L 等效的结果。

现在若用合成孔径技术,合成后的天线孔径为 L,则其方位向分辨率为

$$r'_a = R\theta_L = R\frac{\lambda}{2L} = \frac{R\lambda}{2R\theta} = \frac{\lambda}{2(\lambda/D)} = \frac{D}{2}$$

该式表明,合成孔径雷达的方位向分辨率与载波频率及距离均无关,而仅与实际天线孔径有关,且实际天线越短,方位向分辨率越高。要提高分辨率可减小天线尺寸,但天线尺寸 D 越小,要求发射功率就越大。

这里给出一个真实孔径雷达与合成孔径雷达比较的例子:若实际天线孔径 D 为 8m,波长 λ 为 4cm,目标与天线的距离 R 为 400km,则真实孔径侧视雷达的方位向分辨率 r_a 为 2km,而合成孔径侧视雷达的方位向分辨率仅为 4m。

2) 脉冲压缩

合成孔径技术可以提高方位向分辨率,但不能提高距离向分辨率,为了提高距离向分辨率,合成孔径雷达与真实孔径侧视雷达一样采用脉冲压缩技术。

所谓脉冲压缩就是利用线性调频调制技术(chirp)将较宽的脉冲调制成振幅大、宽度窄的脉冲的技术。线性调频脉冲压缩的基本原理如图 4-27 所示。若原脉冲宽度为 τ,振幅为 A_0,线性调频带宽为 B,则调频斜率为 $f_R = B/\tau$,经线性调频调制后的发射信号为

$$S(t) = A(t-nT)\exp\{j2\pi \cdot [f_0 t + f_R \cdot (t-nT)^2/2]\}$$

式中:$S(t)$ 为发射信号的第 n 个脉冲;T 为脉冲重复周期;f_0 为载频;$A(t-nT)$ 为信号包络,得

$$A(t-nT) = \begin{cases} A_0, & |t-nT| < \tau/2 \\ 0, & \text{其他} \end{cases}$$

发射信号波形如图 4-27(a)所示。线性调频发射脉冲经目标反射后由雷达接收,经与压缩滤波器对应的匹配滤波器(见图 4-27(b))滤波,使先接收到的信号(频率低)比后接收到的信号(频率高)有更长的时间延迟,从而使所有频率在输出端叠加起来,得到脉冲宽度为 $1/B$(与原来脉冲宽度 τ 无关)、振幅为原来的 $\sqrt{\tau B}$ 倍的输出波形。

根据脉冲宽度与射向分辨率和距离向分辨率的关系,可以得到脉冲压缩后的射向分辨率为

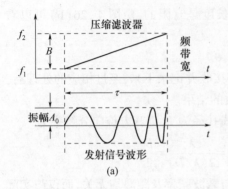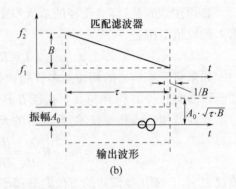

图 4-27 脉冲压缩原理

$$\Delta r_r = \frac{c}{2B}$$

距离向分辨率为

$$\Delta r_D = \frac{c}{2B\sin\beta}$$

由此可见,脉冲压缩后的距离向分辨率只与线性调频带宽 B 有关,而与原脉冲宽度 τ 无关,且线性调频带宽 B 越大,压缩后的输出脉冲越窄,雷达的距离向分辨率越高。

3) 合成孔径雷达的典型应用

已发射的载有 SAR 的地球资源卫星主要有加拿大的 Radarsat,欧空局的 ERS-1、ERS-2,俄罗斯的 Almas-1、Almas-1A、Almas-1B,日本的 JERS-1 等。典型的成像侦察 SAR 卫星是美国的"长曲棍球"(Lacrosse)卫星,它的轨道高度在 670~690km。该卫星 SAR 有 4 种波束工作模式,即标准、精扫、宽扫和试验波束模式。精扫采用聚束式,又称"凝视"技术,在成像过程中使波束"凝视"目标,增加多普勒频移的范围,提高成像分辨率。前 2 颗精扫模式的地面分辨率为 1m,后 2 颗精扫模式的地面分辨率为 0.3m;宽扫模式的分辨率为 3m;标准模式的为 1m。前 2 颗 SAR 天线采用直径为 9.1m 的、带有相控阵馈源的抛物面设计,后 2 颗 SAR 天线采用了平面相控阵设计。

为了缩短重访周期,美国提出了 24 颗小卫星的 Starlite 星座计划。每颗卫星上的 SAR 聚束工作时,将以 0.3m 分辨率观测一个 4km×4km 的区域;标准模式工作时,将以 1m 分辨率观测一个幅宽为 10km 的条带,宽带模式工作时,分辨率为 2.7m。这种 SAR 还具有动目标显示(MTI)功能。常规的 SAR 是对地面静止目标成像的,不具备在一幅场景内同时检测出运动目标的能力,运动目标只能以模糊的形式叠加在 SAR 图像上。实现 MTI 的一种方法是利用动目标回波信号中含有多普勒参数的高次项,进行参数估计,并用该参数估计值设计匹配滤波器对动目标进行处理和成像,具体可用时域也可用频域滤波实现,但由于匹配效果不好,成像质量不够理想。实现 MTI 的另一种方法是针对动目标与 SAR 之间相对运动产生的回波信号为一种时变信号的特点,信号频率随不同的时刻点而不同,因此采用 WVD(winger-ville distribution)方法进行动目标检测和成像是比较合适的。近来,人们提出采用时空二维信号处理方法,利用时空等效性,采用多天线,克服了单天线 SAR 系统中由于运动目标径向速度太小而不能对目标检测和成像的问题。

干涉 SAR 也是人们所关注的。干涉 SAR 是将雷达系统对同一地域的"两次"观测获得的数据,根据干涉原理进行处理,利用其相位差获得地表高度和地面覆盖物微小变化的信息。实现两次观测的一种方法是一部 SAR 装有两副天线,在一条轨道上的飞行便可获得"两次"观测的数据用于干涉处理。美国航天飞机雷达高度测绘计划(SRTM)就是这种方案,两副天线靠一根 60m 长的活动杆连接,测高精度约为 3～5m。对于一般的卫星 SAR 而言,要装载相距几十米的两副天线是相当困难的。另一种方法是利用一部 SAR 的一副天线,在不同轨道上飞过同一地域,完成两次观测进行干涉成像。Seasat-A、ERS-1/2、JERS-1 和 Radarsat-1 等都进行过这种干涉成像试验,测高精度在 10～100m 之间。

星载 SAR,无论是采用"凝视"技术实现高分辨率,还是进行动目标检测或者干涉成像,其关键是数据处理,它既可在卫星上实现,也可在地面实现。随着高分辨率、动目标检测和干涉成像等要求,SAR 的原始数据率将是相当高的,必须先进行数据压缩才可能传输。由于原始数据中包含有相位信息,对原始数据压缩的压缩比不能很大。如果先对原始数据进行成像处理,然后对图像进行压缩,则可以作到大的压缩比。在卫星上进行 SAR 的成像处理、数据压缩也都是有效载荷的任务。

4.4 电子侦察卫星有效载荷

电子侦察卫星主要用于侦察对方预警探测系统、国土防空系统和中远程打击武器系统中所使用的各种雷达的特征参数和位置,侦听对方卫星通信、散射通信、超短波通信的信号参数和信息情报。前者是通过对雷达、测控信号的测量和分析,获取对方的电子目标的特性(雷达频率、脉冲波形、脉冲重复频率、波束数和发射功率等)和部署位置(进行定位编目)的情报;后者是通过对通信信号的截获、解调、解密、解读而得到的电话、电报、数据等军事情报。

电子侦察卫星一般可分为普查型、详查型、低轨道型和地球同步轨道型几类。自20世纪60年代起,陆续发射了几十颗普查型卫星。详查型是对已发现的目标进行详细侦察,精确核实辐射源的位置,获取电台与雷达发射机较详细的特性参数,并进行定位编目。美国的"雪貂"卫星就是这种详查型卫星,轨道高度500~800km,由几颗星组网工作。"雪貂"卫星属低轨道型,由于轨道低,被侦察的信号相对比较强。地球同步轨道型现在是美国电子侦察的主要手段,它们对地球的大部分地区保持连续的监视,但卫星接收到的信号比500km低轨道卫星要弱5500倍左右。

电子侦察卫星的有效载荷主要包括天线、接收机和信号处理设备。此外,有时把数据传输分系统也归入有效载荷系统,它是将侦察到的信号及时传送到地面。有效载荷的性能要求与侦察卫星的类型和侦察系统的体制有关。侦察系统体制分单星和星座体制。单星侦察体制是指利用单个卫星平台完成电子侦察任务,苏联的第一代至第四代"宇宙"系列电子侦察卫星都是这种体制。单星体制的有效载荷主要有测向天线阵、信号到达方向测量单元、信号参数测量单元和信号处理单元。星座体制侦察系统中,单个卫星仅配置信号参数测量单元,它利用3~4颗卫星位置差别得到的信号到达时间差,完成辐射源定位功能。每个卫星不需要信号到达方向测量单元,所以,卫星上也不需要复杂庞大的天线阵,仅仅需要一个空域和频域覆盖都宽的天线,用于信号参数测量单元的信号接收。星座体制中信号参数测量单元主要完成信号频域参数和时域参数的测量,相对单星体制,要求对信号到达时间实现高精度测量。由于星座系统采用时差定位体制,这就要求星座中各个卫星的时间严格同步,所以,各个卫星上必须装备精密时间同步设备。

4.4.1 天线

用于电子侦察卫星的天线要求工作频带很宽。如美国的"大酒瓶"天线对雷达信号侦测的带宽是从100MHz~10GHz,两端频率相差100倍。频带要求太宽时,可以用工作在不同频率范围的几副天线完成整个天线或者馈源的功能。每副天线也要求是宽带的,如使用对数周期天线、平面螺旋天线和加脊喇叭天线等。天线极化最好是线极化或者圆极化分集。

对于地球同步轨道型电子侦察卫星,要求天线具有很高的增益,一般都采用超大口径抛物面天线,直径为十几米、几十米到上百米,如美国的"大酒瓶"天线直径达90m。这种超大口径抛物面天线的结构设计、制造、测试、调试都是很高的技术难点:要在空间失重、冷热交变和辐射等环境下,满足面形精度的要求,要在地面条件下进行调整和测试,必须采取特殊的措施。比如:天线口径为 50m，频率为 10GHz，天线主瓣宽度只有 2′，天线方向图在地面是很难直接测量的，可能需要计算机仿真间接测量，而间接测量的精度需要许多条件保证。天线的收拢和展开也是大的技术难点，卫星发射时，天线必须处于收拢状态，入轨后再展开。天线的结构可以是桁架式的，也可是伞状的，还可能是缠绕状的，选取哪种方式取决于对天线性能的要求、卫星平台的状况和整流罩的尺寸等。天线的反射面是网状的，网的材料、网的形状及大小、网的编织方案都将影响天线的性能。

4.4.2 接收机

用于电子侦察卫星的接收机具有以下要求：

（1）工作带宽宽。其原因有两个：一是带宽宽可以减少搜索时间；二是若输入信号本身是宽带的，就希望接收机的瞬时带宽能覆盖整个信号的频谱范围，否则该信号中的部分信息不可能完完全全地收集到，造成信号丢失。

（2）灵敏度高。侦察系统灵敏度高低直接决定了能否侦收到感兴趣的辐射源信号，灵敏度越高，侦收到低功率辐射源的能力越强。

（3）动态范围大。空间信号环境复杂，侦察对象千差万别，辐射源的天线波束主副瓣相差很大，要适应这样的信号环境，接收机的动态范围必须足够大。

（4）信号适应能力强。接收机的信号适应能力主要指能否正确测量感兴趣信号的技术参数。

（5）截获概率高。由于电子侦察卫星运动速度快，对辐射源的侦察时间短，重复观察周期长，所以，截获概率高是卫星电子侦察接收机体制选择的重要指标。

以上技术要求不是孤立而是互相联系的。一般情况下，要求带宽宽将使接收机的灵敏度、动态范围降低，提高接收机的灵敏度会同时使其动态范围变小。在确定指标时，需要进行审慎的权衡。一般可选用的接收机有直检式接收机、超外差接收机、瞬时测频接收机、信道化接收机等。

直检式接收机一般可覆盖很宽的射频带宽（典型值为几个倍频程），体积小，结构简单，截获概率较高，但灵敏度不高，不能从频率上区分输入信号，很容易产生信号同时接收问题。实际上，直检式接收机经常与其他接收机（如瞬时测频接收机）结合使用。

超外差接收机通过混频器将输入射频信号变换到中频上，中频放大器具有窄带滤波特性，本振信号频率可调。超外差接收机本质上是一种选频接收机，能在很宽的频率范围内得到高灵敏度，对于现代战场的高密度信号环境，这是一种比较理想的选择；但由于它的瞬时带宽窄，使其截获概率低，又成为它的缺点。

所以在卫星电子侦察中,超外差接收机通常与宽带接收机配合使用。宽带接收机引导超外差接收机调谐到感兴趣的信号频率上,然后用超外差接收机来分析截获信号的细微特征。

瞬时测频接收机既能覆盖很宽的射频带宽,同时对窄脉冲信号也能有较高的灵敏度和良好的频率分辨力。但瞬时测频接收机一次只能正确响应一个输入信号,它对同时信号响应会产生错误频率信息。因此,在密集信号环境中使用瞬时测频接收机时,要在接收机前加上某种频率选择电路来限制同时信号概率。一般情况下,瞬时测频接收机在应用中用作混合接收机的一部分。

信道化接收机使用大量相邻滤波器从频率上对输入射频信号进行分选,且具有很多与超外差接收机相同的特性。声表面波器件和单片微波集成电路技术的发展,大大降低了信道化接收机的体积和成本,从而使信道化接收机在电子侦察卫星中得到普遍采用。

4.4.3 信号处理设备

对于雷达信号侦察,信号处理设备从接收的信号中得到雷达脉冲的到达角、频率、到达时间、脉冲幅度、脉宽等参数,然后形成表征这些特征值的脉冲描述字。辐射源的定位要根据到达角和卫星的空间位置及姿态来确定。由于接收机接收的信号来自信息收集时间内都在工作的若干不同的雷达,因此必须对这些雷达信号进行去交错处理,并把所有脉冲按照每一部雷达进行分组。这个任务称为信号分选。把信号分选为若干组后,就需根据所收集的脉冲对雷达的类型进行分类。这个任务称为信号识别。由于信号环境的复杂性,信号分选和识别最终是在地面完成的,星上的信号处理设备也可以完成其中的部分工作。辐射源的定位可以在分选后进行,也可在分选前进行,或者是分选—定位反复进行。

对信号处理设备的要求是:参数估值精度高,运算时间短,智能化程度高。

4.5 典型的遥感类有效载荷应用系统

遥感器作为一类重要的航天器有效载荷,被广泛应用于对地观测、海洋监视、气象监测、成像侦察、电子侦察、导弹预警以及目标探测与指示等各个方面,在民用、商用和军事活动中发挥着举足轻重的作用[38-39]。尤其在军事方面,航天遥感侦察可以获得全天候、全天时、大范围、大纵深、近实时的战场信息。它是从外层空间获取情报信息强而有力的手段,也是获得制信息权和信息优势的重要环节[40]。美国建有覆盖全球、分辨率高、可进行全天时、全天候侦察的航天侦察系统。美国侦察预警卫星体系是美军事情报力量体系的重要支撑[41]。

截至2020年8月1日,美国现役主要遥感卫星见表4-8所列,其中,成像侦察和电子侦察卫星主要由美国国家侦察局(National Reconnaissance Office, NRO)负责,导弹预警和空间监视卫星则由美国空军负责,气象卫星则有美国国防部(Department of Defense, DoD)和美国国家海洋和大气管理局(National Oceanic and Atmospheric Administration, NOAA)共同负责。

表4-8 美军现役遥感卫星

卫星名称	类型	归属	数量	轨道	最近发射
"锁眼"Keyhole	光学侦察	NRO	4	LEO	2019-1-19
"未来成像体系"FIA	雷达侦察		5	LEO	2018-1-12
"长曲棍球"Lacrosse			3	LEO	2005-4-30
"先进猎户星"Advanced Orion (Mentor)	电子侦察		6	GEO	2016-6-11
"水星"Mercury			3	GEO	2014-4-10
"改进型号角"Improved Trumpet			4	Molniya	2017-9-24
"天基广域监视系统"SB-WASS (Intruder)		NRO/海军	12	LEO	2017-3-1
国防支援计划DSP	导弹预警	空军	4	GEO	2004-2-14
天基红外系统SBIRS			4	GEO	2018-1-19
地球同步空间态势感知项目GSSAP	空间监视		4	GEO	2016-8-19
国防气象卫星项目DMSP	气象探测	DoD/NOAA	5	LEO	2009-10-18

结合表4-8,下面对美军主要遥感侦察预警监视卫星进行介绍。

4.5.1 光学成像侦察

照相侦察卫星分返回型和传输型两种。返回型照相侦察卫星的分辨率较高,侦察效果直观,但最大缺陷是无法实时获得侦察信息,容易贻误战机。随着技术的不断发展,传输型成像侦察卫星已发展成为侦察卫星的主力。

美军光学成像侦察卫星一直以"锁眼"(key hole, KH)命名,已经发展了12个型号。KH系列卫星主要由洛马公司研制,为美国提供了重要的军事侦察能力。KH-12系列卫星是在KH-11的基础上经过重大改进的新一代光学成像侦察卫星,是目前最为先进的光学成像侦察卫星,搭载有可见光、红外、多光谱和超光谱传感器等光学成像侦察设备,可见光分辨率可达0.1m,红外分辨率0.6m,之所以能达到这么高的分辨率,是因为KH-12系列卫星使用了类似"哈勃"太空望远镜的大口径相机。KH-12系列卫星于1990年2月首次发射,目前在轨工作的有4颗。卫星星体呈圆柱形,重约18t,长约13.4m,直径约4m,两块长

13.7m、宽4.1m的太阳能电池帆板垂直于星体两侧,展开后总跨度为35m,天线口径3m,如图4-28所示。KH-12系列卫星具有以下几个特点:

图4-28　KH-12光学成像侦察卫星

(1) 采用大型CCD多光谱线阵器件和凝视成像技术,使卫星在获得高几何分辨率能力的同时还具备多光谱成像能力,其先进的红外相机可提供更先进的夜间侦察能力,但其采用的可见光和红外相机在天气恶劣(如有云雾和雨雪)时效果不佳。

(2) 采用计算机控制镜面曲率技术,因而当卫星在高轨道普查或在低轨道详查时,能快速改变镜头焦距,这样就能在低轨道具有高分辨率,在高轨道获得大的幅宽。它的地面覆盖范围为16km×16km,数传速率约300~650Mb/s。每分钟可拍摄8~12幅图像,每幅图像5km×5km,详查时照相宽度为3~15km,普查时照相宽度为100km左右。

(3) 带有一台大型火箭发动机,可以改变轨道高度和轨道平面,机动能力强,而且可由航天飞机在轨道上补充燃料,因而工作寿命很长。

KH-12系列卫星的最大缺点是只能在天晴时提供丰富的信息,而在雨天、雾天或多云时便无能为力。KH-12系列卫星主要用于搜集战略情报,因而难以满足当前局部战争的需要。另外,它也无法直接支持战术行动。例如,由于卫星太重、太复杂、太昂贵,所以很难进行应急发射;对敏感地区重访周期太长,不能随时提供所需情况;扫描幅宽仅为7~10km,不适合战区作战。

截至2020年8月1日,在轨KH-12系列卫星的主要设计参数见表4-9所列。KH系列卫星最新成员是2019年1月9日发射的KH-12卫星(亦称高级KH-11)。

表 4-9　在轨 KH-12 卫星主要参数

名　称	近地点/km	远地点/km	偏心率	轨道倾角/(°)	轨道周期/min	发射质量/kg	发射日期	预期寿命/年
Keyhole 5	264	1,050	5.59×10^{-2}	97.9	97	18,000	2005-10-19	>5
Keyhole 6	200	1,000	5.74×10^{-2}	97.8	97	18,000	2011-01-20	>5
Keyhole 7	257	997	5.29×10^{-2}	97.8	97.25	18,000	2013-08-28	>5
Keyhole 8	395	419	1.77×10^{-3}	74.00	92.7	18,000	2019-01-19	>5

4.5.2　雷达成像侦察

截至目前,美国发展了两代雷达成像侦察卫星,分别是"长曲棍球"(Lacrosse)系列卫星和"未来成像体系"(future imagery architecture,FIA)系列卫星。

1. Lacrosse 雷达成像侦察卫星

为弥补 KH 系列卫星的侦察效果受气象条件影响大的缺点,美国发展了世界上第一颗雷达成像侦察卫星——"长曲棍球"(Lacrosse)雷达成像侦察卫星。Lacrosse 卫星利用星上合成孔径雷达对地面目标进行高分辨率成像,最高分辨率达到 0.3m,具备全天候、全天时侦察能力,不受云、雾、烟以及黑夜的影响,弥补了光学成像侦察卫星的不足。Lacrosse 卫星不仅适用于跟踪舰船和装甲车辆的活动,监视机动式弹道导弹的动向,而且还能发现经伪装的武器装备,甚至能发现藏在地下数米深处的设施。

Lacrosse 卫星的主体呈八棱体,长 8m,直径约 4m,重 14.5t,单颗造价高达 10 亿美元,一对太阳能电池帆板在轨道上展开后跨度为 45.1m,可提供 10kW 以上的电力,以满足卫星向地面发射大功率微波信号的需要,如图 4-29。为了散发雷达发射机巨大的热耗,卫星上装有一块大平板状的热辐射器。由于雷达靠自身照射,即发射电磁波,因此不论白天黑夜,也不论有无阳光,都可以对目标成像,而且雷达波的波长比可见光和红外波长长得多,故可以进行全天候和全天时侦察,效率比照相侦察卫星提高一倍,尤其是实时性大大提高。

Lacrosse 卫星星载设备是一部高分辨率合成孔径雷达,雷达天线采用直径 9.1m、带有相控阵馈源的抛物型设计,使卫星能以多种波束模式(标准、精扫、宽扫)对地面目标成像。其地面分辨率达到 1m(标准模式)、3m(宽扫模式)和 0.3m(精扫模式),在宽扫模式下,其地面覆盖面积可达几百平方千米。航线摄影的扫描带宽,详查时为 20~40km,普查时为 100~200km。

截至 2020 年 8 月 1 日,在轨 Lacrosse 卫星的主要设计参数见表 4-10 所列。

图 4-29 Lacrosse 雷达成像侦察卫星

表 4-10 在轨 Lacrosse 卫星主要参数

名称	近地点/km	远地点/km	偏心率	轨道倾角/(°)	轨道周期/min	发射质量/kg	发射日期	预期寿命/年
Lacrosse-3	671	675	2.84×10^{-4}	57	98.2	14,500	1997-10-24	5
Lacrosse-4	574	676	7.29×10^{-3}	68	97.21	14,500	2000-08-17	9
Lacrosse-5	713	716	2.12×10^{-4}	57.01	99.08	14,500	2005-04-30	9

比较表 4-9 和表 4-10 可知，KH 卫星和 Lacrosse 卫星重量都在 10t 以上，这就促使美国成像侦察卫星(包括雷达成像卫星)，走的都是"大而全"极端复杂系统的例子。例如"长曲棍球"卫星本来是雷达成像卫星，还携带了光学探测设备，以向"锁眼"卫星提供"详查"的信息。

2. FIA 雷达成像侦察卫星

未来成像体系(future imagery architecture，FIA)是美国国家侦察局于 20 世纪末提出的一项美国下一代成像侦察卫星星座的计划，由波音公司负责研制。FIA 计划把时间、空间、光谱三种分辨率有机结合，将一些质量较轻但反应更快的光学和雷达成像卫星组成星座，取代现有的巨型 KH-12 光学成像侦察卫星和 Lacrosse 雷达成像侦察卫星，用以解决现有成像侦察卫星群存在的地面覆盖范围太窄、驻留时间太短等问题，为美国国防部门和情报界提供广域、连续、高分辨率的图像情报。起初，FIA 星座中包括可见光/近红外光学成像卫星和合成孔径雷达成像卫星两部分，以在任何时间对全球任一地区进行高精密的侦察和拍照[42]。2005 年，美国国家侦察局决定终止 FIA 原有的研制计划，并将其任务拆分,光学成像部分转交洛马公司,并降低了对其的技术要求,只在现有光学成像卫星的基础上进行完善,雷达成像部分与"空间雷达"计划合并,继续由波音公司负责 FIA 雷达卫星研制任务。

FIA 雷达卫星(如图 4-30 所示)是美国新一代雷达成像侦察卫星,远远优于其他国家同类侦察卫星,与 Lacrosse 卫星相比,FIA 卫星改用逆行轨道,轨道高度提升了约 450km,雷达功率得到了大幅提高。首颗 FIA 卫星于 2010 年 9 月在美军范登堡空军基地发射,截至 2020 年 8 月 1 日,FIA 系列卫星共发射 5 颗,3 颗组网。FIA 卫星分辨率最高可达 0.15m,既能满足战略侦察需求,同时也能高分辨率成像,对重点目标进行跟踪监视,对武器装备进行检测识别,并对目标攻击进行毁伤评估。

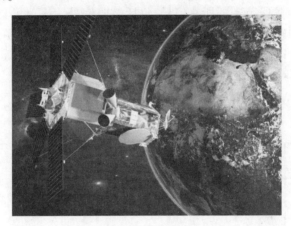

图 4-30　FIA 卫星

截至 2020 年 8 月 1 日,在轨 FIA 卫星的主要设计参数见表 4-11 所列。

表 4-11　在轨 FIA 卫星主要参数

名称	近地点/km	远地点/km	偏心率	轨道倾角/(°)	轨道周期/min	发射日期	COSPAR 编号
FIA 1	1101	1107	4.01×10^{-4}	122.99	107.35	2010-09-21	2010-046A
FIA 2	1068	1107	2.61×10^{-3}	123.00	107.00	2012-04-03	2012-014A
FIA 3	1066	1081	1.01×10^{-3}	123.00	106.70	2013-12-06	2013-072A
FIA 4	1086	1087	6.71×10^{-5}	123.00	106.70	2016-02-10	2016-010A
FIA 5	1047	1057	6.74×10^{-4}	106.00	106.20	2018-01-12	2018-005A

4.5.3 电子侦察卫星

自 20 世纪 60 年代至今,美军已发展了五代电子侦察卫星,目前主要使用的是第四代电子侦察卫星,包括"先进猎户座"(Advanced Orion)、"水星"(Mercury)和"改进型号角"(Improved Trumpet)等 3 个型号系列卫星,以及正在建设发展的第五代电子侦察,即"天基广域监视系统"(SB-WASS),亦称为"入侵者"(Intruder)。

1. "先进猎户座"卫星

"先进猎户座"(Advanced Orion)卫星也称为"门特"(Mentor)卫星,部署在地球同步轨道,采用大型网状的相控阵天线,天线直径达 100m,可截获、监听 100MHz~20GHz 频段范围的所有信号,包括微弱信号。该卫星具有很强的星上信号处理能力和轨道机动能力,首要任务是截收导弹试验的遥测数据信息,其次是监听雷电信号以及微波通信、无线电通信甚至步话机的信号等。

截至 2020 年 8 月 1 日,在轨 Advanced Orion 卫星的主要设计参数见表 4-12 所列。

表 4-12 在轨 Advanced Orion 卫星主要参数

名称	近地点/km	远地点/km	偏心率	轨道倾角/(°)	轨道周期/min	发射质量/kg	发射日期
AO 2	35,560	36,013	5.37×10^{-3}	7.72	1436.14	4,500	1998-05-09
AO 3	35,589	35,984	4.68×10^{-3}	3.20	1436.1	4,500	2003-09-09
AO 4	35,714	35,937	2.64×10^{-3}	2.89	1438.8	5,000	2009-01-18
AO 5	35,500	35,500	0.00	0.00	1436	5,000	2010-11-21
AO 6	35,771	35,805	4.03×10^{-4}	0.00	1436.1	5,000	2012-06-29
AO 7	35,613	35,903	3.44×10^{-3}	7.51	1437.19	5,000	2016-06-11

2. "水星"卫星

"水星"(Mercury)卫星又称为"高级漩涡"(Advanced Vortex),部署在地球同步轨道,由休斯公司承造,采用直径约 100m 的大型、可展开圆形天线。该卫星不但能够侦听通信广播信号,还可以收集导弹试验时的遥测、遥控信号等非通信类电子信号。

截至 2020 年 8 月 1 日,在轨 Mercury 卫星的主要设计参数见表 4-13 所列。

表4-13 在轨Mercury卫星主要参数

名称	近地点/km	远地点/km	偏心率	轨道倾角/(°)	轨道周期/min	发射质量/kg	发射日期
Mercury 1	35,598	35,976	4.48×10^{-3}	5.10	1436.13	8,000	1994-08-27
Mercury 2	33,674	37,900	5.01×10^{-2}	7.33	1436.12	8,000	1996-04-24
Mercury 3	35,500	35,500	0.00	7.00	1436	3,900	2014-04-10

3. "改进型号角"卫星

"改进型号角"(Improved Trumpet)系列卫星部署在大椭圆轨道,窃听范围主要包括纬度较高地区。该卫星装有复杂精细的宽频带相控阵窃听天线,展开后直径约91.4m,大约有一个足球场大。这种尺寸的相控阵天线在轨运行代表了相当先进的技术水平。天线的形状奇特,像一顶偏离垂直支柱的大遮蓬。与第三代电子侦察卫星"大酒瓶"所采用的"折叠肋"伞形结构大型天线相比,该新型天线利用了更多地网络设计,带有滑轮组和微小型电机,用于展开特大型天线。

截至2020年8月1日,在轨Trumpet卫星的主要设计参数见表4-14所列。

表4-14 在轨改进型Trumpet卫星主要参数

名称	近地点/km	远地点/km	偏心率	轨道倾角/(°)	轨道周期/min	发射质量/kg	发射日期
Trumpet 4	1,111	37,564	7.09×10^{-1}	63.00	684	4,000	2006-06-28
Trumpet 5	1,112	37,580	7.09×10^{-1}	63.56	684	4,200	2008-03-13
Trumpet 6	2,103	37,746	6.78×10^{-1}	62.85	707.55	4,200	2014-12-13
Trumpet 7	1,738	38,111	6.92×10^{-1}	63.80	707.7	8,000	2017-09-24

4. 天基广域监视系统

天基广域监视系统(SB-WASS)是美国现役最先进的电子侦察卫星,亦称"入侵者"(Intruder),共发射了6组12颗卫星,采用双星组网方式工作,集成了海军海洋监视和空军战略防空的侦察需求。该系统具有全天候的全球监视能力,可代替当今地球同步轨道和大椭圆轨道的卫星并集通信情报和电子侦察于一身。SB-WASS-NAVY安装有红外成像侦察系统,通过卫星上的高灵敏度红外CCD相机扫描海面,获取目标的红外图像,经处理后判明海面热源的种类,从而判断热源是否是船只、水面舰艇。SB-WASS-AF目的是战略空中防御,主要侦察敌方飞机,也能对水面进行侦察。

截至2020年8月1日,在轨Trumpet卫星的主要设计参数见表4-15所列。

表 4-15　在轨 SB-WASS 卫星主要参数

名　称	近地点/km	远地点/km	偏心率	轨道倾角/(°)	轨道周期/min	发射质量/kg	发射日期
SB-WASS 3-3	1,017	1,203	1.24×10⁻²	63.40	107.4	5,000	2005-02-03
SB-WASS 3-3	1,016	1,203	1.25×10⁻²	63.40	107.4	5,000	2005-02-03
SB-WASS 3-4	1,015	1,200	1.24×10⁻²	63.40	107.4	5,000	2007-06-15
SB-WASS 3-4	1,016	1,201	1.24×10⁻²	63.40	107.4	5,000	2007-06-15
SB-WASS 3-5	1,019	1,205	1.24×10⁻²	63.40	107.5	—	2011-04-15
SB-WASS 3-5	1,014	1,201	1.25×10⁻²	63.40	107.4	5,000	2011-04-15
SB-WASS 3-6	1,012	1,203	1.28×10⁻²	63.40	107.4	6,500	2012-09-13
SB-WASS 3-6	1,012	1,203	1.28×10⁻²	63.40	107.4	6,500	2012-09-13
SB-WASS 3-7	1,014	1,099	5.72×10⁻³	63.40	107.4	6,500	2015-10-08
SB-WASS 3-7	1,014	1,099	5.72×10⁻³	63.40	107.4	6,500	2015-10-08
SB-WASS 3-8	1,009	1,204	1.30×10⁻²	63.40	107.4	6,500	2017-03-01
SB-WASS 3-8	1,009	1,204	1.30×10⁻²	63.40	107.4	6,500	2017-3-1

4.5.4　导弹预警卫星

导弹预警卫星的任务主要是:通过星载红外探测器尽早探测到洲际弹道导弹、潜射弹道导弹,甚至战区和战术弹道导弹的发射,并将有关信息迅速传递给地面指挥中心,赢得尽可能长的预警时间,以组织有效的反击。截至目前,美国主要发展了两代导弹预警卫星,分别是国防支援计划(defense support program,DSP)卫星和天基红外系统(space based infrared system,SBIRS)卫星。

1. 国防支援计划 DSP 卫星

国防支援计划(DSP)卫星于 1972 年投入使用,旨在对导弹发射、卫星发射、空间发射和核爆炸进行早期预警,可对来袭的洲际和潜射弹道导弹分别提供 25~30min 和 10~25min 的预警时间。其组成的预警网可覆盖俄罗斯和我国的所有发射场,也可覆盖现有潜射导弹射程内的全部海域。DSP 卫星重 2380kg,设计寿命 5~9 年,外形为长 10m、直径 6.74m 的圆柱体,如图 4-31 所示。

DSP 计划满编为 5 颗卫星,其中 3 颗主用,2 颗备用,目前在轨 4 颗。目前 3 颗主用卫星分别处于太平洋、大西洋、印度洋上空,固定扫描监视除北极以外的

图 4-31 DSP 卫星

整个地球表面。DSP 卫星具有轨道机动能力,不但用于战略弹道导弹的预警,也可根据需要,将卫星机动至某一战区上空的轨道,监视射程较小的弹道导弹的发射。海湾战争中,美国至少将 2 颗 DSP 卫星机动到便于观察伊拉克"飞毛腿"导弹发射的位置。

DSP 卫星上的载荷主要有 3 种:

(1) 在卫星朝向地球的一端装有一个长为 3.63m、孔径为 0.91m 的红外望远镜。当卫星以 5~7 转/min 的速度自转时,望远镜每隔 8~12s 就可对地球表面 1/3 的区域重复扫描一次,通过几次扫描,可以把迅速移动的热源与诸如森林大火、火山喷发之类的固定热源区别开来。这样,能在导弹飞离发射井约 90s 就探测到导弹尾焰产生的红外辐射信号,并自动将这一信息传给地面接收站。地面站通过通信系统将情报传给指挥中心,全部过程仅需 3~4min。

(2) 高分辨率可见光电视摄像机,防止将高空云层反射的阳光误认为是导弹喷焰而造成虚警。在红外望远镜没有发现目标时,摄像机每隔 30s 向地面发送一次电视图像。一旦红外望远镜发现目标,摄像机就自动或根据地面指令连续向地面站发送目标图像,以 1~2 帧/s 的速度在地面电视屏幕上显示导弹尾焰图像的运动轨迹。

(3) 中子计数器和 X 射线仪等核爆炸辐射探测器,平时用于监视有关国家的核试验情况,战时可精确测定核爆炸位置。此外还安装了 3 副通信天线。据称 DSP 自 1971 年投入使用以来,已探测到苏联、法国、英国、中国、朝鲜、印度等国导弹发射信息 1000 多次。

截至2020年8月1日，在轨DSP卫星的主要设计参数见表4-16所列。

表4-16　在轨DSP卫星主要参数

名称	GEO经度/(°)	近地点/km	远地点/km	偏心率	轨道倾角/(°)	轨道周期/min	发射质量/kg	发射日期	预期寿命/年
DSP 18	0.00	35,780	35,800	2.37×10^{-4}	0.1	1436.27	2,380	1997-02-23	5
DSP 20	−36.25	35,897	35,909	1.42×10^{-4}	4.08	1442.08	2,380	2000-05-18	7~9
DSP 21	+69.48	35,765	35,810	5.34×10^{-4}	3.68	1436.14	2,380	2001-08-06	7~9
DSP 22	+103.84	35,741	35,832	1.08×10^{-3}	1.41	1436.12	2,380	2004-02-14	7~9

2. 天基红外系统

针对DSP卫星虚警率高、不能跟踪中段飞行的导弹、过分依赖国外地面站中继通信、对战术弹道导弹预警时间短以及对火灾也报警等缺陷，同时也为了满足导弹空间监视数据不断增长的需要，美国国防部于1994年12月决定研制可同时预警战略和战术导弹的"天基红外系统"导弹预警卫星来逐步取代"国防支援计划"。SBIRS旨在满足21世纪初美国的红外太空侦察和监视的需要，提供导弹预警、导弹防御和战场特性方面的关键能力。SBIRS系统计划通过20颗高轨卫星与低轨卫星组网，实现对战术和战略导弹发射的助推段、中段、再入阶段的全程探测与跟踪，并达到对目标的全球覆盖。整个星座将利用星座通道联网，允许每颗卫星与星座中的所有其他卫星通信。

SBIRS由两部分组成，分别是部署在地球同步轨道的SBIRS GEO卫星和运行在大椭圆轨道的SBIRS HEO卫星。SBIRS GEO卫星为独立研制开发，预期寿命为12年，如图4-32所示。SBIRS HEO卫星则采用平台公用的方式，将导弹预警载荷寄宿在上小节所述的"改进型号角"上，故SBIRS HEO卫星也即Improved Trumpet卫星。

截至2020年8月1日，在轨SBIRS卫星的主要设计参数见表4-17所列。

表4-17　在轨SBIRS卫星主要参数

名　称	GEO经度/(°)	近地点/km	远地点/km	偏心率	轨道倾角/(°)	轨道周期/min	发射质量/kg	发射日期
SBIRS GEO 1	−96.84	35,778	35,795	2.02×10^{-4}	6.45	1436.11	4,500	2011-05-07
SBIRS GEO 1	20.60	35,770	35,790	2.37×10^{-4}	6.45	1436.11	4,500	2013-03-19
SBIRS GEO 1	−159.60	35,779	35,785	7.12×10^{-5}	5.90	1436.11	4,500	2017-01-20
SBIRS GEO 1	−159.00	35,758	35,815	6.76×10^{-4}	6.30	1436.1	4,500	2018-01-19

图 4-32 SBIRS 卫星

4.5.5 空间监视卫星

地球同步轨道太空态势感知计划（GSSAP）卫星可支持美国战略司令部采集人造轨道物体的数据，提供增强的天基空间态势感知能力，进而提高对地球同步轨道太空系统所受干扰进行快速检测、预警、表征和识别的能力。这有助于保护美国的太空资产，比如导航和通信卫星等。

由于在地球同步轨道附近运行，GSSAP 卫星获得了视野清晰且独特的有利位置，避免了通常会限制地基太空监视系统的天气干扰问题。相比地面设备的跟踪监视能力，GSSAP 可以不受天气的影响，可全天候在轨监视目标。GSSAP 卫星还能执行交会和近旁操作，接近其他太空飞行器，加强监视美国太空司令部所关注的目标。

截至 2020 年 8 月 1 日，在轨 GSSAP 卫星的主要设计参数见表 4-18 所列。

表 4-18 在轨 GSSAP 卫星主要参数

名称	近地点/km	远地点/km	偏心率	轨道倾角/(°)	轨道周期/min	干重质量/kg	发射日期
GSSAP 1	35,741	35,784	5.10×10^{-4}	0.09	1434.9	600	2014-07-28
GSSAP 2	35,758	35,795	4.39×10^{-4}	0.06	1435.6	600	2014-07-28
GSSAP 3	35,749	35,820	8.42×10^{-4}	0.03	1436.02	600	2016-08-19
GSSAP 4	35,769	35,899	1.54×10^{-3}	0.01	1438.54	600	2016-08-19

第5章 通信类有效载荷

如果以1958年12月18日发射的"斯科尔"试验通信作为卫星通信纪元开始的话,这一人类新通信手段发展至今已经历了54年。卫星通信具有覆盖范围广、传输距离远、通信容量大、传输质量好、组网灵活迅速和保密性高等众多优点,已成为当今极具竞争力的通信手段,为现代社会提供了电话、电报、传真、数据传输、电视传播、卫星电视教育、移动通信、数据收集、救援、电子邮件、报刊传递、计算机联网、远程医疗等上百种业务服务。

5.1 卫星通信概述

5.1.1 卫星通信的概念

卫星通信是指利用人造地球卫星作为中继站转发无线电波,在两个或多个用户之间进行的通信。用作无线电通信中继站的人造地球卫星称为通信卫星。

卫星通信概念起源于地面微波接力通信。通信卫星有效载荷实际上就是地面微波接力通信的中继站。由于微波在空间只能在视距范围内以直线传播,而地球又是球形,因此微波接力通信在地面需要每隔50km架设一个中继站,才能进行远距离传输[1]。中继站的作用是将接收到的前一站的信号经过放大再传到下一个站,如图5-1所示。

图5-1 微波接力通信原理

由此可知,如果要实现北京至南京约1000km的微波接力通信,则中间需要架设20个中继站。如果要实现北京至巴黎约10000km的微波接力通信,则中间需要架设200个中继站。俗话说,"站得高,看得远",因此,要把微波接力通信的中继站放在地球静止轨道(高度为 35786.6km)卫星上,则在地球上能够看得见卫星的范围(可达地球表面积的 42.4%)内都可架设地面通信站,通过卫星中继与该卫星覆盖范围内的任何一个地面通信站进行通信。如果在地球静止轨道上均布三颗卫星,则可实现除地球南北极附近地区以外的全球不间断通信,如图5-2所示。

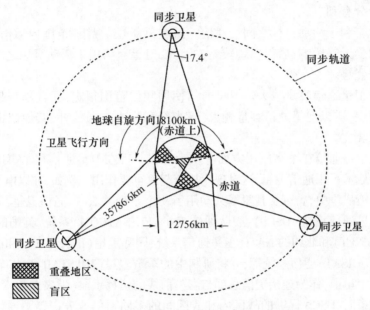

图 5-2　静止轨道卫星实现全球通信示意图

5.1.2　卫星通信的特点

卫星通信与短波、超短波、光纤、电缆通信方式相比,具有如下特点:

(1) 通信距离远。与微波接力或电缆通信相比,卫星通信距离远。由图 5-2 可知,利用静止轨道卫星,最大通信距离可达 18000km 左右。一颗静止轨道通信卫星可覆盖全球表面积的 42.4%,而且只需要三颗通信卫星均布在静止轨道上,就可实现除地球两极附近地区以外的全球不间断通信。其无缝覆盖能力是任何传输手段所无法比拟的。

(2) 建设成本较低。与微波接力或电缆通信相比,卫星通信建设成本相对较低。微波接力或电缆通信等,都是"干线"或"点对点"通信。如北京到南京的微波接力或电缆通信线路,在线路以外的地区是不能利用的。卫星通信是以广播方式工作的,便于实现多址连接。只要在卫星覆盖范围内都可设置地面通信站进行通信。所以,卫星通信建站成本与通信距离无关,而且建站具有很大的灵活性。

(3) 通信线路不受地形限制。由于卫星通信是以广播方式工作的,所以其通信线路不受地形限制,即线路可不受高山、海洋、沙漠和原始森林等限制。因此,对于海岛、山区、沙漠等地区使用卫星通信十分方便。对于偏远地区卫星电视教育十分有利。

(4) 有利于活动目标之间的通信。微波只能在"视距"范围内通信,而短波通信经常受天气影响,通信质量较差。因此,卫星通信用于活动目标之间的通信具有很大优势。

(5) 卫星通信容量较大。卫星通信使用频段范围很宽,而且越来越向更高的频段发展,所以卫星通信容量较大,除光纤和毫米波通信外,其他通信方式都无法与之相比。

(6) 卫星通信在军事应用方面有重大意义。现在卫星通信在军事应用方面有战略和战术军用通信卫星,这对现代战争起着重要作用。例如,在以电子信息为特征的海湾战争中,美军及其盟军共动用了9个系列共23颗通信卫星,其中主要有国防卫星通信系统(DSCS)、舰队通信卫星(FLTSATCOM)系统、英国的"天网"卫星(SKYNET)和北约的NATO卫星通信系统、国际卫星(INTELSAT)和国际海事卫星(INMARSAT)通信系统等,并将研制中的军事卫星(MILSTAR)EHF转发器搭载在舰队卫星上,作为连接美国总部与海湾前线的指挥手段(见表5-1)[40]。到海湾战争结束时,DSCS提供的战区内和战区间的多路通信业务占美军通信总量的75%以上,舰队通信卫星系统的通信量占海军总通信量的95%。

表5-1 海湾战争中的军事卫星通信系统

系统名称	频率/GHz	功率/W	用途
国防卫星通信系统	7~8	52(DSCS2) 1100(DSCS3)	全球及远程战场通信
舰队卫星通信系统	0.24~0.40	1150	为国防部和海、空军提供远程通信
军事卫星	60	105.4	为国家最高指挥当局和海湾前指提供通信
租赁卫星通信系统	Ku波段	900	海湾舰队通信
跟踪与数据中继卫星	S和Ku波段	—	转发数据
天网卫星			支援海湾英军作战,增大美国国防卫星通信系统的容量
北约卫星	7.25~8.4	—	保障多国部队通信
国际通信卫星	1.5~1.6	355	保障多国部队通信
国际海事卫星	1.5~1.6	355	海湾美军与家属通信

（7）卫星通信不易受战争破坏。与其他地面通信相比,卫星通信不易受战争破坏。如地面微波接力或电缆通信线路的中间任何一个环节遭受破坏,全线通信将会中断。

但是,凡事均具有两面性,卫星通信在某些方面也存在着一些不足,如传播损耗大,时延长,回波影响明显,信号易被敌人截获、干扰等。

5.1.3 卫星通信系统的组成

目前的卫星通信系统因其传输的业务不同,它们的组成也不完全相同。一般的卫星通信系统主要由空间段和地面段两大部分组成,如图 5-3 所示[41]。在图 5-3 中,上行链路指的是从发送地球站到卫星之间的链路,下行链路指的是从卫星到接收地球站之间的链路。如果空中有多个通信卫星,则从一个卫星到另一个卫星之间还存在着星间链路,利用电磁波或光波将多颗卫星直接连接起来。

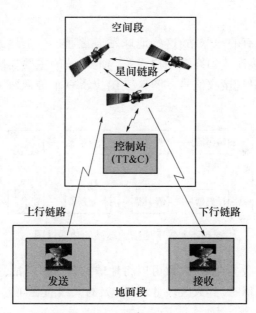

图 5-3 卫星通信系统的基本组成

1）空间段

空间段主要以空中的通信卫星(1 颗或多颗)也就是通信装置为主体,还包括所有用于卫星控制和监测的地面设施,即卫星控制中心(satellite control center,SCC),及其跟踪、遥测和指令站(tracking,telemetry and command,TT&C),

以及能源装置等,如图 5-4 所示。

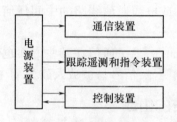

图 5-4　空间段的组成

通信卫星主要是对发来的信号起中继放大和转发作用,它是靠星上通信装置中的转发器(微波收信机、发信机)和天线来完成的。一个卫星的通信装置可以包括一个或多个转发器,每个转发器能接收和转发多个地球站的信号。假定每个转发器所能提供的功率和带宽一定,那么转发器数目越多,卫星的通信容量就越大。

2) 地面段

地面段包括所有的地球站,这些地球站通常通过一个地面网络连接到终端用户设备,或者直接连接到终端用户设备。地球站的主要功能是将发射的信号传送到卫星,再从卫星接收信号。图 5-5 给出了一个传送数字信号的卫星地球站的功能框图。

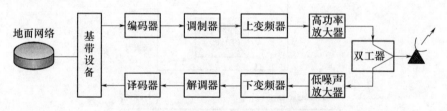

图 5-5　数字通信地球站的功能框图

根据地球站的服务类型,大致可以将地球站分为用户站、关口站和服务站三类。不同类型的地球站,其天线尺寸不同,大的天线直径可达几十米,小的只有几十厘米。

5.1.4　卫星通信系统的工作过程

卫星通信系统的最简单构成为通信卫星和地球站两部分,如图 5-6 所示。图 5-6 中所示的通信线路又称为单跳卫星通信线路,即卫星覆盖范围内两用户间通过卫星直接通信(用户—卫星—用户)。在实际应用中,根据任务需要,常常可能将两个或两个以上的单跳线路串接起来,完成通信任务,即所谓多跳,比如当采用用户—卫星—中心站—卫星—用户工作模式时,就需要两跳。

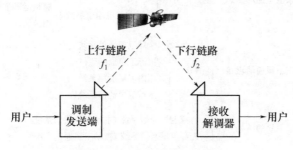

图 5-6 单跳卫星通信线路

对于静止地球卫星通信线路,单跳时传输时延约为 270ms,双跳时则增到 540ms,所以多跳次数受时延限制。

与日常通信过程相似,卫星通信过程为:由地球站发出的上行载波信号(上行信号)经过 $4×10^4$km 远距离传输,到达卫星转发器。由于电波在传播过程中受到了很大的衰减并加入了某些噪声,以致信号变得很微弱,信噪比很低,所以在卫星转发器中必须用低噪声接收机来接收。在卫星接收机中再将载频为 f_1 的上行微波信号变换成下行载波频率 f_2。最后,利用发射设备的输出功率放大器将信号放大到所需的电平,经天线向地面发射。由卫星转发器发射的载波频率为 f_2 的信号(下行信号),在传播过程中同样要经过在宇宙空间约 $4×10^4$km 的远距离传输,因而也受到很大的衰减。又因为卫星转发器输出的功率较小,再加上为了使卫星天线波束有一定的覆盖范围,因此天线增益比较低,这样到达地面接收站的信号强度就更弱了。为此,地球接收站必须用高增益天线和低噪声接收机才能有效地接收。由天线接收到的信号,经双工器、低噪声放大器和下变频器放大和变频成为中频信号,然后送到解调器恢复出基带信号。最后,通过复用设备进行分路,并通过地面微波中继线路或其他类型的通信线路,送给有关用户。

从以上过程可以看出,一条卫星通信信道是由发端地球站、上行链路、卫星转发器、下行链路和收端地球站所组成的。

5.1.5 卫星通信系统的分类

卫星通信系统有很多分类方法,可以按照卫星的运动状态(制式)、卫星的通信覆盖区范围、卫星的结构(或转发无线电信号的能力)、多址方式、基带信号的体制、用户性质、通信业务种类以及卫星通信所用频段的不同来划分。典型的分类方法如图 5-7 所示。

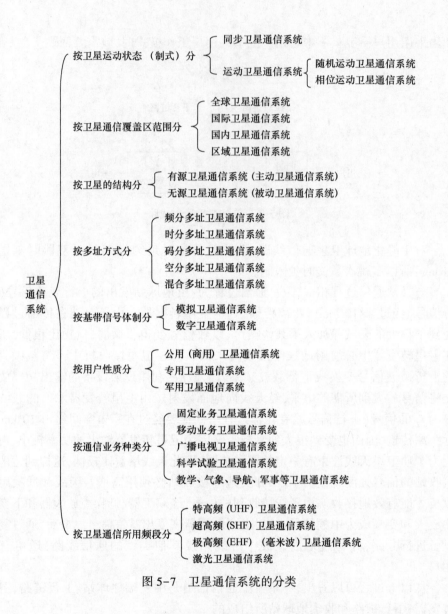

图 5-7 卫星通信系统的分类

5.2 有效载荷组成与基本参数

5.2.1 有效载荷组成

通信类有效载荷一般可分为通信天线和转发器两部分。转发器包括接收机

(含放大和下变频)、分路器(输入多工器)、衰减器、功率放大器和频率合成器(输出多工器)。通信天线把接收到的地球用户终端上行信号送到转发器,转发器把信号加工变为下行信号并放大,再由通信天线向地球相关用户终端转发。由于功率放大器所输出的功率有限,一般可把每一个放大器安排在一个较窄的频段上,然后,把每一个放大器的输出用多工器合成起来。通常,把每一个较窄的频段从接收机到功率放大器称为一路转发器。

在实际系统中,转发器和天线都可以有多个,以期提供所需的通信容量。转发器与天线之间可以进行切换,以调整、控制通信传输的流向及容量。对于一个工作在 500MHz 带宽的通信有效载荷,一般可安排 12 路转发器。每一个转发器带宽占用 36MHz,每两个转发器之间留有 4MHz 保护带宽,以避免相邻转发器之间的干扰。如果天线采用极化隔离技术,可使频率复用一次,则 500MHz 带宽可实现 24 路转发器。如果天线采用多波束空间隔离技术,则有限的频率(如 500MHz 带宽)可实现多次复用,即可得到更多的转发器。

对于军事应用通信卫星,需要采用抗干扰的处理转发器和自适应天线、调零天线、多波束天线、可移动点波束天线等。

5.2.2 基本参数

1. 基本参数

卫星通信涉及一些基本的参数,如有效全向辐射功率、噪声系数、载噪比、品质因数、卫星转发器饱和通量密度和门限载噪比等。

有效全向辐射功率(effective isotropicalls radiated power, EIRP)也称为等效全向辐射功率。EIRP 是一个表征地球站或卫星转发器发射能力的参数。它定义为发射机发射功率 P_T 与发射天线增益 G_T 的乘积,即

$$EIRP = P_T G_T$$

若以 dB 表示,则

$$EIRP(dB) = P_T(dB) + G_T(dB)$$

分贝(dB)是一种表示比率或级差的单位,被广泛应用在声学和通信领域。设 P_{out} 和 P_{in} 分别为系统的输出和输入功率,则分贝定义为功率比:

$$10\lg \frac{P_{out}}{P_{in}} \text{ (dB)}$$

显然,当 $P_{out} > P_{in}$ 时,分贝数大于零,表示功率增益;当 $P_{out} < P_{in}$ 时,分贝数小于零,表示功率损耗;当 $P_{out} = P_{in}$ 时,分贝数为零,表示功率持平。由分贝定义容易算出,1dB 的增益,相当于功率增大了约 26%;1dB 的损耗,则相当功率减少了约 20%。

根据通信中不同的应用场合,分贝又有不同的导出单位:

(1) dBm:在通信领域常把 1mW(毫瓦)作为标准功率。某点功率与此标准功率相比,便可得到对应的分贝数,单位即为 dBm。

(2) dBW:该单位常用在如卫星通信等功率较大的场合。它是以 1W 作为比较基准,即将某点功率与 1W 功率相比较得到的 dB 值,显然,0dBW=30dBm。

EIRP 表示天线实际辐射的功率,其值等于发射机输出功率(dBW)+天线增益(dB)-馈线损耗(dB)。

卫星天线和地球站天线均为高增益天线,不是全向同性天线,在各个方向上的辐射是不相等的。EIRP 的物理意义如下:为保持同一接收点的收信电平不变,用全向同性天线代替原天线时所对应馈入的等效功率。EIRP 表示发送功率和天线增益的总体效果,用它作为系统参数来研究卫星系统会带来方便,尤其是用于估算接收站对某一载波的接收功率是非常方便的。

EIRP 是表征地球站或转发器发射能力的一项重要技术指标,其值越大,表明该地球站或转发器的发射能力越强。比如,有一台发射机的功率为 2kW,天线增益为 43dB,馈线损耗为 2dB,则主波束的 EIRP 为

$$EIRP = 10\lg(2\times10^3) + 43 - 2 = 74 \text{ (dBW)}$$

2. 噪声及信噪比

在通信系统中,除所需要的有用信号外,其余电信号均称为噪声。有用信号一般混杂在噪声信号中。通信中的噪声可分为热噪声、互调噪声、串音及脉冲噪声等。

热噪声是限制接收系统灵敏度的重要因素,它指传输介质和通信设备中,由于电子随机运动而产生的噪声。该噪声大小与温度成正比。互调噪声是由于放大器的输入输出非线性和调幅调相变换引起的相位非线性产生的。串音干扰则是由于信号之间不应有的耦合产生的相互干扰。电话通信中的串音常常严重影响通话质量。脉冲噪声是由不连续、不规则的电脉冲引起的。它会引起数据传输的误码率增加。

信噪比 S/N 是利用 dB 表示的信号电平与噪声电平之比,该值是卫星通信设计中一个重要考虑因素。一般根据不同任务要求,都会给定一个最低限度的信噪比值,接收设备只有满足该规定值,才能够接收到可用信号。比如,在 1000Hz 处噪声电平 5dBm,信号电平 15dBm,则对应该处的信噪比为

$$S/N = 信号电平 - 噪声电平 = 15 - 5 = 10 \text{ (dB)}$$

3. 噪声系数和等效噪声温度

噪声系数 N_F 用来表示接收机噪声性能的好坏,定义为接收机的输入信噪比与输出信噪比的比值,即

$$N_F = \frac{(S/N)_{in}}{(S/N)_{out}}$$

如果 $N_F = 1$,则表明接收机内部无附加噪声。实际上,任何接收机内部均产生噪声功率,内部噪声越大,N_F 值越大。

根据噪声理论,电子元件内部的电子热运动和电子的不规则流动都将产生噪声,而且温度越高,噪声越大。因此,接收机的噪声可用等效噪声温度来衡量。等效噪声温度(T_e)是假设接收机输入端接有一个等效电阻,该电阻在一定温度下产生与该系统实际存在的噪声强度相同的热噪声。来自电阻的噪声功率为

$$P_{Nm} = kTB_n$$

式中:k 为玻耳兹曼常数;T 为电阻的绝对温度(K);B_n 为该系统的带宽。由该公式可见,噪声功率与绝对温度 T 成正比,因此可以用等效噪声温度 T_e 来衡量噪声的大小。N_F 和 T_e 之间的关系为

$$N_F = 1 + \frac{T_e}{T_0}$$

式中:T_0 为室温,一般认为 $T_0 = 290 \sim 300K$。若用 dB 表示时,则

$$N_F(dB) = 10\lg\left(1 + \frac{T_e}{290}\right)$$

卫星地球站接收机的等效噪声温度在 20~1000K 的范围内,卫星转发器接收机的典型噪声温度在 1000K($N_F = 7dB$)左右。

表 5-2 列出了部分噪声温度和噪声系数之间的对照表。由表可见,对于低噪声接收机而言,采用 T_e 比 N_F 具有更高的计算精度;对于大型地球站而言,要求噪声预算的精度在零点几分贝以内,若以 1dB 为单位计算,就会给系统计算或系统性能带来很大的误差。

表 5-2 部分噪声温度和噪声系数之间的对照表

T_e/K	30	40	50	60	70	80	90	100	300	3 000	30 000
N_F/dB	0.43	0.56	0.69	0.82	0.94	1.06	1.17	1.29	3.092	10	20

4. 品质因数

品质因数 G/T(Gain/Temperature)是卫星通信系统又一个重要参数,它是一个表征地球站或卫星转发器接收能力(接收系统灵敏度高低)的技术指标,其定义式为

$$G/T = G_R - 10\lg T_e \, (\text{dB/K})$$

式中：G_R 为接收天线增益（dB）；T_e 为接收系统的等效噪声温度（K）。

不难看出，G/T 表示的是接收天线增益和接收系统噪声性能的联合效果，它能综合反映接收系统的实际品质。此值越大，则地球站或卫星转发器的接收能力越好。

注意到这里用噪声温度表示接收系统噪声大小，而不用地面微波系统常用的噪声系数。原因是卫星系统要求接收机的噪声非常低，若用噪声系数度量，该数值通常在零点几至几个分贝的范围，如果线路预算中出现 1dB 的误差就会造成很大浪费。采用噪声温度，相应的范围就是几十开至上千开，显然可以提高计算精度，因此是一种更合适的度量。

5. 通信频率

与卫星通信频率有关的参数包括通信频段、带宽和频率再用特性等。

1) 卫星通信频段

在设计无线电通信系统时，工作频率的选择至关重要。影响无线电传播的因素很多，如地球特性、大气层、电离层和自然气象条件等。通过大量的试验发现，某些因素对电波传播影响的性质和程度，主要与工作波长有关。这样，人们在设计无线电通信线路时，便可根据不同波长的工作条件和要求，选择不同的工作频率。

选择卫星通信频段需要考虑电磁波在大气中的传播特性、现有技术的可实现性、与现有地面通信系统的相互干扰情况。为合理利用频率资源，国际电信联盟对可用于卫星通信的频段作了规定，各国用户都必须遵守。

鉴于各方面的考虑，卫星通信的频率范围应选在微波频段（0.3～300GHz），其原因主要有两点：一是因为微波频段具有很宽的频谱，频率高，可以获得较大的通信容量，天线的增益高，天线尺寸小，而且现有的微波通信设备稍加改造就可以利用；二是考虑到卫星处于外层空间（即在电离层之外），地面上发射的电磁波必须能穿透电离层才能到达卫星，同样，从卫星到地面上的电磁波也必须能穿透电离层，不会被电离层所反射，而微波频段恰好能满足这一条件。

微波频段可以根据波长长短分为分米频段（又称特高频 UHF，频率为 0.3～3GHz，波长为 100～10cm）、厘米频段（又称超高频 SHF，频率为 3～30GHz，波长为 10～1cm）和毫米频段（又称极高频 EHF，频率为 30～300GHz，波长为 1cm～1mm）。若将微波频段再进一步细分，具体情况可参见表 5-3。

表 5-3　微波频段

微波频段	频率范围/GHz	微波频段	频率范围/GHz	微波频段	频率范围/GHz
P	0.3~1	K	18~26	W	75~110
L	1~2	Ka	26~40	D	110~170
S	2~4	Q	33~50	G	140~220
C	4~8	U	40~60	Y	220~325
X	8~12	V	50~75		
Ku	12~18	E	60~90		

从世界无线电行政大会通过的无线电频率分配限制来看,卫星的通信频率以 1~10GHz 最为实用。这个范围的电波在大气中传播衰减较小,所以,也常把这个频段称为无线电窗。不过,随着空间无线电业务的发展,10GHz 以下的频谱范围已经满足不了需要,目前卫星通信已经广泛采用 Ku、Ka 等波段。目前,不少技术先进的国家正向更高的频段,即 Q、V 频段发展,可用带宽将更宽。

2) 带宽

带宽是确定通信容量的重要参数。由于转发器通道间需要频率上的隔离,所以其有用带宽小于所占带宽,卫星的有用带宽一般约为它所占带宽的 9/10。

3) 频率再用

为了扩大通信容量,进一步增加有用带宽,现在的通信卫星广泛地采用频率再用。频率再用可分为极化分集频率再用和空间分集频率再用。前者是利用同频的两个正交极化的电磁波传播不同信号实现频率再用;后者是对相互隔开的地区使用相同频率进行通信实现频率再用;还可以将两者结合起来实现更多次的频率再用。这些频率再用都是利用天线技术实现的。近年来,又提出了极化、空间、时间与多址方式相结合的频率再用构想,可以更大地提高频谱利用率。

6. 误码率

随着数字技术的快速发展,数字通信技术已经被广泛应用在卫星通信领域。与传统的模拟通信中传输模拟信号不同,在数字卫星通信中,传输的是数字信号。数字信号最基本的形式是以随机出现的 0、1 组成的二进制数字序列。数字传输一个很重要的指标是传输误码率。

误码率是指在传输过程中,出现码元错误的概率(每 1 比特称为 1 个码元)。

在数字通信中,话音信号量化为数字信号,在传输过程中出现误码将使解码后的话音信号产生失真。对于非话音的数据信号,如侦察图像、文档等,由于没有人工分辨,误码影响更大。不同的数据通信业务对接收数据的准确度要求不同,通常要求误码率不得低于 10^{-7}(话音传输误码率为 10^{-5}),有的高达 $10^{-9} \sim 10^{-10}$。

5.3 星载通信天线

星载通信天线按其波束覆盖范围和覆盖方式的不同,可分为全球波束天线、区域波束天线(含赋形波束)和多波束天线。图5-8示出了各种波束覆盖范围。

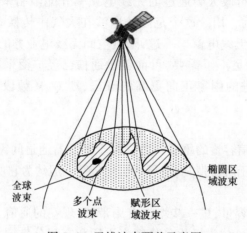

图5-8 天线波束覆盖示意图

5.3.1 全球波束天线

全球波束天线用于地球静止轨道通信卫星,其波束宽度为17.4°,可以覆盖卫星对地球的整个视区,提供全球约1/3范围内任意两点之间的通信,如图5-9所示。全球波束天线多采用圆锥喇叭实现,主要用于早期的通信卫星上,如"东方红"2号(DFH-2,如图5-10)、国际通信卫星3号(Intelsat-3,如图5-11)、海事通信卫星3号(Inmarsat-3)等。除了早期的通信卫星外,目前一些面向全球服务的卫星仍保留了全球波束天线,支持特定的业务,如国际通信卫星(Intelsat)、美国的全球宽带卫星(WGS)等。全球波束天线由于波束宽,覆盖增益较低,随着区域和国内通信卫星的发展,更多的卫星采用了区域波束天线。

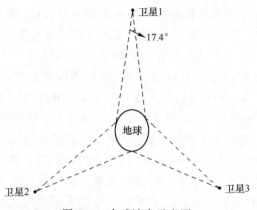

图 5-9　全球波束示意图

图 5-10　DFH-2 通信卫星

图 5-11　Intelsat 3 卫星

5.3.2　区域波束天线

　　区域波束天线用于覆盖从卫星上看某个特定区域，一般用于区域通信卫星和国内通信卫星。早期的区域波束一般利用偏馈抛物面反射产生单个椭圆波束，如图 5-12 所示，即将馈源喇叭放置在偏离抛物面焦点的位置（也有卫星将馈源放在焦点处，如 Intelsat 4，这样会有遮挡，而采用偏置形式可以避免遮挡），利用抛物面反射将能量集中，产生一个相对较窄的椭圆波束。我国的第一颗实用通信卫星 DHF-2A 采用的就是这种方式，如图 5-13 所示。

　　对于区域或国内通信卫星，椭圆波束的覆盖面积仍然会超出实际服务区域，造成一定的功率浪费。为了进一步提高覆盖增益，出现了赋形波束天线，它的能量辐射能够按照服务区的形状和区内各地通信需要进行"剪裁",产生与服务区相匹配的波束形状。赋形波束天线按其实现方式可分为多馈源赋形反射面和单馈源赋形反射面。前者通过在偏置反射面焦平面内放置多个馈源,控制馈源的排列和馈电的幅度相位来设计赋形波束,是 C 频段曾经广泛应用的一种方式,如我国"东方红"3号(DHF-3),如图 5-14 所示。DFH-3 卫星天线反射面直径 2m,如果用单馈源照射,其方向图可覆盖一个相当于中国东北地区的范围,按此在抛物面焦平面上安排 7 个馈源,通过调整各馈源的馈电幅度和相位,使波束匹配,形成了赋形区域波束,在中国国土边缘的增益电平约 27dBi。单馈源赋形反射面表面加工许多波纹,使反射的电磁波在某些方向叠加增强,某些方向抵消减弱,从而获得所需的赋形波束。这种赋形天线的质量和功耗远低于多馈源天线,因此在 Ku 波段和 C 波段得到了普遍采用,但其对工艺要求较高,且灵活性差,一般制成后就不能改变。

图 5-12　偏馈抛物面反射天线

图 5-13　DFH-2A 通信卫星

图 5-14　"东方红"3号卫星(多馈源赋形天线)

反射面天线具有设计简单、频带宽、重量轻、成本低和易于制造等到优点,是目前使用最为广泛的一种卫星通信天线,它不仅能产生椭圆或赋形区域波束,也可以结合多馈源阵列和波束形成网络实现多波束。一般抛物面反射天线的增益可以表示为

$$G = 10\lg\left[4.5\left(\frac{D}{\lambda}\right)^2\right]$$

式中:D 为反射面口径;λ 为信号波长。可以看出,增大天线口径是提高天线增益最直接有效的方法,但大口径天线给发射带来了一定难度。考虑到运载火箭整流罩的允许空间和发射时的力学载荷,大型天线在发射时需要收拢,在入轨、定点过程中再展开到工作状态,为此需采用可收拢和展开的反射面,常用的可展开反射面主要有伞状和网状两种类型。图 5-15 所示为 ATS-6 静止轨道通信,该星采用了 9.14m 口径的缠绕肋伞状天线,反射器由中心轮毂、48 个铝制肋条、反射面网组成,反射面网采用了镀铜的编织涤纶,类似卷尺一样由中心轮毂把铝制肋条卷紧缠绕,仅重 83kg,收起后缩成直径仅为 1.8m,高 0.45m 的环形空间,具有很高的收纳率。图 5-16 为 Thuraya 通信卫星,其采用了 12.25m 口径的网状可展开天线,收起后直径约 1.5m,重量仅为 56kg[44]。大型可展开结构设计大大提高了星载抛物面天线的增益,但高增益的代价是波束变窄、单波束覆盖区域变窄,因此这种高增益天线一般结合馈源阵列,用多波束方式实现一定区域的覆盖。

图 5-15 ATS-6 卫星(9.14m 口径伞状可展开天线)

图 5-16 Thuraya 卫星(12.25m 口径网状可展开天线)

5.3.3 多波束天线

多波束天线利用多个点波束覆盖一定区域,具有传统天线不可比拟的优势:①由于每个点波束都很窄增益很高,可以显著提高卫星系统的 EIRP 值和 G/T;②多波束天线还可实现空间频率复用,成倍提高系统容量;③每个波束独立可控,系统灵活。

1. 多波束形成原理

多波束利用相控阵天线来实现的。图 5-17 给出了由 N 个阵元的相控阵天线在空间产生方向性的原理图,图中 θ 为来波的入射角,d 为相邻阵元间距,w_i 表示第 i 路的加权量。当来波从 $\theta=0$ 的方向来时,即直射情况下,信号同时到达各阵元,将各阵元接收信号同相叠加,接收最强。当 θ 增大时,即来波偏离直射方向时,到达各阵元的信号依次有 Δt($\Delta t = d\sin\theta/c$,其中 c 为光速)的时间差,转换为相位差为 $\Delta\phi = 2\pi d\sin\theta/\lambda$。由于存在相位差各信号不能直接叠加,需要首先通过相位加权将其相位差补偿,之后再进行同相叠加就起到了信号增强作用。由于相位差是跟信号来向 θ 有关的,如果按照 θ 方向进行相位补偿,对该方向信号的增强作用最大,因此相当于将波束方向图指向了 θ。这种通过控制各阵元接收信号的相移量改变波束方向图的阵列天线就称为相控阵天线,其相位加权只调整主波束指向,为了控制辐射方向图的旁瓣形状,一般还对各阵元的幅度进行控制,即幅相加权。

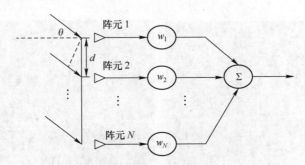

图 5-17 阵列天线波束方向性形成原理框图

以上给出了一个波束形成的过程,将各阵元信号分路,通过另一组幅相加权求和,即可得到另一个波束,这样通过多个通道形成了多个不同的波束,这就是相控阵天线实现多波束的基本原理,如图 5-18 所示。

相控阵天线的波束形成网络可以在射频或中频采用移相器、衰减器等实现,也可以在中频采样后实现采用数字方式实现,也就是数字波束形成(DBF),波束

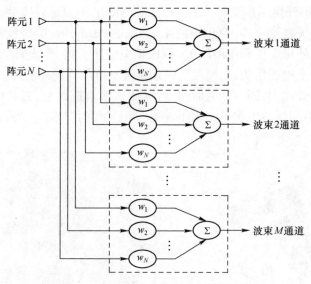

图 5-18 相控阵天线实现多波束原理

控制非常灵活。正是因为它的灵活性,特别适用于星载场合,所以星载相控阵天线得到了很快的发展。

2. 星载多波束天线

通信卫星的多波束天线中主要有两种方式:一种是直接辐射阵列,另一种是反射面加馈源阵列。

1) 直接辐射阵列

对于低轨通信卫星,星地传输距离短,自由空间损耗小,同时要求天线具备较大扫描角(通常对地覆盖角度不小于±60°),因此,该轨道上的卫星用户链路一般都采用直接辐射相控阵配置。其波束形成网络从早期的射频 BFN 逐步发展为数字波束形成,可实现灵活的多波束、波束调整重构,以及波束凝视、等通量覆盖。数字波束形成的挑战主要是利用高效的算法、以最小的计算资源得到所需的波束权值。目前,通常采用查表法读取预先存储的权值系数,未来可通过在轨重构技术实现权值更新或通过实时计算自适应更新权值系数[45]。

低轨通信卫星直接辐射阵列的典型应用是全球星和铱星系统。第一代铱星系统于 1998 年正式建成,由 66 颗低轨卫星组成,星载天线采用 3 个有源平面相控阵,如图 5-19(a)所示,每个相控阵有 106 个阵元,每个阵元带一组 T/R 组件,波束形成网络采用的 Butler 矩阵,收发是一体的。每个相控阵可以产生 16 个波束,整星共 48 个波束,如图 5-19(b)所示。受地面蜂窝移动通信系统的冲击,铱星系统也经历了破产重启的过程,第二代铱星系统(Iridium Next)于 2007

177

年提出,2017年开始逐步发射入轨。Iridium NEXT 卫星通过安装在星体对地面的平板相控阵天线形成 48 个用户波束,如图 5-20 所示,单星覆盖区域直径约为 4500km,此外星上还利用两副 Ka 频段馈电链路天线,形成两个 20/30GHz 可移动波束连接至地面信关站,第二代铱星系统支持星间链路功能,通过两副固定和两副可移动天线,与同一轨道面前、后以及相邻轨道面左、右共计 4 颗卫星保持通信连接,星间链路工作于 23GHz 频段,也采用时分双工体制[46]。

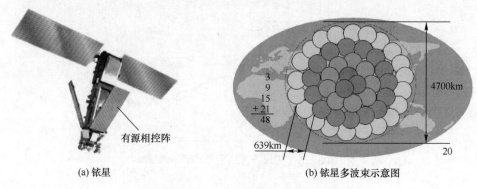

(a) 铱星　　　　　　　　　(b) 铱星多波束示意图

图 5-19　第一代铱星及波束覆盖示意

图 5-20　第二代铱星

除低轨卫星外,同步轨道大容量/超大容量通信卫星应用中,也多采用 X/Ku/Ka 频段直接辐射相控阵天线,例如 Spaceway3、ViaSat、WINDS、WGS 等卫星。

2) 反射面加馈源阵列

反射面加馈源阵列的多波束天线样式如图 5-21 所示,图中反射面采用了网状结构,也可以采用伞状或其他结构,反射面的作用是提高天线增益。这种形式的多波束天线一般用于同步轨道的 L/S 频段移动通信卫星,例如 Thuraya、Inmarsat-4、Terrestar-2、MUOS、天通等卫星。移动通信系统的用户终端具有小型化机动化特点,由于终端小对星上增益要求较高。而移动通信一般采用 L、S 频段,军用战术通信还采用频率更低的 UHF 频段,采用直接辐射阵列由于频率低增益不够,因此需要利用大口径反射面保证天线的高增益。图 5-22 为 Thuraya 卫星采用的 12.25m 反射面的多波束天线,可产生 250~300 个波束。

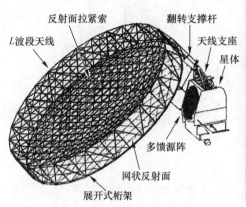

图 5-21 静止轨道移动通信卫星大型天线示意图

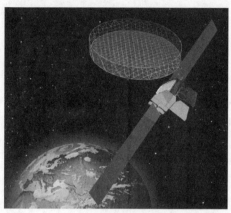

图 5-22 Thuraya 卫星多波束天线

3. 空间频率复用

多波束天线有一个很大的优势是可实现空间频率复用,成倍提高系统容量。即在相邻各波束区使用不同的频率,但相隔开的波束区可以使用相同的频率,如图 5-23 所示,波束 26 与其周围波束 18、19、25、27、32 和 33 需用不同的频率,但

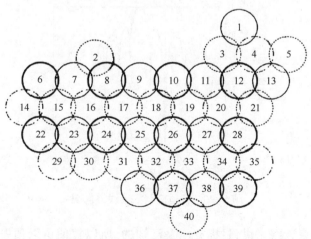

图 5-23 多波束天线频率可复用示意图

波束6、8、10、12、22、24、28、37和39等由于在空间上有一定距离,因此可用相同的频率。频率复用可以采用三色复用(图5-24)、四色复用或七色频率复用(图5-25),为了降低通信小区间的相互干扰,比较常用的是七色复用方案。空间频率复用有效突破了实际带宽对容量的限制,通过提高等效等宽成倍提高了系统容量,是大容量通信卫星的必然选择。

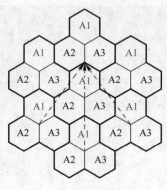

图5-24 三色频率复用

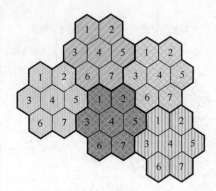

图5-25 七色频率复用

5.3.4 自适应调零天线

根据相控阵原理,主波束指向可以通过控制加权值灵活调整,不仅如此,控制加权值还可以调整波束的零陷对准干扰,这一点在军用通信中得到了广泛应用。自适应调零天线在跟踪有用信号的同时,可以自适应的在干扰方向形成零陷,达到抑制消除的目的,图5-26为自适应调零天线的方向图。

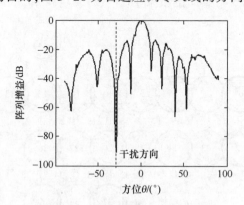

图5-26 自适应调零天线方向图

对于多波束天线来讲,目标方向是已知的,所以权值可以预先设定,对于这种天线,干扰信号是未知的,并且可能是动态变化的,这就需要利用阵列接收信号对权值进行自适应动态地调整,图 5-27 示出了自适应调零的结构,跟预设波束的区别在于增加了反馈控制环节进行自适应权值计算,这也正是星载自适应调零天线实现的技术关键。常用的自适应算法包括最小均方误差准则、最大信噪比准则、最小噪声方差准则,以最小噪声方差为例,其过程就是不断调整权值,使噪声方差不断减小,逼近最小值。

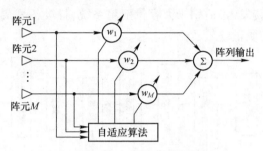

图 5-27 自适应波束形成结构

自适应调零天线主要用于军用通信卫星,目前典型应用为美国的军事星及其后继星先进极高频卫星(AEHF)系统中。AEHF 卫星有两个自适应调零天线,每个由 1m 偏置反射面加 13 个馈源的馈源阵列构成,干扰抑制能力可达 30dB。

5.4 星载转发器

星载转发器负责将天线收到的信源地球站信号进行滤波、放大、变频后,再送回天线,发回目的地球站。由于卫星通信的远距离特点,电波的路径损耗很大,所以转发器的增益必须非常高,而且总是高灵敏接收,大功率发射。转发器除了对信号进行放大外,必须进行频率变换,以免卫星收发之间的干扰。通信卫星上一般带有多个转发器来保证大容量的通信。依据是否对转发信号进行处理,可将转发器分为透明转发器和处理转发器两大类。

5.4.1 透明转发器

透明转发器在收到地面信号后,除进行低噪声放大、变频及功率放大外不作任何加工处理,只单纯完成转发任务。因此,它对工作频带内的任何信号都是"透明"的通路。透明转发器也称为非再生式转发器或弯管型转发器[47]。透明转发器按其变频次数可分为一次变频和二次变频两种。

5.4.1.1 二次变频方式

二次变频方式接收信号经过初步放大后,下变频至中频进行高增益放大,之后再由上变频到下行发射频率,经功放输出到天线发射至地面,其结构如图 5-28 所示。这种方式信号放大主要集中在中频,中频增益高,所以更容易获得高增益,且能比较稳定地工作。在通信卫星发展早期,星上转发器多采用二次变频方式,如我国的 DHF-2,国际通信卫星 Intelsat-1。但是,这种方式由于中频带宽窄,难以实现宽带转发,不适用于大容量卫星系统,且设备复杂,变频引起的杂波干扰还会影响通信质量。

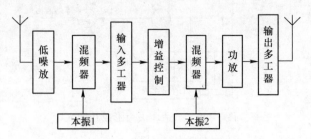

图 5-28 二次变频式转发器结构

5.4.1.2 一次变频方式

一次变频方式将接收信号经必要的放大后直接变频至发射频率,再经功放后发往地面,其结构如图 5-29 所示。一次变频方式直接进行频率转换,可以减少电路环节,降低转发器的体积和重量。但是由于这种方式星上增益完全依赖射频实现,对射频器件要求相对较高,因此早期主要采用的是二次变频。随着微波低噪声器件和高增益放大器件的发展,通信卫星开始广泛采用一次变频的转发器,这种转发器结构简单,降低了重量和功耗,且带宽较宽,允许多载波工作,因此直到现在大部分通信卫星仍采用这种转发模式,如 Intelsat-3、Globalstar 等。

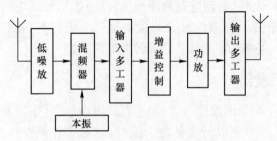

图 5-29 一次变频式转发器结构

图 5-30 为 DFH-3 通信卫星转发器的组成,其为典型的 C 频段一次变频透

明转发器。转发器共包含两组,两组间利用天线极化复用频率,每组12路,每路转发器36MHz,每组总带宽500MHz。每组中双机互为冷备份的接收机先把上行信号变为下行频率信号,并进行约为70dB的放大。通过输入多工器将信号按奇偶通道分开,每组都分成为两个6路各36MHz带宽的通道。每路都分别送到程控衰减器和功率放大器,其中,有一个6路转发器采用16W的行波管放大器,其余3个6路转发器均采用8W的固态放大器。行波管放大器共有9只,采用(3:2)×3方式冷备份。按要求固放通道在寿命末期需保证15路工作,所以不设专门的备份设备,而是18:15热备份,但18路都可同时工作。两种极化的奇、偶各6路信号经功放后,分别进入4个输出多工器,将合成的下行信号送往天线。转发器的总增益约为107dB,24路36MHz转发器通道的总有效工作带宽为864MHz,和天线分系统一起,整个有效载荷的EIRP为37(行放通道)/33.5(固放通道)dBW,G/T优于-5dB/K。

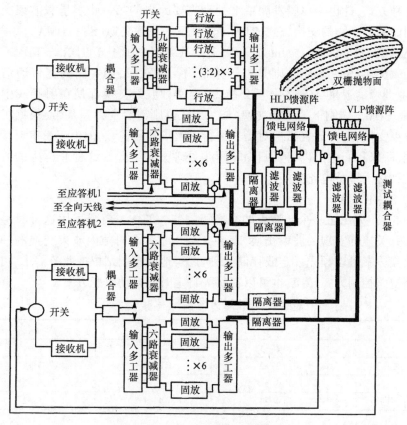

图5-30 通信卫星有效载荷框图

在卫星发射阶段,两组转发器各由一个固态放大器提供给测控应答机做末级功放,将测控信号放大后送至应答机的全向天线。在卫星定点后,测控信号不再使用固态放大器,但要经过输出多功器,并通过有效载荷定向天线发射至地面。

5.4.2 处理转发器

透明转发器仅仅起到一个中继转发的作用,而处理转发器在将接收信号进行转发前要进行相应的处理。根据处理方式的不同,处理转发器又可以分为非再生处理和再生处理。

1. 非再生处理

非再生处理转发器不对上行信号进行解调处理,一般在射频或中频对信号路由进行切换,是目前较多采用的星上处理方式,广泛应用于多波束卫星系统,用于实现多个波束之间的互联。如国际通信卫星 Intelat-5、美国的 TDRS 都采用了这种方式,这也是我国发展星上处理需要跨出的第一步。星载波束交换针对不同体制有不同的交换方式,TDMA 体制下的星载交换(SS-TDMA)以子时隙为交换对象,如 Intelsat-5、Intelsat-6、美国的数据中继卫星 TDRS。FDMA 体制下的星载交换(SS-FDMA)则是以子频带为交换对象,如美国的宽带通信卫星 WGS、亚洲蜂窝卫星 ACeS(中频交换)。前两种波束交换都是在射频或中频进行的,而 CDMA 体制下的星载交换(SS-CDMA)则需要变频到基带,根据扩频码进行波束交换,这种方式虽然对信号进行了解扩和再扩频,但由于没有对信号进行解调,所以我们也可以将其归为非再生处理方式。通常这种非再生的波束交换方式被称为星载电路交换。

1) SS-TDMA

图 5-31 列出了一个 4 波束的交换矩阵,SS-TDMA 就是采用这种时隙控制的微波开关矩阵实现的波束交换,表 5-4 列出了 4 个时隙内波束交换的一种方案。交换方案可以预先设定或存储几种方案,地面控制站根据业务需求,可以通过数据链路控制方案转换,也可以在每天特定时段自动改变方案。

表 5-4 不同时隙波束连接状态

T_1	T_2	T_3	T_4
1→2	1→3	1→4	1→1
2→1	2→2	2→3	2→4
3→4	3→1	3→2	3→3
4→3	4→4	4→1	4→2

2) SS-FDMA

图 5-32 给出 X 卫星转发器方框图。从图中可以看出,上行链路和下行链

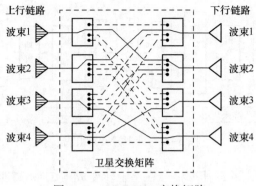

图 5-31 SS-TDMA 交换矩阵

路各包含 3 个波束(空分频率复用)。其星上交换功能是由一组滤波器和一个由微波二极管门电路组成的交换矩阵完成的。

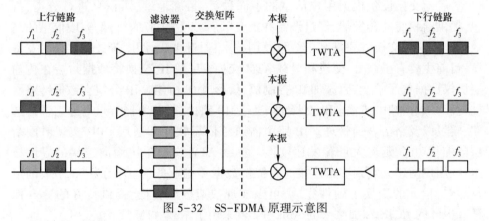

图 5-32 SS-FDMA 原理示意图

2. 再生处理

再生处理转发器首先要将射频信号变成中频,解调后得到基带信号,再进行星上处理,处理后重新调制、变频成下行信号发射出去,其结构如图 5-33 所示。

根据再生转发器的信号处理功能又分为信号处理型和星上交换型。星上信号处理具有以下几种方式:一是简单的信号再生,包括解调/重调制、解码/重编码、交织/重交织等,主要是为了抑制上行链路噪声对下行链路的影响,做到噪声不积累,改善通信质量;二是抗干扰、加密处理,主要用在军用通信系统与专用系统中,例如上行信号在星上解扩后,按照先验信息对通信信号进行识别以配合调零天线抑制干扰;三是上下行方式的变换,由于上下行链路完全独立,可以采用不同的调制方式、不同的速率以及不同的多址方式,以降低传输要求和地面设备的复杂性,如海事移动通信卫星系统(Inmarsat)采用的 FDMA/TDM 方式,将许

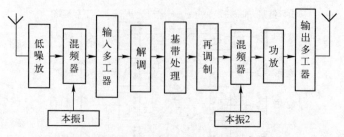

图 5-33　处理转发器组成

多以 FDMA 方式接入的低速率信号在星上转变成了 TDM 高速信号。

随着再生技术的发展,星载分组交换开始出现,与非再生电路交换不同,它把传统卫星由地面中心站完成的卫星网络管理、信号交换、路由分配等功能都搬到了星上。分组交换以数据分组为交换单位,数据分组携带源地址、目标地址等信息,星上交换设备根据用户信息的不同种类、目标地址,对信息进行分类、打包,提供给相应的转发器,经过调制并上变频后,发往相应的目标,完成信息的高效传输。这种交换方式是基于统计复用技术,通过排队、调度等处理共享带宽资源,目前主要有星载 IP 交换和星载 ATM 交换。星载 IP 交换将数据封装在传输层协议数据单元中,然后添加 IP 控制信息,形成 IP 分组。IP 分组在数据链路层被封装在数据帧中传输。IP 交换的核心是 IP 路由器,路由器节点对分组进行选路、转发以及路由表的管理。IP 路由器通常依靠软件和通用 CPU 实现对网络层的控制功能,延迟大且转发速度慢。星载 ATM 交换采用面向连接的寻址技术,在用户间建立端到端虚连接通路提供数据传输业务,其信元为 53 字节的定长短包,信元的交换由硬件完成,可以实现快速分组交换,提供良好的 QoS 保证。美国的 ACTS 和加拿大的 Anik-F2 就采用了星载 ATM 交换。

5.5　典型的通信类有效载荷应用系统

5.5.1　宽带全球卫星

宽带全球卫星(WGS)系统是美国重要的军用卫星通信系统,可以为普通士兵、船只、飞机提供宽带通信服务。该系统原计划发射 10 颗卫星,2018 年美国国会又增购了两颗,预计在 2023 年前组网完毕。从 2007 年 10 月至今,该系统共发射了 10 颗卫星,形成了全球覆盖能力,可为美国、加拿大、新西兰等参与国的军方在南北纬 65°之间提供高速宽带通信服务。

WGS 卫星采用波音-702HP 卫星平台,发射质量 5900kg,设计寿命 14 年,单星造价 3.5 亿美元,采用 X 波段和 Ka 波段进行通信。前 3 颗 WGS 卫星命名为 WGS Block I 卫星,具有 35 条独立 125MHz 信道、3 条 47MHz 和 1 条 50MHz 全球覆盖信道,卫星通信容量可达 3.6Gbit/s,超过其前一代宽带通信系统国防通信卫星(DSCS-III)布置的 8 颗卫星的总和,双向通信速率为 1.4Gbit/s,广播速率为 24Mbit/s,数据回传速率为 274Mbit/s;随后的 4 颗卫星,即 WGS-4~7 为 Block II 星,增加了 2 条独立于主载荷的 400MHz 信道,通信容量达到 6Gb/s;WGS-8~10 命名为 WGS Block IIA,进行了信道化器升级,所有通过 WGS 信道化器升级的信道都从 125MHz 提升到了 500MHz,单颗 WGS 卫星的可用带宽几乎翻倍,容量可达 11Gb/s,该系统代表了美国宽带军事卫星通信的最高技术水平。

　　WGS 卫星安装 14 副天线,包括 2 个相控阵 X 波段天线(收发各 1 个,8 波束)、2 个 X 频段全球波束天线(收发各 1 个)和 10 个 ka 频段反射面天线(收发共用),可以提供 19 个独立的覆盖区域,覆盖地球纬度范围从 65°N~65°S(用于军事目的时,业务范围可扩展到 70°N~65°S),每个波束接收信号经过两次下变频后进入数字信道化器进行信号交换。

　　图 5-34 为 WGS 卫星载荷基本结构,数字信道化器为其核心部分,接收信号下变频为中频信号后转换到数字域进行处理,经信道解复用处理之后,进入数字信道交换单元,交换过后的信号经过信道复用、数模转换之后,变成了模拟中频信号,此中频信号经上变频、高功放放大,被馈入卫星发射天线,完成整个星载信号交换过程。WGS 的数字信道化器有 39 个信道,如图 5-35 所示,每个信道又被划分为多个 2.6MHz 的子信道,这些子信道可以根据实际情况进行合理地选择配置,占用一个或几个进行通信,每个子信道的增益可以独立控制,这使得系统具有很强的灵活性。

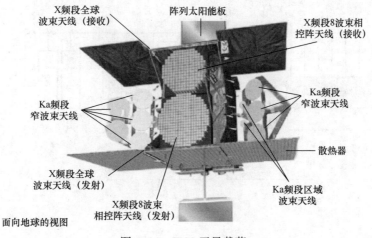

图 5-34　WGS 卫星载荷

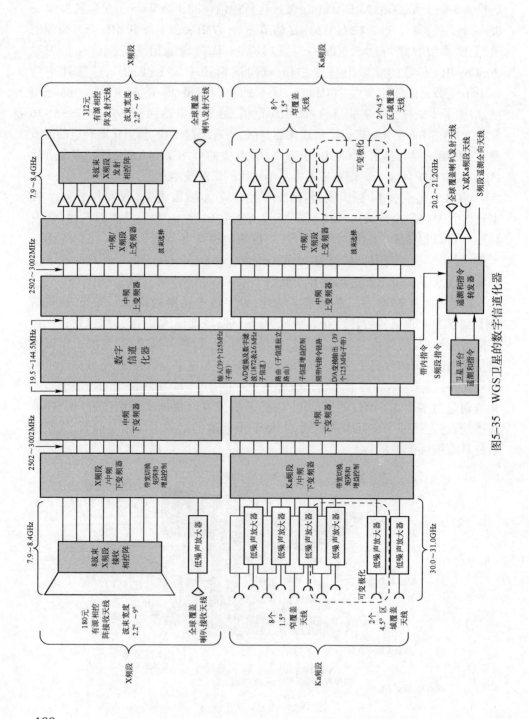

图5-35 WGS卫星的数字信道化器

支持 WGS 的卫星通信终端主要是美军的战术及单兵信息网(WIN-T,图 5-36),可提供指挥、控制、通信、计算、情报、监视以及侦察(C^4ISR)功能,具有移动性、安全性、无缝性、生存能力强以及能支持多媒体战术信息系统等特点,能确保美国陆军能够在战场上任意位置实现机动通信能力及组网能力[48]。

图 5-36 WIN-T 的几种配置

5.5.2 移动目标系统

移动目标系统(MUOS)是美军高轨窄带卫星通信系统,主要服务于全球战术通信,包括途中紧急通信、战区内通信、情报广播和战斗网无线电的距离扩展等提供支持。窄带卫星通信电台可跨梯队连接战术作战中心,并为远离主力部队的远程监视部队及陆军特战部队提供支持。

美军上一代窄带通信系统"UFO"已经处于退役状态,新一代"移动用户目标系统(MUOS)"对网络体系结构和波形进行了优化设计,实现了网络化战术通信,是美军现役窄带军用卫星通信的核心系统。MUOS 包含 5 颗卫星,其中 1 颗为备份卫星,2012 年—2016 年每年发射一颗,现已完成组网,如图 5-37 所示。

MUOS 所用的卫星基于洛马公司的 A2100 卫星平台,在轨质量为 3812kg,发射质量为 6740kg,尺寸为 6.7m×3.66m×1.83m。MUOS 拥有澳大利亚、意大利、弗吉尼亚和夏威夷 4 个地面接收站,每个地面站通过 Ka 频段馈线链路服务于4个有源卫星中的一个，下行链路为20.2~21.2GHz，上行链路为30.0~31.0GHz。MUOS采用了UHF频段转发器，天线采用大型网状反射面加馈源阵列方式，反射面天线口径为16m，馈源阵列具有61个阵元，收发公用，可以形成16个点波束，如图5-38所示。

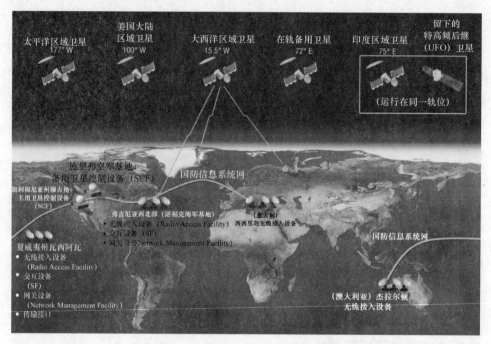

图5-37 MUOS分布与通信示意图

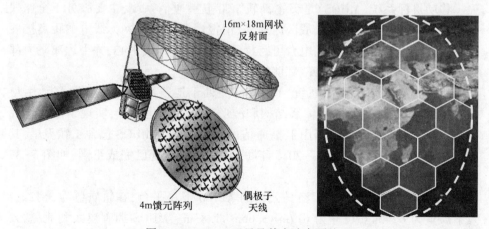

图5-38 MUOS卫星及其多波束覆盖

在用户段，MUOS 终端的设计开发由通用动力公司 JTRS 部门负责。JTRS 为 MUOS 研发了两种类型的终端，JTRS HMS 和 JTRS AMF。2012 年 2 月，美国通用动力 C^4 系统使用首个嵌入 MUOS 卫星通信波形的 JTRS HMS 型双通道网络电台 AN/PRC-155，率先完成了语音和数据信息的安全发送，该电台是开发成功的首个为士兵所用的 MUOS 通信终端，如图 5-39。通用动力 AN/PRC-155 单兵背负式电台的上端面板，设有 3 个天线接口、2 个手持接口、简易操作键盘、液晶显示屏、电源开关及 2 个音量调节旋钮。操作简单，可增强士兵的态势感知能力，提高作战效率。

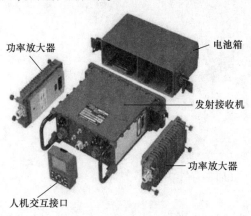

图 5-39　AN/PRC-155 单兵背负式 MUOS 通信终端

5.5.3　军事星及先进极高频卫星

军事星（Milstar）是军事战略、战术和中继卫星系统的简称，由洛马公司和波音公司联合研制，是一种极高频对地静止轨道军用卫星通信系统，如图 5-40 所示。军事星目前已研制并发射了两代 6 颗星。第一代卫星带有低数据率有效载荷（LDR），数据率为 75～2400bit/s，最大信道数量为 192 条（2400bit/s 时为 100 条）。第二代卫星增加了中数据率有效载荷（MDR），数据率为 4.8kbit/s～1.5441Mbit/s，提供信道数量 32 条。Milstar 带有 V 频段（60GHz）星间链路，数据率 10Mbit/s，使得整个系统不需要易受攻击的地面站就可实现全球单跳通信。另外，星上采用了星上基带处理、自适应多波束调零天线、抗核加固、EHF 频段扩频跳频、自主运行等技术，具有非常高的抗干扰、防侦收、防截获的生存能力。

先进极高频（AEHF）卫星也称为第三代军事星，用来替换第二代军事星（Milstar-Ⅱ），其信息传输能力是现役第二代军事星的 10 倍，设计寿命 15 年。

AEHF 系统共包含 6 颗卫星,2010 年 8 月 12 日发射了第 1 颗星 AEHF-1,2020 年 3 月 26 日发射最后一颗 AEHF-6,目前已经具备了星座组网运行。预计将在未来 15 年为高度优先的美国军事资产及其在加拿大、英国、荷兰和澳大利亚的国际伙伴提供受保护的抗干扰卫星通信。虽然被战术军事力量使用,但主要任务之一是允许美国总统和国家指挥机构的其他人员在发生核战争时沟通和指挥战略行动。

图 5-40　Milstar 通信卫星

AEHF 卫星同样采用洛马公司的 A2100 平台,其有效载荷总功率为 6kW,上行链路工作频段 44GHz,下行链路工作频段 20GHz,如图 5-41 所示。AEHF 卫星保持了 Milstar 扩频调频、天线调零、星间链路、星上基带交换等特点,也具有星上处理器采用全数字化、大量使用专用集成电路、采用磷化铟材料的单片微波集成电路以及采用电推进等新特点,提高了有效载荷的集成度和性能,降低了质量和功耗。与 Milstar-Ⅱ相比,AEHF 增加了"扩展数据率有效载荷"(XDR),通信数据率从 1.544Mbit/s 提高到 8.192Mbit/s,星间链路数据率从 10Mbit/s 提高到 60Mbit/s,单星总容量从 40Mbit/s 提高到 430Mbit/s(50 多条信道),可服务的网络数由 1500 个提高到 4000 个,能同时支持 6000 个用户终端[49]。

与 AEHF 兼容的通信终端主要是美国"先进超视距终端系列"(FAB-T),该系统旨在研制一系列适用于各种平台的宽带保密卫星通信终端,如图 5-42 所示。FAB-T 能够兼容未来波形,软件和硬件也都采用了通用性标准。对软件而言,FAB-T 是软件定义的,采用联合战术无线电系统的软件通信体系结构。2012 年 6 月,FAB-T 首次完成了与在轨 AEHF 卫星的 XDR、低数据率(LDR)通信试验。其后还将开发抗核加固能力,并完善功能,使其能够使用多种波形与

AEHF、Milstar 星座通信。按照计划,FAB-T 未来将安装在固定或陆基(空基)移动平台上。2014 年,由于波音公司的延迟和研发成本上升,美国军方开始资助雷声公司进行相应的竞争性研发工作。

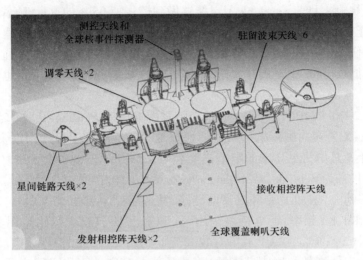

图 5-41　AEHF 卫星天线

图 5-42　波音公司 FAB-T 终端

5.5.4　星链卫星

星链卫星(StarLink)是一项通过低地轨道卫星网,提供覆盖全球的高速互联网接入服务。SpaceX 公司自 2014 年宣布建设 StarLink(星链)星座以来,已发展成在轨卫星数量最多、发射频度最快、技术最变革的低轨星座系统。SpaceX 计划在 2020 年中期之前在三个轨道上部署接近 12000 颗卫星,首先在 550km 轨道部署约1600颗卫星,然后是在1150km轨道部署约2800颗Ku波段和Ka波段卫星,最后是在340km轨道部署约7500颗V波段卫星。每颗卫星的使用寿命大约为5到7年,退役后,推进器为卫星减速促使其脱轨,脱轨后的卫星会坠入大气层烧毁。目前,StarLink卫星能够做到燃烧掉95%的重量,随着技术的迭代,未来能够做到100%的在大气层中销毁,从而不对地面上的人或建筑造成任何可能的伤害。StarLink卫星每颗重约227kg,搭载有一个扁平的高通量天线和单个太阳能发电板,卫星展开大概2m宽。单次发射60颗这种卫星也恰恰能够充分利用"猎鹰"9的运载能力。

截至2020年10月24日,SpaceX已发射895颗Starlink卫星。2019年10月份,SpaceX公司向国际电信联盟ITU报送了30000颗卫星的网络资料,而后在2020年5月份将更详细的申请提交至美国联邦通信委员会FCC。这一期3万颗卫星代号为StarlinkGen2(Generation2,第二代),在原4400多颗星座的Ku、Ka频段基础上,增加了E频段馈电链路,其链路频率见表5-5所列,其中用户链路采用Ku、Ka频率,馈电链路采用Ka和E频段,TT&C链路采用Ku频段。Starlink Gen2系统将在每个卫星有效载荷上利用先进的相控阵波束成形、数字处理技术,以便高效利用频谱资源,并与其他天基和地面许可用户灵活共享频谱。用户终端将采用高度定向的可调向天线波束跟踪系统卫星。对于关口站而言,将生成高增益定向波束以与星座内多个卫星进行通信。值得注意的是,SpaceX正在开发星间激光链路。

Starlink网络在理论上支持400万用户,简明说就是400万个太空"wifi",提供宽带互联网服务。主要应用场景和用户对象包括:民航飞机及私人飞机、远洋船只、海岛、科考旅游、偏远地区以及紧急情况下的备份上网方案。对于用户终端下行链路最大2000MHz,上行链路最大125MHz。

表5-5 Starlink Gen2系统的频率

链路类型和传输方向	频 率
用户链路下行	10.7~12.75GHz
卫星发射 用户终端接收	17.8~18.6GHz 18.8~19.3GHz 19.7~20.2GHz
馈电链路下行	17.8~18.6GHz
卫星发射 关口站接收	18.8~19.3GHz 71.0~76.0GHz
用户链路上行	12.75~13.25GHz

(续表)

链路类型和传输方向	频　率
用户终端发射　卫星接收	14.0~14.5GHz 28.35~29.1GHz 29.5~30.0GHz
馈电链路上行	27.5~29.1GHz
关口站发射　卫星接收	29.5~30.0GHz 81.0~86.0GHz
TT&C下行	12.15~12.25GHz
卫星发射 TT&C站接收	18.55~18.60GHz
TT&C站发射　卫星发射	13.85~14.00GHz

第6章 导航类有效载荷

导航是将航行体从起始点导引到目的地的技术或方法。通俗地讲,导航就是要解决如下三个问题,即"我在哪""要去哪""怎样到那里"。其中,确定自身的位置(即定位)是导航过程的基础。

卫星导航(Satellite Navigation)是以人造卫星作为导航台的星基无线电导航,是以用导航卫星发送的导航定位信号确定载体位置和运动状态、引导运动载体安全有效地到达目的地的一门科学技术,是人造卫星的主要应用领域之一。卫星导航的基本作用是向各类用户实时提供准确、连续的位置、速度和时间信息。由于卫星导航具备提供全球、全天候、高精度、快速响应的连续导航定位服务的优点,卫星导航定位技术已基本取代了传统的无线电导航、天文测量、传统大地测量等技术,成为人类活动中普遍采用的导航定位技术,在国民经济和国防建设中具有重要的作用,已成为一种重要的国家信息基础设施。为此,世界主要国家和地区都建立或将要建立自己的卫星导航定位系统。

6.1 卫星导航概述

6.1.1 卫星导航定位和测速方法的分类

获得用户的位置和/或速度是卫星导航定位系统的应用目的。用户利用接收到的由导航卫星发射的电磁波信号和导航信息,对获得的伪距和伪多普勒观测量进行处理后就能得到用户在空间的位置和速度。

通常卫星导航定位可以按下述两种方式分类。根据导航定位的解算方法分为绝对定位和相对定位,按导航目标的运动状态分为静态定位和动态定位[45]。由于用户运动时才存在速度,因此,测速都是指动态目标,它的解算方法也分为绝对测速和相对测速。

绝对定位:在一个观测点上接收导航卫星发射的信号,直接确定目标在某坐标系中位置坐标的一种定位方法,也称为单点定位。

相对定位:在两个或若干个观测点上设置接收机,同步接收同一组卫星发射的定位信号,并测定它们之间的相对位置的方式称为相对定位。在相对定位时,上述观测点上有一个或几个点的位置坐标是已知的,这些点称为基准点。

差分定位:在两个或多个观测点上设置接收机,同步接收同一组卫星发射的定位信号,并进行不同的线性组合,构成虚拟观测量,再由此组成观测方程并解算目标位置的方法称为差分定位。差分定位同样需要在观测点上有一个或几个基准点,是相对定位的一种特殊实现方式。

静态定位:如果待定点相对于地固坐标系是静止的或不易察觉的微小运动,则此待定点位置的确定称为静态定位。

动态定位:如果待定点相对于地固坐标系有明显的运动,则此待定点位置的确定称为动态定位。此时,目标的速度不等于零,因此,有时还需确定待定点的速度。

绝对测速:利用待定目标接收导航卫星发射的信号,独立确定目标在某坐标系中速度坐标的方式称为绝对测速。

相对测速:在两个或若干个观测点上设置接收机,同步接收同一颗或同一组卫星发射的无线电信号,并利用多个观测量进行不同的线性组合,构成虚拟观测量,由此解算目标速度的方法称为相对测速。相对测速时,它在一个或几个观测点上设置基准接收机,其坐标位置精确已知且速度等于零。

6.1.2 卫星导航的性能指标

衡量卫星导航定位系统性能优劣的主要指标包括以下几点:

(1) 定位精度:系统为运动载体所提供的位置与运动载体当时的真实位置之间的重合度。

(2) 覆盖范围:导航信号足以使导航设备或操纵人员以规定的精度定出载体位置的一个面积或立体空间。

(3) 信息更新率:导航系统在单位时间内提供定位或其他导航数据的次数。

(4) 可用性:系统为运动载体提供可用的导航服务的时间百分比。

(5) 可靠性:在给定的使用条件下,系统在规定时间内以规定性能完成其功能的概率。

(6) 完好性:导航系统发生任何故障或定位误差超过允许门限时,系统发出及时告警的能力。

(7) 多值性:当导航系统给出的位置信息可能有多种解释或位置指示发生了重复时,必须能采用辅助手段解决多值性问题。

(8) 系统容量:能提供导航服务的用户数,仅适用于有源定位系统。

(9)导航信息维数:导航系统为用户提供的信息类别的多少,包括一维、二维或三维的运动状态信息,从导航信号中导出的第四维(如时间)信息和其他信息(如姿态)也属于这个参数。

6.1.3 卫星导航发展简介

美国于1960年4月发射了第一颗导航卫星——"子午仪"(Transit),1964年7月组成导航卫星网正式投入使用,主要是为核潜艇提供全天候定位。1996年,"子午仪"卫星导航系统退出历史舞台。同期,苏联在"宇宙"号卫星系列中混编有类似的导航卫星,称为CICADA(英文名为Tsikada)。Transit和Tsikada同为第一代卫星导航系统。

为发展三维全球、实时和高精度的导航卫星系统,20世纪70年代初美国开始研制第二代导航卫星——"导航星",计划组网成为全球定位系统。"导航星"全球定位系统(global positioning system,GPS)是美国的国防导航卫星系统。该系统采用双频伪随机噪声时间测距导航体制,用户需要同时精确测量4颗卫星信号的传播时间,由此获得高精度的三维定位数据。其任务是为全球范围内的飞机、舰船、坦克、地面车辆、步兵、导弹以及低轨道卫星、航天飞机等提供全天候、连续、实时、高精度的三维位置、三维速度和精确时间,定位精度可达10m,测速精度0.1m/s,授时精度10ns。

苏联在1976年启动了GLONASS项目。1982年2月,苏联通知国际电信联盟将发射名为"全球导航卫星系统"的新型导航卫星,英文缩写为GLONASS。该系统与美国"导航星"全球定位系统相似,采用中高度近圆轨道和双频时间测距导航体制,主要为海上舰船、空中飞机、地面用户以及近地空间飞行的航天器,在全天候条件下实行连续实时的高精度三维定位和速度测定,也可用于大地测量和高精度卫星授时,具有极高的军用价值和民用前景。GLONASS的卫星星座由24颗卫星(21颗工作星和3颗备份星)组成,均匀分布在3个近圆形的轨道平面上(轨道平面两两相隔120°),每个轨道面8颗卫星(同轨卫星之间相隔45°),轨道半径约为25478km,运行周期11h 15min(恒星时),轨道倾角64.8°。俄罗斯已于1995年9月完成组网。1996年1月,GLONASS达到完全工作状态,开始运行。

中国的北斗卫星导航系统BDS分三期建设,其中,北斗一号双星导航定位系统于2000年底建成,它是一个全天候、高精度、快速实时的区域定位系统,其基本任务是为中国中低动态及动态用户提供快速定位、简短数字报文通信和授时服务。北斗二号、三号系统分别于2012年和2020年建成。

此外,欧洲的Galileo系统已于2008年4月通过法律批准,正式启动,2016

年建成。日本和印度也已开始发展本国的卫星导航定位系统,即日本的"准天顶"卫星导航系统(QZSS)和印度的区域导航卫星系统(IRNSS)。此外,国际移动卫星组织的 INMARSAT-3 和 INMARSAT 4 卫星搭载了导航载荷,除了能提供通信服务外,也具备一定的导航定位能力。

归纳起来,已成功发射运行的卫星导航定位系统大致可分为三类,即低轨测速卫星导航系统、高轨测距全球导航卫星系统和地球同步卫星无线电测定系统。

6.2 低轨测速导航系统及有效载荷

6.2.1 系统组成

低轨道导航卫星系统,是第一代卫星导航系统,其代表是美国"子午仪"导航卫星系统,又称海军导航卫星系统。类似的系统还有苏联的"圣卡达"(Cicada)卫星。"子午仪"导航卫星系统是美国海军为满足"北极星"导弹核潜艇的精确定位而研制的,也用于民用船舶导航定位、海上石油勘探和海洋调查定位、大地测量(如测定极移、地球形状和重力场)等。

"子午仪"号导航卫星系统由三大部分组成:发送导航信息的"子午仪"号卫星,对卫星进行连续监视、测定及预报轨道的地面跟踪和控制站网,接收卫星多普勒导航信息进行导航计算的用户设备。

"子午仪"号导航卫星自 1958 年开始研制,1960 年 4 月发射"子午仪"1B 试验卫星,1964 年 7 月交付美国海军使用,1967 年 7 月美国政府宣布解密并允许民用。"子午仪"号导航卫星重约 61kg,它位于高约 1000km 的近圆形极轨道,经常保持 4~5 颗卫星工作。1972 年开始执行"子午仪改进计划"。1981 年 5 月发射了经过改进的"子午仪"号工作卫星,改名为"新星"(Nova)号卫星,星重 136kg,用以弥补"子午仪"号卫星的不足。

地面跟踪和控制站网包括 4 个跟踪站、1 个计算中心、1 个控制中心、2 个注入站和 1 个授时站。用户设备主要是接收机,分单频、双频和多频 3 种。其中双频接收机能消除电离层折射的影响,提高定位精度;多频接收机还可接收其他测地卫星数据。

截至 1993 年底,"子午仪"号导航卫星系统有 10 颗工作星在轨道上运行。该系统逐步被"导航星"全球定位系统取代。美国于 20 世纪 90 年代中期终止"子午仪"号导航卫星系统的使用。

6.2.2 工作原理

低轨测速卫星导航系统的原理是利用地面用户终端机测定导航卫星发射载波的多普勒频移,确定卫星在不同时刻的两个位置至用户位置的距离差,得出旋转双曲面的基本导航方程。根据卫星在每时刻的轨道位置并利用多组基本导航方程解出用户的位置,实现其导航定位。这是一种单星实现定位的被动式定位系统,用户只要对一颗星进行连续一定时段的跟踪测量即可定位(星座只是增加可以进行定位的频度)。当用户接收卫星发射的信号时,收到的信号已经带有卫星至用户的径向速度所形成的多普勒频移,所以只要卫星发射频率预知,即可测出频移。

"子午仪"系统采用149.988MHz和399.968MHz的双频多普勒测速导航体制,连续播送双频导航信号,采用双频是为了修正电离层对导航信号的折射影响(让卫星同时发射两个有一定倍数关系的载波,利用它们在电离层中传播所受影响程度的不同,经计算消除这种影响引起的误差)。调制在两个载波上的信息流还含有卫星的星历表和精确的协调世界时时间。用户根据一颗卫星在10~16min通过期间所测得的多普勒频移计算其相对于卫星的速度,根据这些速度及卫星发送的星历表和时间,即可算出自身的地理位置。它具有全天候、全球导航和利用单颗卫星定位的优点,即观测者通过测量卫星发射的无线电波的多普勒频移,就能求得二维精确定位数据,其缺点是一次定位所需时间较长,且不能连续定位,两次定位间隔时间平均为35~100min,有时长达数小时,也不能三维定位。

"子午仪"号导航卫星系统的导航精度主要取决于预报的星历精度、用户设备的测量精度和用户动态特性的测量精度。精密星历只限于军用,不公开,精度约6m,用该星历卫星多次通过的定位精度可达1m(静态)。民用的是广播星历,精度在30m以内,采用双频接收机的定位精度为20~50m(均方根值)。"新星"号卫星定位精度为16~36m。对于动态用户,定位精度受测速误差的影响显著降低,如舰船每节速度误差将造成定位误差370m。

6.2.3 有效载荷

低轨测速导航卫星有效载荷的关键之一是一个高稳定度的时钟,以产生高稳定度的发射载频。高稳定的时钟由双层恒温的晶体振荡器和倍频器组成。晶体振荡器的基准频率为5MHz,频稳约10^{-9},经倍频器产生所需的载频。

用于产生双频载波的双频发射机,采用晶体管放大,发射功率在几瓦量级,在当时也是关键技术之一。其双频发射天线的辐射图近于全向性,子午仪卫星采用球面螺旋式天线,对地球略有赋形匹配,天线辐射是圆极化的。

卫星利用遥控通道接收和解调地面注入站发来的含有卫星星历和时钟校正信号的编码脉冲信号,以数字形式储存到存储器中。这种存储器当时都是磁带式的,也是比较关键的有效载荷。此外,编码器产生代表"0""1"的特定波形,与相位调制器配合产生的信号既有轨道数据和遥测数据,又有残留载波用于多普勒频移测量。

6.3 全球导航定位系统及有效载荷

全球导航卫星系统(global navigation satellite system,GNSS)是能在地球表面或近地空间的任何地点为用户提供全天候的3维坐标和速度以及时间信息的空基无线电导航定位系统,全球卫星导航系统国际委员会公布的全球4大卫星导航系统供应商,包括美国的全球定位系统GPS、俄罗斯的格洛纳斯卫星导航系统GLONASS、欧盟的伽利略卫星导航系统Galileo和中国的北斗卫星导航系统BDS。GNSS在系统组成、工作原理和有效载荷方面基本相同,下面以GPS为例进行介绍。

6.3.1 系统组成

GPS属于美国第二代卫星导航定位系统,也是世界上第一个建立并用于导航定位的全球系统,是在子午仪卫星导航定位系统的基础上发展起来的全球导航定位系统。GPS由空间部分(Space Segment)、控制部分(Control Segment)和用户部分(User Segment)组成。

1. 空间部分

GPS的空间部分由21颗工作卫星和3颗备用卫星组成,24颗卫星分布在6个倾角为55°、轨道半长轴约为26600km的近圆形轨道面上,轨道周期约为11h 58min,各轨道面的升交点赤经间隔60°,同一轨道内的4颗卫星非均匀分布,如图6-1所示。卫星的分布使得地球上任何地方的用户在任何时候都能看到至少4颗卫星,并能保持良好定位解算精度所需的几何图形,这就提供了在时间上连续的全球导航能力。因此,GPS是一个全天候、实时性的导航定位系统。

2. 控制部分

GPS的控制部分也称操作控制系统(operational control system,OCS),具有跟踪、计算、更新及监视功能,可以根据每天的要求控制系统中所有的卫星,它由设在美国科罗拉多州斯普林斯(Springs)的主控站(master control station,MCS)和5个相距很远的监测站(Monitor Station)(分别位于大西洋的阿森松岛(Ascension)、印度洋的迪哥加西亚岛（Diego Garcia）、太平洋的夸贾林岛（Kwajalien）及美国的夏威夷和科罗拉多州斯普林斯）组成,除夏威夷监测站外的其他4个监测站兼作上行注入站,其中科罗拉多州斯普林斯并址建设了主控站、监测站和注入站。

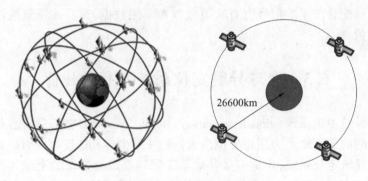

图 6-1　GPS 的卫星星座图

主控站装有 2 台 IBM3000 数据处理系统,用于分析处理本站及监控站传来的各种信息,计算卫星轨道、卫星星历、时钟漂移、卫星传输延迟等修正参数,并把这些信息发送给注入站;注入站是一种上行数据传输系统,每隔 12h 把主控站传来的卫星星历等导航信息和控制参数传送到各个卫星,刷新星上数据,用于导航;监控站设在印度洋的迪戈加西亚岛、太平洋的夸贾林岛、夏威夷和大西洋的阿森松岛,用于校准卫星钟的固有精度,连续、稳定地跟踪监控所有的导航卫星,并向主控站发送信息。美国空军的卫星控制设施也对卫星进行跟踪、遥测、预报轨道参数,并作为上行数据传输站的备份。

3. 用户部分

GPS 的用户部分是指所有用户装置及其支持设备的集合。GPS 是一个无源导航系统,用户设备是一个单收系统,无需发送射频信号。GPS 的用户设备通常由天线和接收单元(终端主机)组成,其基本功能是:接收卫星发播的导航信号并利用本机产生的复现伪随机码和载波取得伪距、多普勒频偏等观测值以及信号中的导航电文,根据导航电文提供的卫星位置、速度信息以及钟差、电离层等改正信息,计算接收机所在位置。

6.3.2　工作原理

1. 定位原理

每一颗 GPS 卫星都向地球发送高稳定的载波信号,载波被调制了两种伪随机测距码和导航信息。导航信息按照一定的帧和子帧数据格式排列,由导航信息提供遥测字和交接字。使用 GPS 用户机本地石英钟可测得某卫星遥测字前缀到达时刻,而交接字可获得该前缀的卫星发送信号时刻,两时刻之差即为信号传播的时延,由此可得出用户机到该卫星之间的距离。由于每颗 GPS 卫星上有高稳定度的原子钟,因此,可以认为各星之间时间是同步的,而 GPS 用户机的时钟与卫星的时钟并不同步,所以,所测的时延值包括时钟的不同步偏差(这一时间偏差对所有卫星是相同的),由此测得的距离称为伪距(pseudo range, PR)。

观测点 P(用户机)至第 i 颗卫星 S_i 的伪距 PR_i 可由下式确定:

$$PR_i = R_i + c\Delta t_{Ai} + c(\Delta t_u - \Delta t_{si})$$

式中:R_i 为第 i 颗卫星至观测点的真实距离;c 为光速;Δt_{Ai} 为第 i 颗卫星电波传播延迟误差和其他误差;Δt_u 为用户机时钟相对于 GPS 系统时的偏差;Δt_{si} 为第 i 颗卫星的时钟相对于 GPS 系统时的偏差。可以看到,该方程共有 4 个未知量,需要 4 个独立的方程组成方程组,才能得到它的解。即在同一时刻同时接收 4 颗 GPS 星发播的信号,测定用户接收机至 4 颗 GPS 卫星的距离,组成 4 个方程,则由这 4 个方程联立求解,可求得用户机的坐标。

通俗地讲,就是根据卫星星历数据的精密轨道根数,可得用户机可见 4 颗星的三维精确位置。这样,以卫星为球心以用户机到各星的距离为半径作球面,则 4 球面的交点(因为有误差,所以相交在一个小的区域内)即是用户机的三维定位位置。这是典型的被动式定位法。GPS 导航定位原理示意图如图 6-2 所示。

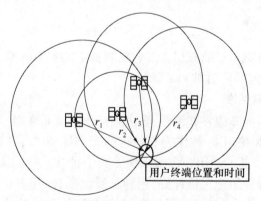

图 6-2 GPS 导航定位原理示意图

2. 测速原理

GPS 测速的基本原理是多普勒效应,即"当波源与观察者做相对运动时,观察者接收到的频率与径向速度成反比"。卫星发射信号时,由于多普勒效应而产生多普勒频率 f_d 为

$$f_d = f_j - f_s$$

式中,f_j 为用户机收到的卫星信号频率;f_s 为卫星信号的发射频率。多普勒频移 f_d 与接收机至卫星的距离变化率(径向速度)ρ_j 的关系为

$$\rho_j = cf_d/f_j$$

由此可知,如果能测定载波频率的多普勒频移,就可求得距离变化率 ρ_j,故也称 ρ_j 为测速的观测值。实际上由于钟差影响,观测值是伪距变化率。在 ρ_j 中包含了卫星三维速度、接收机三维速度和钟速,卫星速度可由星历计算,故通过对 4 颗以上卫星的 ρ_j 测定,即可解算出接收机的三维速度和钟速。

GPS 测速是通过测定多普勒频移 f_d 来实现的,因此接收机时钟和卫星钟的频率准确度和稳定度直接影响测速精度。接收机时钟的频率误差即为接收机钟差项,可作为未知参数求解。而卫星钟的频率误差则无法消除。

GPS 卫星发射的无线电信号传递具有丰富的信息,包括卫星星历、系统时间、卫星钟性能、电离层延迟修正参数、遥测码等,这些内容统称为导航电文。该电文提供给用户接收机定位所需要的全部信息。卫星星历是指卫星运行轨迹与时间的关系,根据星历可计算出卫星在任意时刻所处的空间位置,通常以一组参数表示。

地面接收的数据主要有卫星时间、伪距、伪距变化率、地面差分信号、导航电文等。对这些数据进行处理就得到接收机相应的位置和速度数据,并可以获得准确的时间信息。

6.3.3 有效载荷

全球导航定位卫星有效载荷主要包括高稳定的频率标准、注入信号接收机、下行信号产生器(包括发射机)和天线。

1. 高稳定频率标准

因为系统是单向非应答式测距,要求频标稳定度非常高,要优于 10^{-12}。GPS 现在用铷(Rb)钟和铯(Cs)钟作为高稳定的频率标准[46],其稳定度优于 10^{-12}。例如,GPS Block Ⅱ/ⅡA 均用 2 台铷钟加 2 台铯钟,GPS Block ⅡR 装有 2 台铷钟和 1 台铯钟。铷钟短稳比铯钟好,铯钟长稳比铷钟好,卫星上采用以上配置,既可以保证稳定度要求,又可以保证高可靠。此外,GPS 将来还计划采用氢钟,氢钟的频率稳定度可优于 10^{-15},以保证更小的卫星钟差。但是,要使用氢钟还需要解决体积大、质量大和长期频率漂移较大的技术难度。

2. 注入信号接收机

注入信号接收机接收由地面注入站发出的 S 频段上行注入数据信号,包括各卫星的轨道参数和修正量、卫星钟差修正量等,经解调后处理成导航电文,调

制后下发使用。

3. 下行信号产生器和发射机

下行信号产生器由星上时钟进行频率综合,形成系统的测距码、电文数据码和下行载波。系统采用粗、精两套测距码。测距码和导航电文数据码按一定组合后调制在两个 L 载波上,经 L 频段双频发射机下发。L 频段双频发射机采用固态放大器。

4. 天线

天线采用 12 个螺旋组成的天线阵,波束宽度约 30°,对地球有一定的赋形,采用圆极化辐射。

6.4 地球同步卫星无线电测定系统及有效载荷

6.4.1 系统组成

地球同步卫星无线电测定系统是解决区域性导航定位的重要手段。与全球卫星导航定位系统相比,具有投资省、见效快、位置报告能力强等特点。该系统实现定位,进行导航参数的测定,要通过用户机以外的地面中心站才能完成,所以又称为卫星无线电测定业务(radio determination satellite service,RDSS)。中国的"北斗一号"导航卫星系统就是这种类型的卫星导航定位系统。

"北斗一号"卫星导航定位系统(英文简称 CNSS,"北斗二号"卫星导航定位系统的英文简称 COMPASS)是中国自行研制的区域性有源卫星导航定位通信系统。"北斗一号"系统于 20 世纪 80 年代中期开始预先研究,1995 年正式启动工程研制。2000 年 10 月 31 日和 12 月 21 日中国相继成功发射第一颗和第二颗导航定位试验卫星,分别定点于东经 80°和 140°的对地静止轨道(GEO)上。这标志着中国自行组建起了第一代卫星导航定位系统,也标志着中国成为继美国、俄罗斯之后第三个拥有独立的卫星导航定位系统的国家。2003 年 5 月 25 日又将第 3 颗卫星(备份用)送入 GEO 轨道,定点于东经 110.5°的 GEO 轨道上。该系统的服务范围包括东经 70°~145°、北纬 5°~55°的广大地区,可以对中国领土、领海及周边地区的各种用户进行定位及定时授时,并可以实现各用户之间、用户与中心控制站之间的简短报文通信。

(1) 定位(导航):快速确定用户所在点的地理位置,向用户及主管部门提供导航信息。在标校站覆盖区定位精度可达到 20m,无标校站覆盖区定位精度优于 $100m(1\sigma)$。

(2) 通信:用户与用户、用户与地面中心站之间均可实现最多 120 个 14bit

汉字或 420 个 4bit BCD 编码的双向短报文通信及组播,并可通过地面中心站与因特网、移动通信系统互通。

(3)授时:地面控制中心定时播发授时信息,为定时用户提供时延修正值。定时精度可达 100ns(单向授时)和 20ns(双向授时)。

"北斗一号"系统由空间部分、地面控制管理部分及用户终端三大部分组成。空间部分由三颗地球同步卫星(其中一颗为备份)组成,用户上行为 L 波段(频率 1610~1626.5MHz),用户下行为 S 波段(频率 2483.5~2500MHz)。地面控制部分由一个中心控制站及若干个标校站组成。中心控制站位于北京,是整个系统的管理控制处理中心,同时与两颗工作卫星进行双向通信,完成对每个用户的精确定位,并将定位信息通过卫星直接发送给用户或用户管理中心。30 多个标校站分布于全国各地,每个标校站均设置于已知精确位置的固定点上,用于对整个工作链路中各环节的时延特性进行监测和标校处理,各种类型的用户机是整个系统的用户终端,可用于陆地、海洋和空中的各种用户,满足用户对定位(导航)、授时及通信方面的需求。

6.4.2 工作原理

"北斗一号"系统区域导航定位的工作原理(见图 6-3)是:在双星覆盖范围内地面中心通过两颗卫星上的 C/S 频段转发器向用户发送谁要定位的询问信号,需要定位的用户接收到任一颗卫星的询问信号后,即可响应询问(实际是应答转发),发出定位申请;地面中心站收到来自两颗卫星上的 L/C 转发器转发的应答信号,即可以测定出地面中心站分别经两颗卫星到用户间的距离和;由于卫星位置是已知的(可通过测轨准确确定),这样就可得到用户至每颗卫星的距离;再利用存储在地面中心站数据库中的地形数字高程,可计算出用户所在位置,通过其中一颗卫星通知用户,完成定位。可见这种系统是由用户响应卫星下发信号进行的主动式定位。

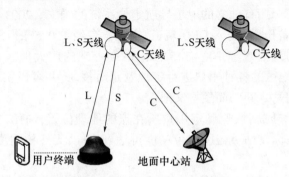

图 6-3 区域导航定位原理示意图

从以上原理可以知道,用户设备从发射定位申请到收到定位结果,必须至少等待信号经"用户设备—卫星—地面中心站—卫星—用户设备"所需约 0.6s 的传输延迟。因此,"北斗一号"用户设备主要应用于中、低动态用户的定位。同时,受系统容量限制,用户申请定位的频度最高为 1 次/s。

短报文通信是"北斗一号"的一大特色,可为用户设备与用户设备、用户设备与地面中心站之间提供每次最多 120 个汉字或 1680bit 的短消息通信服务。每个用户设备都有唯一的一个 ID 号,并采用一户一密的加密方式,通信均需经过地面中心站转发,其流程是:短消息发送方首先将包含接收方 ID 号和通信内容的通信申请信号加密后通过卫星转发进入地面中心站;地面中心站接收到通信申请信号后,经解密和再加密后加入持续广播的出站广播电文中,经卫星广播给用户;接收方用户设备接收出站信号,解调解密出站电文,完成一次通信。与定位功能相似,短消息通信的传输时延约 0.6s,通信的最高频度也是 1 次/s。

6.4.3 有效载荷

区域导航定位卫星的有效载荷负责转发地面中心站和用户之间交换的信息,其主要组成包括出站转发器、入站转发器、铷钟和天线等。

(1) 出站转发器。出站转发器采用 C/S 频段,又称 C/S 转发器,其作用是将地面中心站向用户询问的 C 频段信号变成 S 频段,并对服务区进行广播。

(2) 入站转发器。入站转发器采用 L/S 频段,也称 L/C 转发器,其作用是将用户发出的 L 频段对询问的响应信号(即服务请求信号)变成 C 频段,并发回地面中心站。

(3) 铷钟。铷钟作为高稳定度的频标,用微波锁相倍频获得高稳定度的本振信号。

(4) 天线。天线系统共有两副,一副为 L、S 频段共用的赋形波束天线,一副为 C 频段偏馈单反射面天线。L 频段与 S 频段的极化正交;C 频段上行与下行的极化正交。考虑到卫星平台空间的可容性,C 频段天线放置在 L、S 双频天线前方,压缩了天线占用的空间。

区域导航定位卫星的有效载荷与一般通信卫星的有效载荷不同,由于用户的收发能力有限,导致对有效载荷放大系数的要求大大高于通信卫星,因而转发器是一个高增益系统。其有效载荷出站转发器信道发射功率大,并具有自动电平控制功能,大型可展开 L/S 抛物面天线口径大、增益高。因此,卫星对用户终端的 EIRP 和 G/T 都比较大。

6.5 典型的导航类有效载荷应用系统

美国 GPS、俄罗斯 GLONASS、欧盟 Galileo 和中国北斗系统 BDS 并称为全球四大卫星导航系统。目前,联合国已将这四个系统一起确认为全球卫星导航系统核心供应商[52]。

6.5.1 全球定位系统

美国全球定位系统(global positioning system,GPS)是目前全球应用最为广泛的卫星导航定位系统。GPS 卫星已经发展了两代,第一代(Block I)GPS 卫星也称为导航星(Navstar),目前均已退出服务。第二代(Block II)GPS 卫星设计寿命 7.5 年,于 1989 年 2 月 14 日第一次发射。在 Block II 系列卫星中,包括 Block II、IIA、IIR、IIM 和 IIF 5 个型号,目前在轨服役的是 IIF 和 IIR 两个型号。

为加强 GPS 对美军现代化战争的保障作用,保持 GPS 在全球民用导航领域中的主导地位,美国国防部于 2003 年启动了第三代 GPS(GPS Block III)卫星的研制。GPS III 面向 21 世纪 30 年代系统技术扩展和用户需求,选择全新的优化设计方案,其体系结构完全不同于现役体系结构,融合各种卫星资源,增强系统完好性;提高军码信号的地面接收功能,并采用点波束天线使特定区域能够集中更高的信号功率;采用更高性能的原子钟;修改 GPS 系统内部和外部接口,以提高系统的工作效率;另外,卫星还搭载用于通信和监测核爆炸的有效载荷。GPS III 系统拟采用 30 颗卫星组网,并从目前的 6 个轨道面改为 3 个轨道面,卫星设计寿命 15 年。首颗 GPS-III 卫星于 2018 年 12 月 23 日发射。

截至 2020 年 8 月 1 日,在轨 GPS 卫星共有 33 颗,其主要设计参数如表 6-1 所示。

表 6-1 在轨 GPS 卫星主要参数

名称	近地点/km	远地点/km	偏心率	轨道倾角/(°)	轨道周期/min	发射质量/kg	发射日期	预期寿命/年
GPS IIF-1	20,188	20,224	6.77×10^{-4}	55.00	718.94	1,630	2010-05-28	12
GPS IIF-2	20,451	20,464	2.42×10^{-4}	55.03	729.18	1,630	2011-07-16	12
GPS IIF-3	20,174	20,191	3.20×10^{-4}	54.95	718	1,630	2012-10-04	10
GPS IIF-4	20,184	20,247	1.18×10^{-3}	55.09	719.32	1,630	2013-05-15	10
GPS IIF-5	20,457	20,469	2.24×10^{-4}	54.98	729.39	1,630	2014-02-21	10
GPS IIF-6	20,174	20,188	2.64×10^{-4}	55.05	717.92	1,630	2014-05-17	10

(续表)

名　称	近地点/km	远地点/km	偏心率	轨道倾角/(°)	轨道周期/min	发射质量/kg	发射日期	预期寿命/年
GPS IIF-7	20,471	20,476	9.31×10^{-5}	54.92	729	1,630	2014-08-02	10
GPS IIF-8	20,155	20,211	1.05×10^{-3}	54.97	718.02	1,630	2014-10-29	10
GPS IIF-9	20,445	20,469	4.47×10^{-4}	55.00	729.14	1,630	2015-03-25	12
GPS IIF-10	20,446	20,459	2.42×10^{-4}	54.90	728.96	1,630	2015-07-15	12
GPS IIF-11	20,426	20,486	1.12×10^{-3}	55.00	97.7	1,630	2015-10-31	12
GPS IIF-12	20,175	20,188	2.45×10^{-4}	55.00	717.9	1,630	2016-02-05	12
GPS IIR-2	20,123	20,247	2.33×10^{-3}	54.90	718.09	2,217	1997-07-23	10
GPS IIR-3	20,096	20,268	3.24×10^{-3}	53.00	717.97	2,217	1999-10-07	10
GPS IIR-4	20,133	20,234	1.90×10^{-3}	54.90	718.03	2,217	2000-05-11	10
GPS IIR-5	20,184	20,427	4.55×10^{-3}	55.00	722.98	2,217	2000-07-16	10
GPS IIR-6	20,177	20,498	6.01×10^{-3}	55.00	724.28	2,217	2000-11-10	10
GPS IIR-7	20,104	20,266	3.05×10^{-3}	55.00	718.09	2,217	2001-01-30	10
GPS IIR-8	20,155	20,344	3.55×10^{-3}	55.00	720.71	2,217	2003-01-29	10
GPS IIR-9	20,063	20,433	6.95×10^{-3}	54.90	720.65	2,217	2003-03-31	10
GPS IIR-10	19,963	20,327	6.86×10^{-3}	55.10	716.47	2,217	2003-12-21	10
GPS IIR-12	20,089	20,276	3.52×10^{-3}	55.00	717.98	2,217	2004-03-20	10
GPS IIR-13	19,938	20,426	9.19×10^{-3}	54.80	718	2,217	2004-11-06	10
GPS IIR-M-1	20,142	20,221	1.49×10^{-3}	55.08	717.95	2,217	2005-09-26	10
GPS IIR-M-2	20,020	20,342	6.06×10^{-3}	54.94	717.93	2,060	2006-9-25	10
GPS IIR-M-3	20,206	20,366	3.00×10^{-3}	55.02	722.19	2,060	2006-11-17	10
GPS IIR-M-4	20,149	20,213	1.21×10^{-3}	54.80	717.93	2,217	2007-10-17	10
GPS IIR-M-5	20,150	20,311	3.03×10^{-3}	54.96	719.92	2,060	2007-12-20	10
GPS IIR-M-6	20,135	20,152	3.21×10^{-4}	55.10	716.4	2,217	2008-3-15	10
GPS IIR-M-8	20,160	20,209	9.23×10^{-4}	55.12	718.07	2,059	2009-8-17	10
GPS III-1	20,171	20,189	3.39×10^{-4}	54.90	717.88	2,300	2018-12-23	15
GPS III-2	20,188	20,203	2.82×10^{-4}	55.10	718.01	2,300	2019-08-22	15
GPS III-3	20,165	20,199	6.40×10^{-4}	55.06	717.9	2,300	2020-06-30	15

6.5.2 北斗卫星导航系统

北斗卫星导航系统(BeiDou navigation satellite system,BDS)是中国着眼于国家安全和经济社会发展需要,自主建设运行的全球卫星导航系统,是为全球用户提供全天候、全天时、高精度的定位、导航和授时服务的国家重要时空基础设施[53]。20世纪后期,中国开始探索适合国情的卫星导航系统发展道路,逐步形成了三步走发展战略:2000年年底,建成北斗一号系统,向中国提供服务;2012年年底,建成北斗二号系统,向亚太地区提供服务;2020年,建成北斗三号系统,向全球提供服务。

北斗系统由空间段、地面段和用户段三部分组成。其中,空间段由若干地球静止轨道卫星、倾斜地球同步轨道卫星和中圆地球轨道卫星等组成;地面段包括主控站、时间同步/注入站和监测站等若干地面站,以及星间链路运行管理设施;用户段包括北斗兼容其他卫星导航系统的芯片、模块、天线等基础产品,以及终端产品、应用系统与应用服务等。

北斗系统具有以下特点:一是空间段采用三种轨道卫星组成的混合星座,与其他卫星导航系统相比高轨卫星更多,抗遮挡能力强,尤其低纬度地区性能优势更为明显。二是提供多个频点的导航信号,能够通过多频信号组合使用等方式提高服务精度。三是创新融合了导航与通信能力,具备定位导航授时、星基增强、地基增强、精密单点定位、短报文通信和国际搜救等多种服务能力。

截至2020年8月1日,在轨GPS卫星共有51颗,其主要设计参数见表6-2所列。

表6-2 在轨BD卫星主要参数

名 称	近地点/km	远地点/km	偏心率	轨道倾角/(°)	轨道周期/min	发射质量/kg	发射日期	预期寿命/年
BeiDou 2-12	21,460	21,595	2.42×10^{-3}	55.16	773.19	2,200	2018-11-01	8
BeiDou 2-13	21,452	21,603	2.71×10^{-3}	55.10	773.21	2,200	2018-11-18	8
BeiDou 2-15	21,477	21,574	1.74×10^{-3}	55.00	773.1	3,800	2018-11-18	8
BeiDou 2-16	35,775	35,799	2.85×10^{-4}	1.84	1436.11	3,800	2019-04-20	8
BeiDou 2-17	35,676	35,890	2.54×10^{-3}	54.97	1435.92	4,200	2019-05-17	8
BeiDou 2-18	35,776	35,794	2.13×10^{-4}	1.84	1436.1	3,800	2019-06-24	8
BeiDou 3I-1S	35,796	36,781	1.15×10^{-2}	54.90	1461.81	4,200	2019-11-05	8
BeiDou 3I-2S	35,606	35,953	4.12×10^{-3}	55.00	1435.73	4,200	2019-11-23	8
BeiDou 3-M1	21,506	21,549	7.71×10^{-4}	55.00	773.2	800	2019-11-23	8

(续表)

名 称	近地点/km	远地点/km	偏心率	轨道倾角/(°)	轨道周期/min	发射质量/kg	发射日期	预期寿命/年
BeiDou 3-23	21,509	21,561	9.32×10⁻⁴	55.00	773.2	800	2019-12-16	8
BeiDou 3-24	21,515	21,554	6.99×10⁻⁴	55.00	773.2	800	2019-12-16	8
BeiDou 3-25	21,541	22,549	1.77×10⁻²	55.00	773.2	800	2020-06-23	8
BeiDou 3M-1S	21,520	21,549	5.20×10⁻⁴	55.00	773.2	800	2010-01-16	8
BeiDou 3M-2S	21,521	21,550	5.20×10⁻⁴	55.00	773.3	800	2020-03-09	8
BeiDou 3M-3S	21,524	21,532	1.43×10⁻⁴	55.00	773.2	800	2010-10-31	8
BeiDou DW 26	21,514	21,541	4.84×10⁻⁴	55.00	773.2	800	2012-02-24	8
BeiDou DW 27	21,516	21,539	4.12×10⁻⁴	55.00	773.2	800	2010-07-31	8
BeiDou DW 28	21,508	21,547	6.99×10⁻⁴	55.00	773.2	800	2010-12-17	8
BeiDou DW 29	21,504	21,551	8.42×10⁻⁴	55.00	773.2	800	2011-04-09	
BeiDou DW 30	21,521	21,533	2.15×10⁻⁴	55.00	773.2	800	2011-07-26	8
BeiDou DW 31	21,542	22,191	1.15×10⁻²	55.00	773.2	800	2011-12-01	8
BeiDou DW 32	35,691	35,876	2.19×10⁻³	55.00	1436.1	800	2018-11-01	8
BeiDou DW 33	21,509	21,545	6.45×10⁻⁴	55.00	773.2	800	2018-11-18	8
BeiDou DW 34	21,516	21,538	3.94×10⁻⁴	55.00	773.2	800	2018-11-18	8
BeiDou DW 35	21,514	21,540	4.66×10⁻⁴	55.00	773.2	800	2019-04-20	8
BeiDou DW 36	21,518	21,537	3.41×10⁻⁴	55.00	773.2	800	2019-05-17	8
BeiDou DW 37	21,533	22,193	1.17×10⁻²	55.00	787.1	800	2019-06-24	8
BeiDou DW 38	21,513	21,541	5.02×10⁻⁴	55.00	773.1	800	2019-11-05	8
BeiDou DW 39	21,541	22,195	1.16×10⁻²	55.00	787.4	800	2019-11-23	8
BeiDou DW 40	21,537	22,195	1.17×10⁻²	55.00	787.4	800	2019-11-23	8
BeiDou DW 41	35,776	35,795	2.25×10⁻⁴	3.00	1436.06	800	2019-12-16	8
BeiDou DW 42	21,523	22,194	1.19×10⁻²	55.00	787.1	800	2019-12-16	8
BeiDou DW 43	21,531	22,194	1.17×10⁻²	55.00	787.1	800	2020-06-23	8
BeiDou DW 44	35,711	35,847	1.61×10⁻³	55.00	1435.7	800	2010-01-16	8
BeiDou DW 45	35,773	35,799	3.08×10⁻⁴	1.81	1436.06	800	2020-03-09	8
BeiDou DW 46	35,739	35,838	1.17×10⁻³	55.05	1436.2	800	2010-10-31	8
BeiDou 3 IGSO-3	35,681	35,896	2.55×10⁻³	58.20	1436.2	4,200	2012-02-24	8
BeiDou DW 50	21,542	22,194	1.15×10⁻²	54.90	787.4	800	2010-07-31	8
BeiDou DW 51	21,537	22,192	1.16×10⁻²	54.90	787.2	800	2010-12-17	8

(续表)

名　称	近地点/km	远地点/km	偏心率	轨道倾角/(°)	轨道周期/min	发射质量/kg	发射日期	预期寿命/年
BeiDou DW 52	21,369	21,561	3.45×10^{-3}	55.02	770.6	800	2011-04-09	
BeiDou DW 53	21,530	22,108	1.03×10^{-2}	55.02	785.35	800	2011-07-26	8
BeiDou DW 55	35,764	35,809	5.34×10^{-4}	3.09	1436.1	800	2011-12-01	8
BeiDou G-1	35,768	35,803	4.15×10^{-4}	1.78	1436.05	2,200	2018-11-01	8
BeiDou G3	35,776	35,797	2.49×10^{-4}	3.08	1436.08	2,200	2018-11-18	8
BeiDou G4	35,764	35,809	5.34×10^{-4}	1.43	1436.1	6,000	2018-11-18	8
BeiDou G5	35,776	35,799	2.73×10^{-4}	1.87	1436.15	2,300	2019-04-20	8
BeiDou IGSO-1	35,670	35,893	2.65×10^{-3}	55.09	1435.82	4,200	2019-05-17	8
BeiDou IGSO-2	35,717	35,817	1.19×10^{-3}	55.23	1436.12	4,200	2019-06-24	8
BeiDou IGSO-3	35,693	37,872	2.52×10^{-2}	96.40	1435.93	4,200	2019-11-05	8
BeiDou IGSO-4	35,708	35,879	2.03×10^{-3}	55.20	1435.1	4,200	2019-11-23	8
BeiDou IGSO-5	35,708	35,864	1.85×10^{-3}	55.16	1436.08	4,200	2019-11-23	8

北斗系统秉承"中国的北斗、世界的北斗、一流的北斗"发展理念,愿与世界各国共享北斗系统建设发展成果,促进全球卫星导航事业蓬勃发展,为服务全球、造福人类贡献中国智慧和力量。北斗系统为经济社会发展提供重要时空信息保障,是中国实施改革开放40余年来取得的重要成就之一,是新中国成立70年来重大科技成就之一,是中国贡献给世界的全球公共服务产品。中国将一如既往地积极推动国际交流与合作,实现与世界其他卫星导航系统的兼容与互操作,为全球用户提供更高性能、更加可靠和更加丰富的服务。

北斗系统提供服务以来,已在交通运输、农林渔业、水文监测、气象测报、通信授时、电力调度、救灾减灾、公共安全等领域得到广泛应用,服务国家重要基础设施,产生了显著的经济效益和社会效益。基于北斗系统的导航服务已被电子商务、移动智能终端制造、位置服务等厂商采用,广泛进入中国大众消费、共享经济和民生领域,应用的新模式、新业态、新经济不断涌现,深刻改变着人们的生产生活方式。中国将持续推进北斗应用与产业化发展,服务国家现代化建设和百姓日常生活,为全球科技、经济和社会发展做出贡献。

6.5.3　伽利略系统

伽利略卫星导航系统(Galileo satellite navigation system),是由欧盟研制和建立的全球卫星导航定位系统,该计划于1999年2月由欧洲委员会公布,欧洲委员会和欧空局共同负责。系统由轨道高度为 23616km 的 30 颗卫星组成,其中 27 颗工作星,3 颗备份星。卫星轨道高度约 2.4 万千米,位于 3 个倾角为 56°的轨道平面内。Galileo 系统是世界上第一个基于民用的全球卫星导航定位系统,也是欧盟为了打破美国的 GPS 在卫星导航定位这一领域的垄断而开发的全球导航卫星系统,有欧洲版"GPS"之称,Galileo 系统于 2016 年 12 月 15 日投入使用。

截至 2020 年 8 月 1 日,在轨 Galileo 卫星共有 25 颗,其主要设计参数如表 6-3 所示。

表 6-3 在轨 Galileo 卫星主要参数

名 称	近地点 /km	远地点 /km	偏心率	轨道倾角 /(°)	轨道周期 /min	发射质量 /kg	发射日期	预期寿命/年
Galileo FOC FM10	17,231	25,971	1.56×10^1	49.78	776.25	733	2014-08-22	12
Galileo FOC FM11	23,272	23,280	1.35×10^{-4}	57.40	847.01	723	2016-05-24	12
Galileo FOC FM12	23,483	23,530	7.87×10^{-4}	57.40	856.9	723	2016-05-24	12
Galileo FOC FM13	23,039	23,055	2.72×10^{-4}	54.60	846	723	2016-11-17	12
Galileo FOC FM14	22,982	22,982	0.00	54.60	834	723	2016-11-17	12
Galileo FOC FM15	23,272	23,296	4.05×10^{-4}	54.60	847	723	2016-11-17	12
Galileo FOC FM16	23,164	23,184	3.38×10^{-4}	56.90	842.6	715	2017-12-13	12
Galileo FOC FM17	22,904	22,927	3.93×10^{-4}	57.01	831.6	715	2017-12-13	12
Galileo FOC FM18	22,905	22,918	2.22×10^{-4}	56.90	831.4	715	2017-12-13	12
Galileo FOC FM19	22,903	23,149	4.18×10^{-3}	57.10	830.9	715	2017-12-13	12
Galileo FOC FM2	23,233	23,250	2.87×10^{-4}	56.30	840.2	715	2018-07-25	12
Galileo FOC FM20	13,810	25,918	2.31×10^1	49.77	705.11	733	2014-08-22	12
Galileo FOC FM21	23,089	23,149	1.02×10^{-3}	56.30	831.2	715	2018-07-25	12

(续表)

名称	近地点/km	远地点/km	偏心率	轨道倾角/(°)	轨道周期/min	发射质量/kg	发射日期	预期寿命/年
Galileo FOC FM22	22,973	22,980	1.19×10^{-4}	56.30	834.2	715	2018-07-25	12
Galileo FOC FM3	23,021	23,047	4.42×10^{-4}	56.30	836.6	715	2018-07-25	12
Galileo FOC FM4	23,516	23,574	9.69×10^{-4}	55.00	858.55	723	2015-03-27	12
Galileo FOC FM5	23,353	23,382	4.88×10^{-4}	55.10	850.5	723	2015-03-27	12
Galileo FOC FM6	23,218	23,240	3.72×10^{-4}	57.10	845	723	2015-09-11	12
Galileo FOC FM7	23,220	23,239	3.21×10^{-4}	57.10	844	723	2015-09-11	12
Galileo FOC FM8	23,265	23,305	6.74×10^{-4}	54.60	847	723	2016-11-17	12
Galileo FOC FM9	23,550	23,618	1.14×10^{-3}	54.96	860.51	723	2015-12-17	12
Galileo IOV-1 FM2	23,551	23,568	2.84×10^{-4}	54.95	858.34	723	2015-12-17	12
Galileo IOV-1 PFM	23,242	23,307	1.10×10^{-3}	54.67	846.98	700	2011-10-21	12
Galileo IOV-2 FM3	23,240	23,306	1.11×10^{-3}	54.68	846.88	700	2011-10-21	12
Galileo IOV-2 FM4	23,214	23,233	3.21×10^{-4}	55.34	844.76	700	2012-10-12	12

6.5.4 格洛纳斯系统

俄罗斯格洛纳斯系统(Glonass)是俄语全球卫星导航系统(GLObalnaya navigatsionnaya sputnikovaya sistema)的缩写。该系统最早开发于苏联时期,后由俄罗斯继续该计划。1993年俄罗斯开始独自建立本国的全球卫星导航系统。该系统于2007年开始运营,当时只开放俄罗斯境内卫星定位及导航服务。到2009年,其服务范围已经拓展到全球,并于2011年1月1日在全球正式运行。该系统主要服务内容包括确定陆地、海上及空中目标的坐标及运动速度信息等。Glonass系统标准配置为24颗卫星,而18颗卫星就能保证该系统为俄罗斯境内用户提供全部服务。该系统卫星分为Glonass、Glonass-M、Glonass-K 3种类型,最新型GLONASS-K卫星的在轨工作时间可长达10~12年。

截至2020年8月1日,在轨Glonass卫星共有28颗,其主要设计参数见表6-4所列。

表6-4 在轨Glonass卫星主要参数

名 称	近地点/km	远地点/km	偏心率	轨道倾角/(°)	轨道周期/min	发射质量/kg	发射日期	预期寿命/年
Glonass 701	19,116	19,146	5.88×10^{-4}	64.77	675.78	935	2011-2-26	10
Glonass 702	19,103	19,178	1.47×10^{-3}	64.83	676.15	935	2014-12-01	10
Glonass 716	19,130	19,130	0.00	64.80	675.75	1,480	2006-12-25	7
Glonass 717	19,130	19,130	0.00	64.80	675.75	1,480	2006-12-25	7
Glonass 719	19,094	19,171	1.51×10^{-3}	64.90	675.83	1,480	2007-10-26	7
Glonass 720	19,124	19,133	1.76×10^{-4}	64.90	675.67	1,480	2007-10-26	7
Glonass 721	19,142	19,378	4.60×10^{-3}	64.66	680.91	1,480	2007-12-25	7
Glonass 723	19,147	19,365	4.25×10^{-3}	64.67	680.75	1,480	2007-12-25	7
Glonass 730	19,132	19,419	5.60×10^{-3}	64.81	681.53	1,415	2009-12-14	7
Glonass 731	19,119	19,146	5.29×10^{-4}	64.76	675.85	1,415	2010-03-01	7
Glonass 732	19,131	19,133	3.92×10^{-5}	64.77	675.81	1,415	2010-03-01	7
Glonass 733	18,864	19,130	5.24×10^{-3}	64.78	670.47	1,415	2009-12-14	7
Glonass 735	19,128	19,135	1.37×10^{-4}	64.77	675.81	1,415	2010-03-01	7
Glonass 736	18,909	19,123	4.21×10^{-3}	64.82	671.2	1,415	2010-09-02	7
Glonass 742	19,126	19,158	6.27×10^{-4}	64.82	676.2	1,415	2011-10-02	7
Glonass 743	19,142	19,204	1.21×10^{-3}	64.80	677.46	1,415	2011-11-04	7
Glonass 744	19,150	19,199	9.59×10^{-4}	64.80	677.5	1,415	2011-11-04	7
Glonass 745	19,139	19,212	1.43×10^{-3}	64.78	677.54	1,415	2011-11-04	7
Glonass 747	19,087	19,173	1.69×10^{-3}	64.77	675.73	1,415	2013-04-26	7
Glonass 751	19,106	19,154	9.41×10^{-4}	64.80	675.75	1,415	2016-02-07	7
Glonass 752	19,103	19,156	1.04×10^{-3}	64.80	675.75	1,415	2017-09-22	7
Glonass 753	19,094	19,153	1.16×10^{-3}	64.80	675.49	1,415	2016/5/29	7
Glonass 755	19,114	19,146	6.27×10^{-4}	64.77	675.73	1,415	2014/6/14	7
Glonass 756	19,121	19,154	6.47×10^{-4}	64.80	676.03	1,415	2018/6/18	7
Glonass 757	19,123	19,163	7.84×10^{-4}	64.80	767.2	1,415	2018/11/3	7
Glonass 758	19,097	19,162	1.27×10^{-3}	64.80	675.7	1,415	2019/5/27	7
Glonass 759	19,003	19,149	2.87×10^{-3}	64.80	673.1	1,415	2019/12/11	7
Glonass 760	19,131	19,155	4.70×10^{-4}	64.80	676.2	1,415	2020/2/16	7

苏联/俄罗斯全球导航卫星系统与美国 GPS 一样，采用了两种导航码，一种是军用精密码，另一种是民用粗码，其带宽分别为 5.11MHz 和 0.511MHz，这仅为美国"导航星"全球定位系统的一半，其测距分辨率也比美国"导航星"全球定位系统的低一半。因此，苏联/俄罗斯全球导航卫星系统的导航定位精度较美国"导航星"全球定位系统的低，约为 30~100m，测速精度为 0.15m/s，授时精度为 1ms。

第7章 科学类有效载荷

航天器科学类有效载荷主要用于空间环境探测、深空探测和空间科学试验[1]。

7.1 空间环境探测有效载荷

空间环境探测是指在地球周围对地球大气和磁场、空间等离子体、各种能量的粒子(电子、质子和高能重核离子等)和空间碎片等进行探测。其探测器可分为两种:一种是探测这些物质的物理量的探测器;另一种是探测航天器原材料、元器件和电路对这些物质的辐射效应的探测器。空间环境探测对人类的生存和从事某些地面活动及航天活动具有十分重要的意义。

7.1.1 磁场测量仪器

空间科学研究的磁场,主要涉及地磁场、地球以外的行星磁场、行星际磁场和太阳磁场。地磁场可分为两大部分:一部分是来源于固体地球内部的稳定磁场;另一部分是来源于地球外部各种电流系的外部磁场。稳定磁场最强,在地球表面极区最强处约为 65000nT,赤道最弱处约为 24000nT。地球以外各行星磁场差别很大,从几纳特斯拉到几百纳特斯拉。行星际磁场是进入行星际空间的太阳等离子体携带的场,其强度为几纳特斯拉至十几纳特斯拉。太阳磁场随时间和空间变化很大,最强的磁场可达 $1.5×10^8$ nT。从探测手段上来说,太阳磁场只能通过遥感方式测量,而其他类型的磁场可就地测量。由此看出,空间科学所研究的磁场变化范围很大,因而相应的磁场测量仪器种类也较多,最常用的有旋进式核子磁力仪(proton precession magnetometer)、光泵磁强计(optical pumping magnetometer)、磁通门磁强计(fluxgate magnetometer)和探测线圈磁强计(search coil magnetometer)等[47]。

1. 旋进式核子磁力仪

旋进式核子磁力仪的工作原理是:具有自旋的质子在磁场的作用下将产生一个以磁场方向为轴的拉莫尔进动,磁场的大小与质子的旋进频率成正比。这种简单的正比关系,就把对磁场的测量转化为对质子旋进频率的测量。质子旋进时,在它周围所形成的磁场是交变磁场。若将含有质子的液体盛于容器中,且将此容器置于一线圈内,如图7-1所示,则质子旋进产生的交变磁场在线圈内将感应出频率与旋进频率相同的电动势,但这个电动势非常微弱。若在线圈中先通以电流,在线圈轴向产生 10^6nT 的强磁场,此磁场使容器内大量磁矩沿线圈轴向定向排列(称为极化)。然后切断电流,则在磁场 B_T 作用下,质子将绕磁场方向作同步旋进,产生可供测量的电动势。由以上分析可知,质子的极化与质子的同步旋进是两个不连续的过程,故旋进式核子磁力仪对磁场的测量也是不连续的。

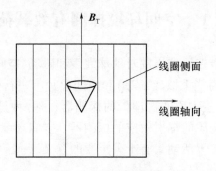

图7-1 同步旋进原理

旋进式核子磁力仪是全向的,即对所有方向的地磁场都能给出可靠的读数。另外,由于其测量精度主要取决于常数的确定和频率标准的稳定性,因而可获得比较高的准确度,一般作为绝对测量仪器,用于标定其他的磁强计。

2. 光泵磁强计

利用光能将原子集中到一定能级上的过程称光泵。光泵磁强计是根据塞曼(Zeeman)效应(如果外加恒定磁场作用于原子系统,原子磁矩与外磁场相互作用,使以 J 标识的原子精细能级分裂成 $2J+1$ 个子能级)产生的磁精细能级间隔与被测磁场成正比,通过射频场将光抽运到高能级的原子产生感应辐射,获得核磁共振信号,从而测量磁场强度的一种装置。为了实现磁共振的光学检测,可以采用自动跟踪法(或自激振荡法)。自动跟踪法是通过吸收室透明度的变化来检测磁共振的方法。图7-2为采用自动跟踪法时的测量原理方框图。

光泵磁强计灵敏度高,它能以较高的准确度测量 $0.1\sim100\text{nT}$ 左右的弱磁场;此外,它还具有信噪比大、量程宽、耐振性好、无严格定向、能对弱磁场进行绝对测量和在运动条件下做快速连续测量等特点,所以自20世纪60年代以来,在地球物理、空间物理、军事工程以及生物磁学等领域得到广泛应用。

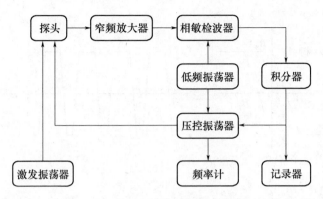

图 7-2 光泵磁强计测量原理方框图

3. 磁通门磁强计

磁通门磁强计是利用高导磁铁芯在饱和励磁下选通调制铁芯中直流磁场分量,并将直流磁场分量转变为交变电压输出而进行测量的一种仪器。它的工作原理是基于法拉第电磁感应定律(即随时间变化的磁场产生电场),它的探头是一种稍加改造的变压器器件,但其变压器效应只是作为对被测磁场进行调制的手段。

实际的磁通门磁强计使用高导磁率、高矩形比和低矫顽力的软磁合金铁芯,这种铁芯的特性是励磁时磁通量迅速达到饱和。励磁场可以用正弦波,也可用三角波。图 7-3 以三角波励磁场为例,描述了磁通门磁强计的工作原理,铁芯的磁滞回线用折线代替,如图 7-3(a)所示,图中的 H_c 是矫顽力,B_S 是饱和磁感应强度。输入到初级线圈的是周期为 T 的交流励磁,其幅度 H_D 远大于待测磁场沿磁芯方向的分量 H_e(见图 7-3(c))。当励磁场达到 $\pm H_c$ 时,磁芯饱和,此时的磁感应强度是 $\pm B_S$。

根据法拉第电磁感应定律及 B-H 磁滞回线,可以得到总的磁感应强度 B_R(见图 7-3(b))在次级线圈中感应的输出信号与"通量"的时间变化率成正比,而通量交替地转换或"开门"到正负饱和。由图 7-3(d)可见,它是由相同的正负脉冲串组成的,脉冲宽度为 αT,时间上是非均匀间隔的。顺序的脉冲间隔或是 βT,或是 $(1-\beta)T$,磁芯在相反方向的交替饱和在探测线圈中打开了"通量门"。

如果没有励磁线圈,直流磁场(或变化缓慢的磁场)在感应线圈中不会有任何输出信号。因此,上述情况对外磁场来说,好像是一道"门",通过这道"门",相应的磁通量即被调制,并产生偶次谐波感应电动势。因此,这种部件被称为"磁通门"探头。

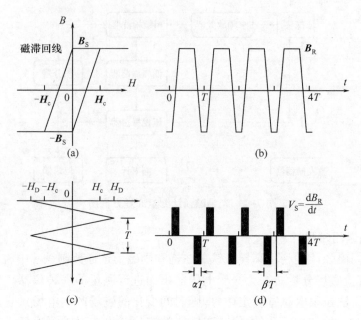

图 7-3　磁通门磁强计工作原理

磁通门磁强计具有结构紧凑、体积小、质量轻、耗电量小、耐振性好、稳定性高、适于高速运动使用、能给出连续记录输出、易于自动测量和遥测等优点,主要适用于测量 10^6 nT 以下的弱磁场。

4. 探测线圈磁强计

探测线圈磁强计又称感应式磁强计,它是测量磁场的最简单的仪器。其工作原理是法拉第电磁感应定律,即随时间变化的磁场产生电场,于是在 N 匝线圈上产生感应电势,通过测量电势反演磁场强度。

探测线圈磁强计是一个测交流磁场的仪器,其灵敏度随频率线性增加,而不适于测稳定场和随时间变化缓慢的场。另外,它仅对平行于线圈轴的磁场分量敏感。在空间应用中,它适于测量场起伏,并通常使用三个正交的磁强计,可同时测量磁场的三个分量。

7.1.2　重力梯度仪

地球重力场是地球的基本物理场之一,重力场及其时变反映了地球表层及内部的密度分布和物质运动状态,同时决定了大地水准面的起伏和变化。地球重力场在地球物理、地震、地资源勘探、海洋、空间技术、军事应用和环境科学等学科和领域中具有重要作用。卫星重力梯度测量(satellite gravity gradiometry,SGG)是恢复高阶静态地球重力场最有效的手段之一,其采用差分加速度的测量原理,通过搭载于卫星上的核心载荷——重力梯度仪直接测量轨道高处重力加速度的一阶导,即重力梯度张量,来获取全球高阶重力场信息。星载重力梯度仪是卫星重力梯度测量的关键载荷,目前国际上重力梯度仪的类型主要包括静电重力梯度仪、超导重力梯度仪和原子干涉重力梯度仪等[55]。

1. 静电重力梯度仪

以 GOCE 卫星为例,其搭载的是静电式的重力梯度仪,静电重力梯度仪由三对相距 0.5m 的高精度静电加速度计沿卫星质心对称放置组合而成,三对静电加速度计相互正交,构成三轴的静电重力梯度仪,如图 7-4 所示。每个静电加速度计测量的是悬浮的检验质量与卫星框架之间的相对加速度,卫星重力梯度测量基于差分加速度测量原理,通过 6 个加速度计之间观测量的差分组合获取重力位的二阶导数,即重力梯度张量。

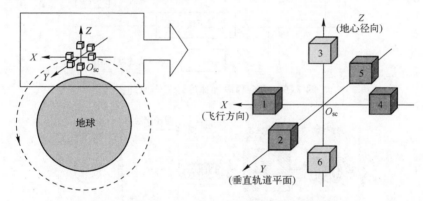

图 7-4 GOCE 卫星搭载的静电重力梯度仪结构图

对于每个静电加速度计而言,它主要由机械敏感探头(惯性检验质量、电容极板)、电容位移传感和静电反馈控制电路等部分组成。检验质量与电容极板的相对运动会被电容位移检测电路获取,随后通过控制电路给出反馈电压组合,施加到相应的电容极板上,通过反馈电压产生静电力将检验质量拉回到其平衡位置,如图 7-5 所示。

静电重力梯度仪的测量精度从根本上受限于加速度计敏感探头的机械热噪声以及 ADC 的输出噪声,通过对核心部件静电加速度计敏感探头以及动态范围的改进设计,在 250km 的轨道高度,静电重力梯度仪的潜在测量精度可达 $0.3\text{mE}/\text{Hz}^{1/2}$。

2. 超导重力梯度仪

超导重力梯度仪基于超导加速度计,其测量原理如图 7-6 所示[56]。该超导加速度计包含有一个弱弹簧、超导检核块、一个超导感应线圈和一个带有输入/输出线圈的 SQUID 放大器,在由感应线圈和带有输入/输出线圈的超导量子干涉仪(SQUID)的放大器组成的回路中则保存有持续的电流。当平台有上下或等效的加速度或当重力场信号发生效应的时候,该检核块将相对于感应线圈产生位移,并且通过迈斯纳效应调整它的感应系数,这导致线圈中感应出的量子磁通量发生变化而产生电流,而 SQUID 放大器则将感应电流转换为电信号输出。

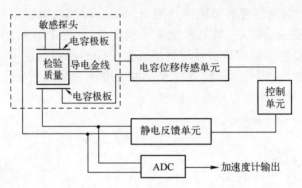

图 7-5 单个静电加速度计工作原理图

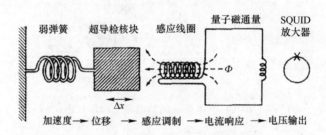

图 7-6 超导加速度计的测量原理

图 7-7(a)为 Maryland 研制的Ⅱ型 SGG 加速度计的实物图。它的 6 个检核块每个重为 1.2kg,悬浮于带有褶皱的一对弯曲的模板之间,其整个结构由铌材料做成。6 个完全相同的加速度计以 6 个不同的方向精确地安装在一个钛合金六面体上,其灵敏轴都垂直于正方体的表面,这样就形成了三轴 SGG。图 7-7(b)为Ⅱ型 SGG 每个轴向上的电路回路示意图,两个检核块被相对地安装于六面体上,并用超导体材料连接起来,这样就构成了重力梯度仪。

3. 原子干涉重力梯度仪

原子干涉重力梯度仪基于激光与原子相互作用,通过磁光阱(MOT)将原子冷却囚禁后上抛,形成在空间中相隔一定距离的两团原子,通过相同干涉光进行操控,使得这两团原子同时进行干涉过程,构成两个等效的原子干涉重力仪,测量出这两个原子干涉仪的相移差 $\Delta\varphi$ 来获取相距 L 位置处的加速度之差 Δa,进而得到该距离方向上的重力梯度分量,其基本测量原理如图 7-8 所示。

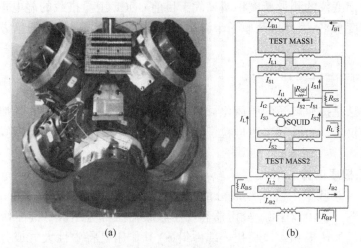

图 7-7 三轴 II 型 SGG 实物图(a)线型 SGG 单轴电路图(b)

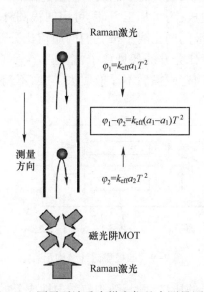

图 7-8 原子干涉重力梯度仪基本测量原理

原子干涉重力梯度仪的测量灵敏度与激光脉冲间隔 T 的平方成反比,由于地面存在 $1g$ 重力加速度,受仪器尺寸的限制,T 一般只能在几百毫秒,因此,目前地面能够实现的测量精度约为 $3E/Hz^{1/2}$。在空间微重力环境下,原子接近悬浮状态,间隔 T 可以很容易增大到秒甚至数十秒的量级,因此有非常大的空间测量优势：一方面，使得星载重力测量的精度大大提高；另一方面，可有效缩短作用区真空腔长度，利于星载装置的小型化。NASA 量子科技团队指出，星载原子干涉重力梯度仪的测量精度将明显优于目前 GOCE 卫星搭载的静电重力梯度仪的测量精度水平，因此星载原子干涉重力梯度仪在地球重力场测量方面具有巨大潜力。

7.1.3 质谱计

质谱计是按照离子的质荷比，把在电磁场中运动的离子按质量加以分类计数的一种仪器。它既可以测量粒子成分，又可以测量分压强，在空间探测中有广泛的应用[47]。

1. 四极质谱计

图 7-9 是测量中性大气成分的四极质谱计（quadrupole mass spectrometer）结构示意图。它由离子源、分析器和离子收集器三部分组成。离子源主要由阴极、反射极、加速极和入口膜孔等部件组成，其作用是将中性大气成分电离成正离子，然后使这些离子汇聚成具有一定入射能量的锥状束，射入分析器内。分析器由四根双曲面电极组成，为了加工方便，可用四根圆杆代替，相对的电极相连接，其作用是将进入电极间的正离子按它们的质荷比分开来。离子收集器的主要作用是收集已按质荷比分开的各种离子，它是一个所谓法拉第筒。要求筒有一定的深度，使离子与筒壁碰撞后不反射回去，它由不锈钢制成，并与放大器静电计端相连。

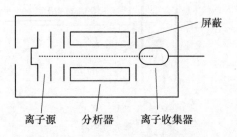

图 7-9 四极质谱计结构示意图

测量电离层正离子的质谱计，其结构与测中性成分的基本一样。不同的是，离子源中不需要阴极灯丝和反射极。在空间使用时，加速极略带负电位，而入口膜孔的电位大约在 -50~-10V 之间。

2. 射频质谱计

射频质谱计（radio-frequency mass spectrometer）利用交变电磁场分离不同质量的离子，并对各种离子分类计数。贝内特（Bennett）于 1950 年发明了这种质谱计,因此通常称为 Bennett 质谱计。

实际的 Bennett 质谱计是多级的,现以单级为例,介绍其工作原理。如图 7-10 所示,正离子经直流电压 U 加速后由入孔进入质谱计。a、b 和 c 是质谱计的三个栅极,栅极间距为 L;在栅极 ab、bc 间加角频率为 ω 的射频电场:

$$\begin{cases} E_{ab}=E\sin(\omega t+\theta) \\ E_{bc}=-E\sin(\omega t+\theta) \end{cases}$$

式中,E 为射频电场的幅值;θ 为初相位。

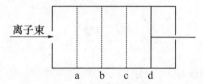

图 7-10　Bennett 质谱计工作原理示意图

设离子通过栅极 a 时的时间为零,$E\sin\theta$ 是射频电场在零时刻的值。在栅极 ab、bc 间,作用在质量为 m 的离子上的力分别是

$$\begin{cases} F_{ab}=eE\sin(\omega t+\theta) \\ F_{bc}=-eE\sin(\omega t+\theta) \end{cases}$$

式中,e 为电子电荷。

通过理论推导可得,满足 $M=0.266U/(L^2f^2)$(这里,M 为原子质量数;f 为射频场频率,单位 MHz)的离子在射频场中获得最大的能量增加,能够穿过电极 d 所加的阻滞势,并被探测器所接收。改变加速电压 U,则可使不同质量的离子通过质谱计,被探测器测量。

上述单级 Bennett 质谱计的分辨能力很低,因此实用的射频质谱计都采用多级。例如,AE 卫星所携带的 Bennett 质谱计就是三级的。

3. 飞行时间质谱计

飞行时间质谱计(time-of-flight mass spectrometer)的结构如图 7-11 所示,加速极将离子引入漂移管,然后被收集极接收。

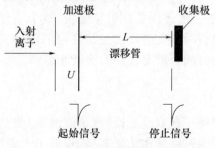

图 7-11　飞行时间质谱计结构示意图

不考虑离子初速度,则离子经过加速电压 U 加速后具有的速度为

$$v = \sqrt{\frac{2qU}{m}}$$

式中:q 和 m 分别为离子的电荷和质量;U 为加速电压。加速的离子在无场空间飞行距离 L 后到达收集极。离子到达收集极所用的飞行时间为

$$t = \frac{L}{v} = L\sqrt{\frac{m}{2qU}} = L\sqrt{\frac{m}{q} \cdot \frac{1}{2U}}$$

于是

$$\frac{m}{q} = \frac{2Ut^2}{L^2}$$

可见当漂移管长度和加速电压一定时,飞行时间仅与离子质荷比有关。测定了飞行时间,则确定了该离子的质荷比。

为了测量粒子的飞行时间,首先必须获得粒子"起飞"的起始信号和到达终点的停止信号,并经过对这些信号作"定时"处理,得到相应的定时信号,然后测量这两个定时信号的时间间隔。目前测量时间间隔的常用方法是将这两个定时信号输入到时间—幅度转换器,把时间间隔转换成输出脉冲幅度,分析这些脉冲的幅度,就可得到关于粒子飞行时间的信息。由此可知,整个测量系统的时间分辨率决定于起始信号和停止信号的时间晃动,以及对它们定时和进行时间间隔测量过程中产生的误差。由于快电子学的迅速发展,特别是各种性能优异的定时线路的出现,后者的影响是比较小的,因而起始信号和停止信号本身的时间晃动则成为主要的因素。

起始信号的获得通常使用一种固有分辨时间小至几皮秒的微通道板探测器。停止信号是用具有快速响应的探测器得到的,例如快响应的闪烁探测器和半导体探测器等。在需要同时测量能量的情况下,还要求这些探测器具有好的能量分辨率。响应很快的闪烁体,配合快速光电倍增管,在具有良好的光收集的条件下,其固有分辨时间可做到 $200 \sim 300 \mathrm{ps}$($1\mathrm{ps} = 10^{-12}\mathrm{s}$)。金硅面垒型探测器的时间性能同探测粒子种类及能量有关,其固有分辨时间可达 $100\mathrm{ps}$ 左右。

飞行时间质谱计的主要优点是分析速度快,整个质谱图只用几微秒便可得到。在空间探测中,飞行时间质谱计往往与其他部件,如静电分析器、准直仪等相配合,以便得到好的时间分辨率和高的质量分辨率。

7.1.4 光谱仪

所谓光谱仪,就是用于获取按波长(频率或波数)排列的原子或分子光谱的仪器。长期以来,人们通过物理和化学实验,积累了大量物质的光谱数据,结合

理论分析,就可从测量对象的光谱中得到有关物质成分、密度、温度等许多信息,因而在空间等离子体诊断、高层大气探测及太阳大气遥感等方面有广泛的应用[47]。

图 7-12 为一般光谱仪结构示意图。光源先经透镜 L_0 成像于狭缝上,形成一个强而均匀的光点或光线条,再经透镜 L_1,于是有平行光束入射在色散部件上,色散部件使不同波长的光偏转不同的角度 $\alpha(\lambda)$,即光被分解为光谱,最后由透镜 L_2 将色散了的光成像于焦平面上。在焦平面上放置探测部件,用以探测和记录不同波长的光。由此可见,光谱仪主要由光源、透镜、色散部件和探测部件构成。对于空间探测的光谱仪,光源是探测对象发出的光,例如太阳光和其他辐射光。在透镜 L_0 的前面,一般加有望远镜,常用的望远镜有里奇-克莱琴(Ritehey-Chretien)望远镜、卡塞格林(Cassegrain)望远镜、施密特(Schmidt)望远镜等。色散部件主要是光栅和干涉仪。探测部件则根据波长范围进行选择,在可见光范围,常用的是电荷耦合器件(CCD)。

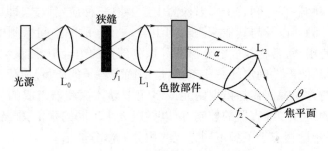

图 7-12 一般光谱仪结构示意图

光谱仪有多种分类方法,较常见的有:按辐射的波段分,有可见、紫外、红外、X 射线、γ 射线光谱仪等;按所用色散部件,则分为棱镜、光栅和干涉光谱仪;按观测方法,则分为分光镜、分光计、摄谱仪和成像光谱仪。成像光谱仪是 20 世纪 80 年代发展起来的一种新型光谱仪,它是在 20 世纪 70 年代问世的线列遥感器的基础上,使用了二维探测器面阵,从而可同时获取目标影像和该影像各像元的光谱组成,故是一种"谱像合一"的光谱仪。

7.1.5 空间带电粒子探测器

利用人造地球卫星对空间环境探测主要是探测空间带电粒子,其有效载荷为空间带电粒子探测器。

早期采用的空间带电粒子探测器主要包括盖革计数器、闪烁计数器等,测量的粒子一般是地球周围空间的带电质子和电子。其性能较差,测量带电粒子的能量较低,所区分的能量档次较少。20 世纪 80 年代后主要使用半导体高能粒子探测器。

半导体探测器实质上是在一块半导体材料上设置一个阴极(高掺杂的 P^+ 层)和一个阳极(高掺杂的 N^+ 层)构成的较大体积的 PN 结(约 $0.01\sim200cm^3$)。当带电粒子进入半导体探测器后,形成电子—离子空穴对。它们在电场作用下分别向两极运动,并被电极收集,从而产生脉冲信号,这就是半导体探测器的基本工作原理[47]。带电粒子在半导体中产生电子—离子对所需的能量 ε_0(也叫平均电离功)与半导体材料和温度有关。在室温下,硅的平均电离功是 3.62eV,锗的平均电离功是 2.80eV。

半导体探测器具有能量分辨率高、时间分辨率好、体积小、质量轻、适合做成微型探测器的优点,在测量磁层粒子、太阳宇宙线、银河宇宙线、X 射线和 γ 射线方面有广泛的应用。半导体探测器有区分不同粒子成分和能量的特点,因此,它可以对粒子成分、能谱以及同位素进行测量。

半导体探测器在空间粒子辐射探测中主要有三种应用形式,即单个探测器、望远镜方向探测器以及与其他探测器的组合。在当前的空间探测中,单个探测器很少单独使用,常常在与静电分析器等探测部件的组合中,测量粒子的剩余能量,再根据由其他部件确定的一些参数,进而确定粒子的质量、质荷比、带电状态等参数。所谓方向探测器是指由两元或多元半导体探测器组成的望远镜,利用探测器本身的组合和准直器的控制,可以做成大小不同的张角,配备相应的电子学系统,则可测量相应于卫星不同方向的积分或微分能谱。

7.1.6 空间碎片探测器

尺寸较大(近地轨道的最小尺寸一般在 5cm 左右)的空间碎片主要依靠地基望远镜或雷达设备进行探测,但对于尺寸较小的空间碎片探测则只能依靠航天器携带的探测器(即天基手段),主要包括遥感探测、直接探测、航天器表面采样分析三种主要手段[48],其中遥感探测属于主动式探测方式,而后两种则为被动式的空间碎片探测。

1. 空间碎片天基遥感探测

空间碎片天基遥感探测的探测设备包括光学望远镜、微波雷达以及激光雷达等。由于天基遥感探测是在太空中进行空间目标的观测,其探测器与物体之间的距离较近,而且探测过程不会受到大气的干扰,因此对空间物体的观测具有极高的分辨率,可用于中小尺寸的空间碎片的探测[49]。

光学望远镜是搭载于天基平台上的电子望远镜,其观测能力与目标距离平方成反比,具有很高的探测分辨率,但观测过程受到观测平台位置和观测时间段的限制,观测效率低,在实际应用中有其局限性。

激光雷达是利用激光技术实现目标探测的一种雷达。它以激光器作为辐射源,将雷达的工作波段扩展到光波范围,具有定位精度高、探测分辨率高、抗干扰性强的特点,同时在太空中探测具有较小的损耗,因而成为太空中用于空间目标探测的有效手段。但目前激光技术还不成熟,在天基探测中也仅用于近距离空间目标的探测。

微波雷达即是指传统意义上的雷达,即利用无线电波测定目标位置及其相关参数的电子设备。微波雷达在太空中用于空间碎片的探测,由于不受地球大气的影响,能够工作在较高的信号频率上,从而采用比地面设备小得多的天线孔径和发射功率,就能够探测到距离较远、尺度较小的空间目标,尤其是探测目前无法观测的中小尺度的危险碎片。微波雷达是当前天基雷达研究的重点,被广泛用于空间目标的监视和空间碎片的探测过程中。

2. 空间碎片天基直接探测

空间碎片天基直接探测是利用在航天器上搭载由一定材料构成的探测仪器,通过这些仪器记录空间碎片及星际尘埃的撞击效果,从而收集空间碎片信息的探测方法。根据探测材料的不同,目前天基直接探测器主要有三种系列:半导体空间碎片探测器、压电效应空间碎片探测器和碰撞等离子体空间碎片探测器[50,51]。

1) 半导体空间碎片探测器

半导体探测器主要是由美国 NASA 研制的,先后多次用在空间微小碎片的探测研究任务中,如"长期暴露装置"(long duration exposure facility, LDEF)、轨道微流星与碎片计数器(orbiting meteoroid and debris counting, OMDC)等。

LDEF 由美国 NASA 设计,用来提供长期空间环境数据,包括微流星体和轨道碎片的数量及轨道分布,用以分析它们对空间系统运行带来的影响。LDEF 为近圆柱体,尺寸类似 1 辆公交汽车,重达 9752kg,表面积 151m^2,如图 7-13 所示。1984 年 4 月 7 日由"挑战者"号航天飞机放置在倾角 28.4°、高度 509.6km 的近圆轨道上。由于"挑战者"号失事,LDEF 的在轨时间从原计划的 9 个月延长到约 5.7 年,完成了 32422 圈绕地飞行。1990 年 1 月 11 日被"哥伦比亚"号航天飞机回收时,轨道高度已降至 324.3km。LDEF 是

图 7-13 LDEF 探测器

研究近地轨道微流星体及碎片环境和超高速撞击的重要数据源。它是在太阳活

动极小年发射的,而在太阳活动极大年回收,经历了半个太阳活动周,遭受了各种微粒的撞击。LDEF 上肉眼可见的撞击凹陷超过 32000 个,其中最大的达 0.5cm 直径,有些凹陷需要靠电子显微镜才能观察到[52]。分析表明,碎片和微流星体造成的凹陷大约各占一半,小的凹陷几乎都是碎片产生的。

OMDC 探测器如图 7-14 所示。这种探测器的传感器制造工艺是首先使晶体硅氧化得到一层很薄的 SiO_2,然后在 SiO_2 层上镀一层 Al 电极。这样就由 Si、SiO_2 和 Al 构成电容式探测器。传感器工作时在电容上加适当电压,当碎片与传感器发生碰撞时就会使电容放电产生电流,再对电流进行测量,最后得到空间碎片的信息。它的特点是线路比较简单,用分离的多个探头和一个电子学箱构成探测器,这样可以扩大探测面积而且可以了解卫星各个方向的碎片通量状况。它曾经是人类最成功的空间碎片探测手段,曾经获得了大量有用数据。但是它也有很多缺点:首先,半导体探测器的抗辐照能力有限,决定了它的寿命很短;其次,它所测的指标比较有限,只能对碎片的动量信息进行大概的了解。

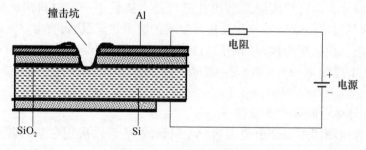

图 7-14 OMDC 探测器

2) 压电效应空间碎片探测器

以美国 NASA 和芝加哥大学所研制的 SPADUS(SPAce DUSt)为代表的压电效应空间碎片探测器,如图 7-15 所示[53]。SPADUS 这台仪器安装在美国近地 ARGOS 卫星上,用来探测近地空间的空间碎片的质量、速度、通量、运行轨迹等信息。ARGOS 卫星于 1999 年 2 月在美国卡那维拉尔角发射升空,进入 822~842km 太阳同步轨道,在轨运行一年探测到碰撞 195 次。在 2000 年初该探测器成功探测到中国"长征"3 号火箭在 1999 年发生的爆炸。

这种探测器采用高性能压电材料(如极化的聚偏二氟乙烯 PVDF)作为传感器,压电效应传感器的特点是物理化学特性稳定,非常适合空间应用,而且它的外围电路相对比较简单。当空间碎片与探测器发生碰撞后可以通过测量产生的电荷信号来测量空间碎片的质量、速度,同时在这种探测器中还采用了飞行时间法来测量碎片的速度。这种探测器的优点是结构比较简单,制造比较容易,传感器稳定性比较高,测量碎片的指标也比较全,它的缺点是解决探测器结构、温控等方面问题有一定难度。

图 7-15　SPADUS 探测器

3）碰撞等离子体空间碎片探测器

以欧空局的 GORID(Geostationary Orbit Impact Detector)为代表的碰撞等离子体空间碎片探测器,如图 7-16 所示[54]。GORID 探测器是欧空局为了探测地球同步轨道上的空间碎片而设计的,它搭载在俄罗斯 EXPRESS-2 通信卫星上,1996 年发射升空,获得了良好的数据。

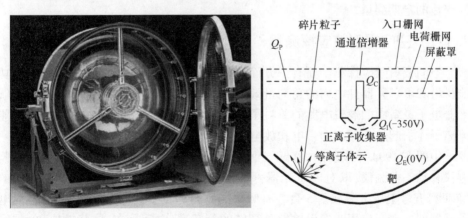

图 7-16　GORID 探测器及其原理

GORID 探测器是基于粒子碰撞产生的电离效应而研制的,由一个半球形的地作为靶子,在半球的中心是一个正离子收集装置,这样在半球和中心之间形成了一个放射状的电场。空间碎片一般都是带电的,在探测器的入口处有一层栅网,用来测量碎片所带电荷量。碎片以高速进入探测器后与探测器后面的半球形纯金靶体发生碰撞。因为碎片具有很高的能量,它与金属靶发生碰撞会产生瞬间的高温高压并导致金属熔化产生溅射等离子体。在靶体与球心加高压电场可以使产生的带正电的等离子体与电子分离并分别测量,最后通过探测结果反演得到碎片的信息(电荷量、质量、速度、成分等)。它的优点是测量的空间碎片的指标很多,测量精度很高而且还可以对碎片化学成分进行能谱分析;它的缺点是探测面积有限,探测角度比较小,探测器的结构比较复杂。

3. 航天器表面采样分析

航天器表面采样分析是通过对已返回的长期暴露于空间环境中的航天器表面材料的分析来获取空间碎片信息的方法。人们研究发现,暴露在空间环境中的航天器表面布满了微流星体和微小空间碎片的撞击坑,撞击坑的尺寸从微米级到毫米级不等。通过对这些撞击坑的发生时间和尺寸的分析,能够有效地获得亚毫米尺寸空间碎片的信息,统计出航天器运行轨道层面上空间碎片的流量,并能直接分析得出小空间碎片对航天飞行任务的影响。

航天器表面采样分析可直接立足于现有返回式航天器的后期研究以及在轨空间站的观察分析,不需额外增加研究费用,因而是一种经济实用的探测方式。美国曾多次对其航天飞机的窗户和裸露表面进行采样分析研究,以统计空间碎片的流量及危害,指导后期航天器材料研究工作。苏联/俄罗斯也自1971年以来对其礼炮-1、2、3、4、5、6、7号以及和平号空间站展开一系列的微流星体和空间碎片的定期测量。

7.1.7 空间辐射效应探测器

空间辐射效应探测主要有三方面:一是由空间带电粒子综合引起航天器功能材料和电子元器件电离的总剂量效应;二是由高能质子和高能重离子引起航天器电子设备中的逻辑电路的单粒子锁定或反转效应;三是在高轨道上由低能等离子体引起航天器表面带电和放电效应,严重时,可使航天器烧毁。

中国在1994年发射的"实践"四号卫星上装载了产生单粒子效应的静态监测仪和动态监测仪,以对电子元器件监测空间单粒子效应。在1999年发射的"实践"五号卫星上装载了5台各有侧重的监测单粒子效应的探测器,对不同电子元器件在空间应用时发生单粒子翻转的翻转率、空间分布、屏蔽效应、单粒子锁定等进行全面、充分的探测。

PMOS剂量仪是一种新型的空间辐射剂量测量仪器,由于体积、功耗、质量都很小,而且仪器结构简单可靠,目前为各国航天器在空间辐射剂量测量中广泛采用。利用空间辐射它能够使PMOS晶体管产生感生氧化物电荷和界面态,进而使PMOS管的阈电压发生相应的变化的原理来测量辐射总剂量。1999年,中国发射的"实践"五号科学试验小卫星搭载了PMOS剂量仪,并获得了探测结果。

7.2 深空探测有效载荷

深空是指脱离地球引力场的空间,包括月球和月球以远的天体和空间,即太阳系空间和宇宙空间。深空探测是指脱离地球引力场,进入太阳系空间和宇宙空间的探测。深空探测的主要目的是:了解太阳系的起源、演变和现状;通过对太阳系内的各主要行星及其卫星的比较研究进一步认识地球环境的形成和演变;探索生命的起源和演变;开发和利用空间资源;探讨是否有地外文明等。自20世纪60年代以来,美国、苏联等国家已对月球和太阳系进行了多方面考察,例如,美国于20世纪70年代执行的"阿波罗计划",先后有12人到月球上进行了实地考察。

深空探测有效载荷包括空间望远镜、传输型光学相机(环绕天体探测)、宇宙线探测器、等离子体探测器(宇宙航行中探测)、空间环境探测器(其他天体周围环境探测)、地质成分分析仪(其他天体地质探测)、磁力仪和气体成分分析仪等。如果在月球建立月球基地,则月球基地各种设施和试验成果或产品都属于有效载荷。伴随月球与深空探测任务的开展,我国在深空探测有效载荷探测技术方面有了长足的进步。深空探测有效载荷按照探测方式的不同可分为环绕探测类有效载荷和就位与巡视探测类有效载荷[64]。

7.2.1 环绕探测类有效载荷

环绕探测类有效载荷是在探测器环绕地外天体运行时,对该天体进行遥感探测和对探测器途经区域的空间环境探测。以月球为对象的探测器是目前应用最广泛的一类深空探测器。以我国2007年发射的"嫦娥"一号月球探测器为例,其携带的有效载荷(见图7-17)主要包括以下8种[65]:CCD立体相机、干涉成像光谱仪、激光高度计、γ射线谱仪、X射线谱仪、微波探测仪、太阳高能粒子探测仪、太阳风离子探测仪等。

1. CCD立体相机

对于中国首次对地外天体的探测,获取全月表的三维立体图像是最重要的科学目标。CCD立体相机是关键的有效载荷设备。"嫦娥"一号的立体相机设计得很巧妙,它实际上是一台1024×1024大面阵CCD相机,分别取面阵沿垂直于飞行方向上具有一定间隔的3行作为前视、中视和后视对应的CCD线阵,卫星飞行过程中连续获取三线阵的数据,形成 3 幅不同拍摄角度的二维连续影像。这样的设计简化了结构,减小了仪器的体积和质量。CCD 立体相机获取图像经辐射校正等修正后,利用精密定轨后所获得的摄站坐标位置和摄站对应时刻的卫星姿态,按照摄影测量的理论和方法,重构月表三维立体影像。当轨道高度为 200km 时,仪器的主要技术指标见表 7-1 所列[64]。

图 7-17 "嫦娥"一号月球探测器的有效载荷

表 7-1 CCD 立体相机主要技术指标

技术指标	范围值
月表成像宽度/km	60
月表地元分辨率/m	120(星下点)
光谱范围/μm	0.5~0.75
光谱通道数	1
量化等级/bit	8
静态传函	≥ 0.2

2. 干涉成像光谱仪

干涉成像光谱仪采用 Sagnac 型横向剪切空间调制干涉成像方式,把照相机的功能与光谱仪的功能合二为一,它同时获取目标的影像信息与谱信息。相对于色散型成像光谱仪,该设备具有:高通量、多通道、宽谱段、可以计算任意波长谱线强度、无光谱混叠的特点,而且没有可动部件,具有很好的航天环境适应性。当轨道高度为200km时,仪器的主要技术指标见表7-2所列。

表7-2　干涉式成像光谱仪主要技术指标

技术指标	范围值
月表成像宽度/km	25.6
月表地元分辨率/m	200
光谱范围/mm	0.48~0.96
光谱通道数	32
量化等级/bit	12
像元数	256×256
静态传函	≥0.2

干涉成像光谱仪主要获取月球表面的二维光谱序列图;根据岩石和矿物的光谱特性,结合γ射线谱仪、X射线谱仪测得的月表元素的含量,分析月球表面矿物类型和分布,绘制月球表面岩石分布图。

3. 激光高度计

激光高度计采用激光测距原理,从卫星上发射一束大功率的窄脉冲激光到月球表面,并接收月球表面后向散射的激光信号,通过测量激光往返延迟时间来计算卫星到月表的距离。仪器由探头和电路箱两部分构成,其探头部分由激光发射器和激光接收望远镜构成。为了保证激光经月面散射后进入望远镜的接收视场,必须确保激光发射器和接收望远镜光轴的平行度,所以这两部分装在一块基板上。"嫦娥"一号激光高度计主要技术指标见表7-3所列。

表7-3　激光高度计主要技术指标

技术指标	范围值
作用距离/km	200
月面激光足印大小/m	<φ200
激光波长/nm	1064
激光能量/mJ	150
激光脉宽/ns	<7
激光重复频率/Hz	1

4. γ射线谱仪

月球表面有的元素本身就有天然放射性,会发出 γ 射线,如 K、Th、La、U 等。多数元素本身没有天然放射性,但银河宇宙线会与其发生复杂的相互作用产生 γ 射线。各种不同元素所产生的 γ 射线具有各自不同的特征能谱,"嫦娥"一号所携带的 γ 射线谱仪就是通过探测 γ 射线的能量和通量来确定元素的种类和含量的。探测器使用碘化铯闪烁晶体,这种物质与 γ 射线作用会产生荧光,通过光电倍增管转换成电信号被检测和处理。γ 射线谱仪的主要技术指标见表 7-4 所列。

表 7-4 伽马射线谱仪主要技术指标

技术指标	探测器有效面积		仪器能量分辨率	探测能量范围/MeV	探测能道数
	主探测器晶体/mm	反符合晶体/mm			
数值	Φ178×78	底厚 30 侧厚 30	≤9%@662 keV	0.3~9	512

5. X 射线谱仪

月表的某些元素在太阳 X 射线的激发下,会产生具有特定能谱的 X 射线,通过探测月球表面元素受激发产生的荧光 X 射线可以获得元素的丰度与分布的信息。X 射线谱仪选用 Si-PIN 半导体探测器作为敏感元件。低能 X 射线探测器由 4 个相互独立的 Si-PIN 半导体探测器构成,探测能区 1~10keV,总有效面积为 $1cm^2$,可探测 Si、Al、Mg 等元素。高能 X 射线探测器由 16 个相互独立的 Si-PIN 半导体探测器阵列构成,每个探测器有效面能积为 $1cm^2$,总有效面积为 $16cm^2$,探测能区为 10~60keV。由于荧光 X 射线与太阳 X 射线的辐射强度有关,所以 X 射线谱仪配置了太阳监测器获取太阳 X 射线能谱、流强等信息,为 X 射线谱仪数据处理提供参考依据。X 射线谱仪的主要技术指标如表 7-5 所示。

表 7-5 X 射线谱仪主要技术指标

技术指标	范 围 值
探测器有效面积/cm^2	17
探测能区/keV	1~60
分辨率	≤10%@59.5 keV(硬 X 射线)
	≤600 eV@5.95 keV(软 X 射线)
月面本征分辨率/km	170×170
太阳监测器 探测能区/keV	1~10
太阳监测器分辨率	≤600 eV@5.95 keV

6. 微波探测仪

自然界中的物体,只要温度在绝对温度零度(即-273.15 ℃)以上,都以电磁波的形式向外传送热量,这种传送能量的方式称为辐射。微波探测仪通过采用不同频率的微波辐射计分别接收来自月表同一区域不同深度的月壤微波辐射信号,比较分析测得的各频段亮温信号之间的差异,能够反演出月表以下的次表层信息和月壤的厚度信息,确定月壤富集区。微波探测仪的主要技术指标见表7-6所列。

表 7-6 微波探测仪主要技术指标

指 标	数 值			
频率/GHz	3.0(±1%)	7.8(±1%)	19.35(±1%)	37(±1%)
带宽/MHz	100(±15%)	200(±15%)	500(±15%)	500(±15%)
积分时间/ms	200(±15%)	200(±15%)	200(±15%)	200(±15%)
温度分辨率/K	≤ 0.5	≤ 0.5	≤ 0.5	≤ 0.5
线性度	≥ 0.99	≥ 0.99	≥0.99	≥0.99
3dB 波束宽度	E:15°±2° H:12°±2°	E:9°±2° H:9°±2°	E:9°±2° H:10°±2°	E:10°±2° H:10°±2°

7. 太阳高能粒子探测仪

太阳高能粒子探测仪主要用于监测轨道空间的高能带电粒子(电子、质子和重离子)成分、能谱、通量和随时间的变化特征。通过探测带电粒子的通量,可以得到粒子的空间分布以及粒子在空间的运动规律等信息。仪器的传感器部分采用的是望远镜探测系统。望远镜探测系统由三块直径均为12mm半导体探测器组成,为了避免阳光照射导致探测器的噪声增加,在第一块探测器前放置了一块 15μm 铝挡光层。太阳高能粒子探测仪的主要技术指标见表7-7 所列。

表 7-7 太阳高能粒子探测仪主要技术指标

技 术 指 标	能道数值	
电子	E1/keV	≥ 100
	E2/MeV	≥ 2.0
质子	P1/MeV	4~8
	P2/MeV	8~14
	P3/MeV	14~26
	P4/MeV	26~60
	P5/MeV	60~150
	P6/MeV	150~400

(续表)

技术指标		能道数值
重离子	He/MeV	13~105
	Li,Be,B/MeV	34~210
	>C/MeV	117~590
探测器全向张角/(°)		60
时间分辨率/s		1

8. 太阳风离子探测仪

太阳风离子探测仪用于探测太阳风等离子体中离子和其他低能离子的能谱、速度分布函数,从中引出平静和高速太阳风等离子体的特征量,如太阳风的体速度、离子温度和数密度等主要参数。太阳风离子探测器采用带顶盖的半球形静电分析器方案,由准直器、半球形静电分析器和微通道板(microchannel plate,MCP)组成,其中半球形静电分析器由3个同心球面组成,分别为内极板、外极板和顶盖。入射的太阳风粒子和其他低能粒子被准直器准直进入静电分析器,只有满足一定能量(E/q)范围的离子才可以经过分析器的通道到达MCP入射端面,产生电子发射,并经过多次倍增放大输出电子流。太阳风离子探测仪的主要技术指标见表7-8所列。

表7-8 太阳风离子探测仪主要技术指标

技术指标	范围值
探测粒子	太阳风离子
探测能量/keV	0.05~2
能道划分	48通道,近对数划分
太阳风速度/km·s^{-1}	150~2 000
瞬时视场/(°)	6.7×180
接收角/(°)	256×256

7.2.2 就位与巡视探测类有效载荷

就位与巡视探测类有效载荷是指装载于着陆器和巡视探测器上对着陆区附近或巡视路径区域的局部进行探测的有效载荷。以中国2013年发射的"嫦娥"三号月球探测器为例,其携带的有效载荷主要包括相机、月基光学望远镜、极紫外相机、红外成像光谱仪、粒子激发X射线谱仪、测月雷达等[64]。

1. 相机

为获取着陆与巡视区月表的形貌特征，"嫦娥"三号在着陆器配置了降落相机、地形地貌相机，在巡视器上配置了全景相机。与环绕探测器使用的线阵推扫式相机不同，着陆与巡视探测使用面阵成像相机，其原理与日常使用的相机相同，但必须适应严酷的月面工作环境。

2. 月基光学望远镜

月基光学望远镜的主要科学目标是在近紫外波段对各种天文变源的亮度变化进行长时间的连续监测。仪器由安装于着陆器的月基光学望远镜主体、反射镜转台二件设备组成。

3. 极紫外相机

极紫外相机通过对地球周围的等离子体层产生的30.4nm辐射进行全方位、长期的观测研究，获取地球等离子体层三维图像。极紫外相机由薄膜吸收滤光片、EUV波段多层膜反射镜、光子计数成像探测器、EUV相机支撑结构和电子学控制系统组成。

4. 红外成像光谱仪

红外成像光谱仪能够获取可见近红外到短波红外的高分辨率反射光谱及图像，用于巡视区月表矿物组成和分布的综合研究。其仪器原理为：来自月球外的辐射经月球表面的矿物和岩石反射后，入射到成像光谱仪的视场内，经成像光谱仪的声光调制滤波器(acousto-optic tunable filter, AOTF)后，形成某一波长的准单色光，通过会聚镜会聚到面阵探测器上，得到月表观测目标的单波段图像，又通过改变AOTF的调制频率，从而改变透过AOTF的光波波长，最终获得所需波长的高光谱图像。

5. 粒子激发X射线谱仪

粒子激发X射线谱仪探测月表受激发源激发产生X射线，并对主量元素进行分析。可用于对月表岩石、月壤、矿物进行综合分析。粒子激发X射线谱仪的探头部分，安装在巡视器机械臂前端。它主要由激发源、X射线探测器和前置放大电路组成。

6. 测月雷达

测月雷达用于巡视路线上月壤厚度和浅层结构探测。其工作原理是：测月雷达发射机产生超宽带无载频毫微秒脉冲，经过发射天线向月面下辐射，信号在月壤和月岩介质的传播过程中，如果遇到不均匀层、不同介质交界面、熔岩管、漂石等目标，将产生电磁波信号的反射和散射。接收天线接收到该反射和散射信号获得相应的探测数据，通过对探测数据进行分析、处理和成像，得到巡视器行走区域内月壤厚度及月壳次表层岩石地质结构信息。

7.3 空间科学试验有效载荷

在空间科学试验方面,主要涉及微重力材料学和生物科学,相关的卫星主要是微重力研究卫星,它的有效载荷是用于科学试验的设备以及试验物。中国返回式卫星多次搭载了科学试验有效载荷,主要就是用于空间材料科学和空间生命科学的微重力试验。

航天器在轨道上处于失重状态。在微重力条件下会有如下一些物理化学现象:气体和液体中的热对流消失;不同比重的物质分层和沉淀消失;液体的静压力消失;容器对液体的束缚力减小。利用载人飞船和返回式卫星上搭载微重力试验有效载荷,经在轨试验完成后,其试验成果可返回地面研究或应用。微重力科学试验是对各种物质(有生命的或无生命的)在空间微重力条件下的行为和特征等进行试验研究,主要包括空间材料科学试验、空间药物生产、空间生命科学试验等。

7.3.1 空间材料科学试验

空间材料科学试验主要是利用试验设备或工具对各种半导体材料、合金材料、复合材料以及超导材料,在空间微重力条件下熔化、凝固、结晶等的性能进行试验研究,以期得到优质或新型材料。所以,空间材料科学试验的有效载荷主要是用于试验的设备和材料。

空间材料科学试验一般可分为有源搭载试验和无源搭载试验两种。有源搭载即要求有电源供应,多数情况还需要有遥测、遥控等服务分系统支持。多数空间材料科学试验属于有源搭载,其有效载荷就是空间多用途材料加工炉和用于试验的材料。

1. 加工炉

加工炉有多种类型,包括重熔结晶炉、空间移动样品在熔晶体生长炉、空间重熔晶体生长炉、空间功率移动大直径晶体生长炉、可编程功率移动组合炉等。这些加工炉的体积在 $0.016 \sim 0.028 m^3$ 范围内,质量在 $10 \sim 15 kg$ 范围内,能确保材料生长所需的温度和湿度变化率,确保材料在炉内所需的移动范围和移动速度。此外,有效载荷可能还包括试验观察或记录装置等,如显微摄像机、四工位空间晶体生长观察装置等。中国用四工位空间晶体生长观察装置首次观察到高温氧化物晶体材料在空间微重力环境下的熔质均匀扩散现象、表面张力对流现象和空间均匀分布胞状结构的形成过程,并采用自动调焦的显微摄像技术和 VTR 图像记录技术在地面控制下对以上现象和过程作了实时记录。

2. 试验材料

试验的空间材料一般可分为：功能性材料（如半导体材料、超导体材料、磁性体材料、记忆合金材料和红外敏感器材料等），结构材料（如难混合金材料、金属材料、泡沫多孔材料和复合材料等），光学和陶瓷材料（如优质的玻璃、陶瓷、光导纤维、高绝缘材料等）。

1) 功能性材料

在空间可以生产出结构完整有序、断位缺陷少、掺杂均匀的半导体材料，如砷化镓（GaAs）、碲化镉（CdTe）和锑化镓（GaSb）等单晶材料；空间加工消除了磁性材料在地面加工过程中对流和杂质成核的影响，其矫顽力可比地面提高60%；加工新型差的超导材料，如铅—锌—锑合金、铅—银—氧化钡等，具有更高的熔化温度和超导转变温度；加工的各类非晶体、亚稳态和微晶金属合金，这些材料有的具有优良的软磁性能，有的具有极高的强度、硬度和韧性，有的具有优良的抗腐蚀性能。例如，中国通过空间材料科学试验，获得了直径10mm和20mm的砷化镓单晶体，掺杂均匀性比地面获得的好，能制成性能优良的激光器。以上材料均为功能性材料。

2) 结构材料

在空间生产的难混合、偏析合金能够达到分子级的均匀混合，已经生产出锌铝、铋锌和铅锌合金，铝镁、钼镓和铝钨合金，银锗、铝铜合金等，可以进行加工的合金有几百种。由于在失重环境条件下，各种比重不同的物质可以均匀混合。利用这一特性可以把难熔或硬度大的微粒（如金刚石、氧化铝、碳化钛等）均匀地加入金属，也可以在陶瓷中加入某种纤维形成各种均匀的复合材料。这样，可以大大提高材料的性能，如有的可以提高材料的耐磨性，有的可以提高强度，有的可以形成耐高温、抗腐蚀的材料。利用空间液体中的气泡不易分离的特点，可以生产泡沫金属，如生产出泡沫钢、密度为原密度1/3的泡沫铝及其合金。以上材料为结构材料。

3) 光学和陶瓷材料

在空间生产出无气泡、无条纹、各向同性、折射系数和色散指数均匀、光学性能几乎接近理论值的玻璃，用高纯度玻璃可以制造出极细、长度几乎不受限制的光导纤维。在地面上有机物聚合时会产生分层和沉淀，从而影响有机聚合物的形式，而在空间就可以克服这一现象，如在航天飞机上已加工出非常均匀的直径为 $4.98\mu m$ 的乳胶球。以上材料为光学和陶瓷材料。

7.3.2 空间生命科学试验

空间生命科学试验主要是对各种生物（如植物种子、细菌、微生物和哺乳动物等)在空间环境(包括微重力、空间辐射等环境)条件下的效应进行试验研究。

有源搭载试验的有效载荷主要有:小型生物舱及生物舱搭载系统、空间通用生物培养箱、空间细胞生物反应器、蛋白质结晶装置,以及放置于内进行试验的不同种类的动物、藻类、组织细胞等。放置试验生物装置要确保生物试验所需的温度、湿度、气压、气体成分和光照等要求;试验生物主要有小白鼠、果蝇、家蚕蚕卵、巨噬细胞、杂交瘤细胞等。

用于无源搭载试验的有效载荷装置主要是特制的密封性能好的有机玻璃试管,一般用来放置试验微生物,还有不同大小的布袋装放试验的植物种子。有效载荷主要是试验样品本身。我国在植物种子的空间诱变育种试验方面已获得可喜成绩,例如:已培育出丰产果大的甜椒;已培育出每公顷①产 9t 以上的优质水稻新品系。

7.3.3 空间药物生产试验

空间制药被认为是开发空间资源最容易获得经济效益的产业之一。很多珍贵的药物是生物内源性物质,它们的特点是作用专一、用量少和疗效高。这些内源性物质或是稀有的动植物的某些器官和组织的内含物,或是人体某个器官和腺体分泌物,很难用常规方法进行生产。电泳技术是生物内源性物质分离和提纯的重要手段。所谓电泳法,其原理是让含有生物物质的溶液在两片带电的极板之间的槽中流过,由于不同的生物物质在溶液中所带的电荷不同,分子量不同,受到电场的作用力也不同,因此,不同的生物物质沿着不同的路线流动。这样,就把细胞、血球、酶或干扰素等不同的生物物质分离开来。在空间可进行化学药剂等在内的提纯,包括从植物中提取药物、从动物细胞中提取药物等制药技术。

空间电泳法与地面电泳法的区别在于,后者是在重力环境中进行的。由于重力的作用,液体内各部分的温度是不均匀的,一部分较热,要上浮,另一部分液体较冷,会下沉,从而形成对流。对流是破坏电泳法高效提纯药物的大敌。因此,在地面的重力环境下,难以制造出高纯度的药物来,即使制出,产量也无法提高。在太空中,重力几乎为零,冷而密的液体不会沉至底部,密度较低的液体也不会升至液面。这样就能不受干扰地将不同种类的分子分离。在地面上,为了取得 1g 的生物物质,往往需要几十克的原材料。可是,在空间站的微重力环境中,制造同一种药物,其纯度可提高 4~6 倍,提纯速度可提高 400~800 倍。这就意味着空间站里一个月的产量相当于地球上 30~60 年的产量[57]。由此看来,

---

① 1公顷 = 10000m²。

空间制药不仅可以大大提高药物的质量,而且也大幅度地降低了贵重药物的成本。

7.4 典型的科学类有效载荷应用系统

7.4.1 GOCE重力场探测卫星

"重力场与稳态洋流探测器"(gravity field and steady-state ocean circulation explorer,GOCE)卫星是欧洲航天局(ESA)独立发展的地球动力学和大地测量卫星,是世界上首颗采用卫星重力梯度测量模式的专用重力探测卫星,也是全球首颗用于探测地核结构的卫星[67],如图7-18所示。该卫星于2009年发射,其主要科学目标是高精度、高分辨率地测量全球静态重力场(中波、短波)和大地水准面模型,已于2013年11月11日再入大气层。

图7-18 GOCE-2卫星在轨飞行示意图

GOCE卫星运行在高度为250km、倾角为96.7°的太阳同步低地球轨道,设计寿命20个月。卫星质量约1050kg,长5.307m、宽2.366m、横截面面积1.1m^2。卫星采用三轴稳定控制方式,太阳电池功率为1.3kW,卫星采用78A·h锂离子电池。卫星测控采用S频段,上行数据传输速率为4kbit/s,下行数据传输速率高达1.2Mbit/s。

GOCE卫星采用卫星重力梯度测量和高低卫—卫跟踪组合模式,搭载了卫星—卫星跟踪设备(SSTI)、静电重力梯度仪(EGG)和激光后向反射器等重力测量载荷。该卫星利用卫星—卫星跟踪设备与高轨GPS导航卫星建立跟踪链路,构成与"挑战性小卫星有效载荷"(CHAMP)卫星类似的高低卫—卫跟踪模式,卫星—卫星跟踪设备为双频高精度GPS接收机,最多同时跟踪12个GPS信号,以厘米级精度获取"重力场与稳态洋流探测器"卫星的轨道位置和速度数据。激光后向反射器获取补充数据,用于精确轨道确定。另外,该卫星利用静电重力梯度仪构成卫星重力梯度测量模式。重力梯度仪由3对静电悬浮加速度计组成,以卫星质心为中心,分别对称安装在3个正交的测量坐标轴上,构成全张量差分重力梯度仪。每对加速度计测量基线为50cm,每对加速度计以"差分"方式测量卫星所在位置的地球重力梯度张量。静电重力梯度仪一方面用于测量重力梯度张量,另一方面将作为无阻力姿态控制系统的主敏感器。该静电重力梯度仪由法国国家航空航天研究局(ONERA)研制,泰雷兹·阿莱尼亚航天公司制造,其质量为150kg,功率为75W,采用被动热控系统。

7.4.2 "实践十号"微重力科学实验卫星

"实践十号"(SJ-10)是专门用于微重力科学和空间生命科学空间实验的返回式科学实验卫星,如图7-19所示。微重力科学主要研究微重力(低重力)环境下物质运动的规律及重力变化对运动规律的影响。空间生命科学研究地球生物在空间环境中的生物学规律,以及生命在宇宙中的起源、进化和分布。SJ-10卫星共具有28项微重力科学和空间生命科学研究,整合为19项载荷任务。涉及领域包括:微重力流体物理、微重力燃烧、空间材料科学、空间辐射生物学、重力生物效应和空间技术6个学科方向[68]。

图7-19 "实践十号"卫星在轨模拟图

我国的SJ-10卫星工程于2012年12月31日正式启动,工程利用SJ-10返回式卫星提供的长时间微重力环境及空间辐射条件,通过空间实验遥科学技术手段和样品回收分析方法,围绕微重力科学与空间生命科学研究的基本和热点科学问题,特别是针对自我模型的提出和检验、航天器技术及空间环境的利用、未来空间重大应用及理论突破,开展多项物质运动规律和生命活动规律的科学及技术实验研究。揭示了在地面上因重力存在而被掩盖的物质运动规律和生命活动规律,认识了在地面上无法模拟的空间复杂辐射环境对生物体的作用机理。

2016年4月6日1时38分04秒,在酒泉卫星发射中心"长征"二号丁运载火箭成功发射,在之后的559秒又将中国科学卫星系列第二颗星——SJ-10返回式科学实验卫星送入高度约250km的近圆轨道。卫星入轨后,各项载荷有序运转,共在太空开展21天科学实验。回收舱在轨工作12天后返回内蒙古四子王旗落区,载荷及生物样品进行现场拆解后携带返回实验室进行后期处理。留轨舱实际继续留轨工作8日,完成后续及拓展实验。

7.4.3 "墨子"号量子科学实验卫星

"墨子"号量子科学实验卫星于2016年8月16日1时40分在卫星于酒泉卫星发射中心搭载"长征"二号丁运载火箭发射升空,是全球首颗用于进行量子科学实验的卫星,质量为631kg,设计寿命2年。2017年1月18日,"墨子"号量子科学实验卫星圆满完成了4个月的在轨测试任务,开始进入在轨运行和实验任务阶段,如图7-20所示。"墨子"号卫星的成功发射和在轨实验任务的顺利进展使得中国成为第一个实现了卫星和地面之间量子通信实验的国家。

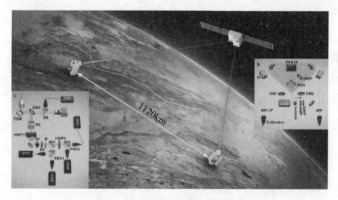

图7-20 "墨子"号卫星在轨工作示意图

"墨子"号卫星的主要任务是进行四项重要的科学实验,分别是星地高速量子密钥分发实验、广域量子通信网络实验、星地量子纠缠分发实验和地星量子隐形传态实验,四项实验皆为世界上首次开展。卫星同时开展高速相干激光通信机与地面通信接收站之间实时的双向激光通信试验,进行图像、视频、数据等的在轨演示,星地最高数传码速率达5Gb/s。

"墨子"号卫星上搭载的主要有效载荷有5个,分别是:量子密钥通信机、量子纠缠发射机、量子纠缠源、量子试验控制与处理系统、高速相干激光通信机。单个光子传送距远达500km,为了实现同时瞄准两个地面站进行光通信,卫星平台和有效载荷进行一体化设计,具备两套独立的有效载荷指向机构,通过姿控指向系统协同控制,实现时刻矫正位置、姿态,精确对准地面接收器。

　　目前,"墨子"号卫星已经圆满实现预定的全部科学目标,取得了千公里级星地量子纠缠分发、高速量子密钥分发、量子隐形传态等重要成果,为我国在未来继续引领世界量子通信技术发展和空间尺度量子物理基本问题检验前沿研究奠定了坚实的科学与技术基础。

第8章 对抗类有效载荷

随着航天技术的迅猛发展,越来越多的航天器,包括侦察卫星、导航卫星、通信卫星、气象卫星等,被送入浩瀚的宇宙空间。这些卫星不仅与人们的生活紧密相连,而且凭借其独特的优势,成为未来战争必将争夺的战略制高点。如何在争夺制天权的太空战中取胜,或者说不让自己进入太空、利用太空的权利受制于人,成为对抗类航天器有效载荷研制与发展的源动力。对抗类有效载荷是指部署在太空实施攻击、防御等对抗行动的工具和设备,主要可分为攻击类有效载荷和防御类有效载荷,具体包括激光、微波、粒子束、动能、电子干扰、机器人抓捕或吸附以及航天器加固、伪装、隐身等工具和设备。

8.1 天基攻防技术

8.1.1 天基攻击技术

所谓天基攻击技术,是指利用部署在太空或基本部件部署在太空、旨在造成伤害的物体对天、空、海、陆等目标实施攻击的技术。该定义不包括部署在地球或经过太空而不到达地球轨道的物体(如弹道导弹),也不包括在太空执行侦察、导航、通信、气象等任务的物体。

按照攻击毁伤的效果不同,天基攻击技术一般可分为软杀伤和硬杀伤两大类,如图8-1所示。软杀伤是指利用电磁、红外、激光等干扰措施和计算机病毒、网络入侵等手段对目标进行扰乱、压制或欺骗等,以破坏目标的信息获取、传输和处理等功能,使其降能或失能;硬杀伤是指应用天基定向能武器、天基动能武器等攻击性武器,对目标进行直接攻击,破坏或摧毁其关键部件甚至整个系统[58]。从技术难度上而言,一般硬杀伤技术比软杀伤技术的要求要高,但是软杀伤的攻击效果一般更难确定。

用电子干扰等软杀伤手段攻击并破坏目标的正常运行和工作,技术上较容易实现且没有直接杀伤对方目标,政治风险较低。使用动能武器、定向能武器等硬杀伤手段攻击太空、空中、地面或海上的目标,能够对目标的物理结构和功能设备进行无法自我恢复的永久性破坏。从技术难度上而言,一般硬杀伤技术要求很高,是最直接有效的卫星攻击方式。

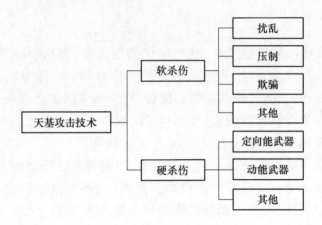

图 8-1 天基攻击技术的分类

国外研究提出的天基攻击技术主要有以下几种:

1. 精确制导动能武器

精确制导动能武器通过超高速飞行弹头的瞬间巨大动能,采用直接碰撞(非爆破)方式摧毁航天器。在与目标短暂而剧烈的碰撞中,任何航天器如空天飞机、轨道轰炸机、空间站等均会失去工作能力。动能武器主要由拦截弹头和高速发射装置两大部分组成。拦截弹头通常是寻的制导式的,由红外和雷达导引头、计算机、惯性制导和通信系统、杀伤机构以及推进系统、控制系统等部分组成,通常称为动能杀伤飞行器(kinetic kill vehicle,KKV)或动能拦截器。一般把 KKV 作为攻击载荷,平时部署在工作(潜伏)轨道长期隐蔽;需要时释放 KKV,通过变轨机动和各阶段制导控制,构成一条攻击轨道,如图 8-2 所示。

在天基动能武器家族中,除了攻击卫星的精确制导动能武器外,还有反导弹目标的动能武器、反地面目标的动能武器和天基常规武器等,见表 8-1[59]。

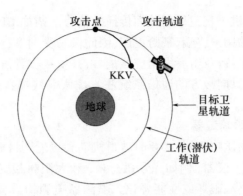

图 8-2　动能拦截器工作(潜伏)轨道与攻击轨道

表 8-1　美军提出的天基武器装备类型

武器	天基定向能武器	天基动能武器		
	激光、微波、粒子束武器等	反导弹目标的动能武器	反地面目标的动能武器	天基常规武器
目标	位于地面至空间的以任何速度飞行的软目标	在 60km 以上高空高速移动的加固目标	地面上固定的或缓慢移动的加固目标	地面或空中固定的或以中等速度移动的加固目标
效果	从非致命干扰到致命加热和有限防护	致命撞击	有限的垂直钻地深度	具有常规弹药效力
响应时间	秒级	几分钟	几小时	十几分钟
星座中武器数量	几十个	几十个,每个必须在规定时间内到达特定目标	大约 6 个,每个必须在规定时间内到达特定目标	大约 6 个,每个必须在规定时间内到达特定目标

2. 定向能武器

定向能武器通过发射高能激光束、粒子束和微波束照射目标,使其毁坏或丧失工作能力,包括激光武器、粒子束武器和高功率微波武器等,主要是以热效应、冲击效应和辐射效应杀伤目标。定向能武器能量大、速度快、精度高,能通过定向照射目标使不同运行轨道上的星载传感器、光电仪器运转失常。

3. 电子对抗武器

电子对抗武器通过干扰或欺骗无线电射频信号来影响太空系统数据通信。干扰是电子对抗的一种形式,通过在目标卫星或接收机的天线视场内产生同频段噪声来干扰射频通信。上行干扰机干扰从地面到卫星的信号,如指挥与控制上行链路,下行干扰机干扰卫星向地面传播的信号。诸如 GPS 接收器和卫星电话等带有全向天线的用户终端,视野更广,因此极易受到下行链路干扰。欺骗是另一种形式的电子对抗,攻击者发出虚假信号,并使接收者信以为真实信号。欺骗卫星下行链路,可以向敌方的通信系统注入虚假或残损数据。欺骗卫星上行链路,可以控制卫星。

4. 天基化学物质喷洒器

卫星装有化学物质喷洒器,必要时轨道机动和接近到目标附近,然后喷洒化学物质,从而污染星上仪器(例如光学敏感器)和太阳帆板光电池等设备,导致仪器失灵和太阳能电池破坏或性能恶化。喷洒器喷洒物质会形成一个污染区,其范围大小与喷洒方式及物质有关。该功能只要求卫星具备轨道机动和接近能力即可,不需严格控制精度。

5. 轨道位置推移器

当航天器具有轨道机动和靠近的能力时,可用来改变敌方航天器轨道位置和姿态,从而保卫己方在灵敏地区的安全[60]。例如,避免己方在要害地区被侦察或监视,即使是暂时的,也非常有用(可以突防)。可以采用的轨道位置推移器包括空间机械臂、飞网、飞爪等工具。

需要指出的是,在以卫星为攻击目标时,由于卫星系统一般都是由多颗卫星组成,打掉其中一颗或两颗并不能摧毁整个系统,因此需要科学制定最佳的攻击方案。

8.1.2 卫星系统脆弱性及防御技术

卫星系统由于轨道特性、载荷特性等的不同,存在着一定的脆弱性,容易受到各种攻击,使之损伤或失效。

1. 卫星系统的脆弱性

按照卫星距离地球表面的轨道高度,一般将高度为 150~2000km 的卫星称为低轨卫星;高度为 2000~20000km 的卫星称为中高轨卫星;距离地球表面 36000km 左右、轨道倾角为 0° 的卫星称为地球静止轨道卫星。此外,还有一种比较特殊的大椭圆轨道卫星。天基武器如果部署得当,可以对各种轨道上的目标实施攻击。

由于有效载荷的特殊作用,容易成为空间武器攻击的对象。根据有效载荷的不同,可能面临不同的威胁。例如,光学侦察、导弹预警、气象探测卫星的有效载荷为可见光、红外探测器,容易受到激光武器的照射而损伤或灼毁;雷达、电子侦察卫星以及通信卫星由于发射和接收电磁信号,容易受到高功率微波、电子对抗武器的攻击。

除有效载荷外,卫星上部分保障系统(如太阳电池板和天线等)也容易成为空间武器攻击的对象。太阳电池板是卫星电源系统的重要组成部分,其展开后面积一般很大,容易成为空间武器瞄准的目标,而作为测控与通信系统组成部分的天线,一旦受到武器攻击,很容易造成整个卫星系统的故障和失效。

2. 空间防御技术

针对可能的电子干扰和反卫星武器等软硬杀伤威胁,美国卫星系统采用了各种防御方法,以提高生存能力,其中包括:卫星抗干扰、激光防护、在轨修复、轨道机动、隐真示假、威胁告警技术等被动和主动卫星防御技术[61]。总体上,目前已经采用或正在研究的防御性措施可概括为三个方面:①采用各种手段和措施,提高空间任务航天器在各种攻击下的生存能力,使其能躲避或承受敌方的攻击;②削弱攻击对己方航天器的影响,并按优先级迅速恢复任务功能;③在保护己方安全使用空间系统的同时,确保这些能力不为敌方所用。从美国来看,空间防御领域的发展情况见表8-2[62]。

表8-2 主要空间防御措施

防护措施	典型应用情况	主要用途
抗激光加固	美国陆军的组合式层状结构防护镜;侦察卫星的遮光罩;空军的"眼睑"装置;DSP卫星上的抗激光致盲膜	保护光学传感器免遭激光破坏
电子对抗防护	DSCS采用天线抗干扰技术;Milstar和"舰队卫星通信系统"采用直接扩频、星上解扩技术和星上处理技术;"特高频后续卫星"采用扩频技术	进行电子对抗防护
卫星加固	第一代Milstar系统采用了加固技术,"先进极高频卫星"采用了核加固技术	防止高空核爆炸和定向能武器对卫星及星上设备的破坏
轨道机动	KH-12具有极强的在轨机动变轨能力	躲避敌方武器的攻击或空间碎片的撞击
小(微)卫星与编队飞行	"作战快速响应空间"(ORS)计划、微型独立协调卫星(TICS)计划、天基防御性空间对抗武器技术	防止系统遭攻击后陷入瘫痪,快速发射小卫星予以恢复
在轨修复	"轨道快车"(OE)计划,"通用轨道修正航天器"(SUMO),"地球同步轨道卫星机器人服务"(RSGS)	快速恢复空间系统效能
卫星伪装与隐身	研制隐形侦察卫星	使敌方难以发现、识别、跟踪与攻击
卫星威胁预警	"卫星威胁预警与攻击告警"计划,"快速攻击识别、探测与报告系统"	对敌方进行识别、探测和报告,对己方卫星进行预警
分解发射,入轨后重新连接	未来、分块、快速、灵活、自由、飞行(F6)计划	节约成本,失效后快速替换,及时升级

1) 卫星抗干扰

针对卫星面临的无线电干扰,可采取的抗干扰措施主要包括天线抗干扰、扩频抗干扰、星上处理和扩展频段等技术[63]。

天线抗干扰技术主要采用多波束天线技术,就是能够根据其所处的信号环境非常灵活地形成所需要的波束,也就是说,当它处于发射状态时能形成方向图零点对准干扰或者高增益超低副瓣电平的波束,使得卫星信号不容易被敌方截获;当它处于接收状态时能自动地调整方向图零点指向干扰,同时保证在期望信号方向上的增益几乎不受影响。美国的DSCS-3的多波束天线(含19个发射波束和61个接收波束)能够根据敏感器探测到的干扰源位置,通过波束形成网络,控制每个波束的相对幅度和相位,而美国的Milstar-2也有8副可控点波束天线。

扩频抗干扰技术包括直接序列扩频、跳频以及混合扩频。采用直接序列扩频,接收端解扩后有用信号变成了窄带信号,而原来频带较窄的干扰却被展宽为宽带信号,以至于大部分能量被窄带滤波器滤除,从而有效地提高了信噪比。美军正在使用的军事星、租赁卫星和舰队卫星通信系统采用了直接扩频技术。在跳频通信中提高跳速、扩展跳频带宽是发展的方向,提高跳速可以防止敌方进行跟踪式干扰,跳频带宽的增加则直接提高了通信系统的抗干扰处理增益。如Milstar-2跳频速率大于10000次/s,跳频带宽达到2GHz。采用两维或三维混合抗干扰技术体制也是抗干扰通信体制发展的一个趋势,例如:采用跳/扩混合体制,其好处是集跳频和直接序列扩频二者之长,可以对抗多种形式的干扰信号。而且,在技术实现上容易获得大于50dB甚至更高的抗干扰处理增益。美国的军事卫星通信系统就采用了直扩/跳频混合扩频技术。

卫星通信的传输性能是由上行和下行载波的噪声功率比(C/N)综合决定的。处理转发器的一个作用是将上行与下行线路分开,并对上行干扰加以识别、处理,使其影响减到最小或加以消除。星上处理技术是避免卫星通信遭受"侦收下行、干扰上行"这一卫星通信常见干扰手段的有效方法。美国的DSCS-3、Milstar和铱卫星都采用了星上处理技术。

美国的Milstar使用60~70GHz的星际链路,毫米波通信能极大地扩展通信频段,为高处理增益的抗干扰体制确立了先决条件,而且毫米波波束窄,有利于点波束和干扰调零的实现。采用光通信时与电波之间不存在干扰问题,而且光通信能实现1Gbit/s以上的大容量卫星通信,美国NASA、欧洲ESA、日本等正在大力研究光通信技术。

2) 卫星的激光防御

卫星的激光防御是卫星生存技术中的一个重要组成部分。卫星的激光防御技术研究是针对反卫星武器系统而进行的。随着激光在战场上的广泛使用,美国对激光防御十分重视,研制出对付激光武器的新方法、新材料。

目前,卫星对高能激光的防御大致可采用下面几种方法[64]:

(1) 采用多层反射金属保护卫星,使卫星免于直接受激光加热,可以有效地抵抗激光武器的热损伤。

(2) 选用高激光损伤阈值的材料,如金刚石等。

(3) 改善材料的表面状态,材料的激光损伤阈值与材料的表面状态有很大关系。

(4) 采用表面薄膜技术,为结构材料提供激光防御。

目前,美国研制的抗激光加固材料主要有金刚石薄膜、氧化铝陶瓷和二氧化硅陶瓷等,其中特别引人注意的是氧化钒热致相变薄膜材料,当氧化钒因激光束照射而受热时,材料将发生半导体金属的相变过程,伴随这个过程,光、电特性将发生较大的变化,特别是红外特性,将从高透射转变为高反射。利用 VO_2 和 V_2O_3 薄膜的光学性能随温度的变化而显示出大改变这一特性可以实现激光防御。据美国国防部的消息称,西屋电气公司已研制成功氧化钒防激光涂层,用来保护卫星上红外探测器免受激光武器的破坏。据称,这种薄膜由 VO_2 和 V_2O_3 组成,可正常工作 25 年。

同时,美国为其照相侦察卫星安装了人造"眼睑",以防止侦察卫星被激光破坏[65]。据报道,这种"眼睑"由一系列透明和不透明的电极组成,当它被加热时(也就是被激光照射时),它就"闭上";当它冷却时,回到"打开"位置。这种人造"眼睑"的开闭时间能达到 4000 次/s,目前,侦察卫星需求的"眼睑"开闭时间小于 0.5ns。据称,美国的 KH-12 就采用了这种"眼睑"防御技术。采用激光防御的还有 DSP 等预警卫星。

3) 轨道机动技术

卫星运行的轨道相对固定,易于被对方的空间目标监视系统捕获、定位和跟踪。利用轨道机动技术不定期地改变运行轨道,可以有效降低被对方空间目标监视系统捕获、定位和跟踪的概率,保障卫星的正常工作。此外,采用轨道机动技术,也可以很好地躲避对方动能武器的攻击。美军认为,虽然大多数卫星的推进器可使之进行高度控制、稳定保持和改变轨道等操作,但它们都不足以使卫星躲避一次攻击,而如果加大推进器的功率,就有可能使之对危险做出反应。在探测到有威胁源存在时,可通过适时的战术机动,有效地减少被攻击的概率。美国的 KH-12 光学侦察卫星就具有极强的轨道机动能力。Lacrosse 雷达成像侦察卫星在充满推进剂时的总质量为 14.5t 左右,燃料用完后可以通过航天飞机不断地对其进行推进剂加注,因此,具有很强的机动变轨能力[66]。SBIRS 预警卫星和 GPS 导航卫星也具有一定的轨道机动能力。

4) 卫星在轨修复

卫星在轨修复是指利用航天器在卫星轨道上对发生故障的卫星进行修复,使其恢复正常工作。战时一旦重要卫星系统遭到攻击受损,在轨修复技术是快速恢复空间系统效能的首选方案。以往,美国进行太空维修主要依靠航天员搭乘航天飞机,接近需要修复的航天器,然后实施出舱活动,进行人工维修。然而,在战争环境下派遣航天员执行航天器维修任务是不大可能的。无人太空维修技术的军事价值在于,对那些在太空交战中受损的高价值航天器进行抢修,在无需冒什么风险的前提下,可提升美军太空战体系的生存能力和作战实力。因此,美国正在大力发展服务于在轨卫星的自动服务卫星,2007 年升空的轨道快车和目前正在轨的"在轨延寿飞行器(MEV-1 和 MEV-2)"都是其典型的代表。

轨道快车是美国国防高级研究计划局 1999 年提出的一项先期技术验证计划中的技术验证卫星系统,旨在试验在轨卫星的"自我维护、自我保养、自我生存"能力。该计划由太空自动化运输机器人和未来星组成。验证试验完成了交会对接验证、星载导航和制导系统验证、机械臂试验等。试验中,太空自动化运输机器人利用机械臂为未来星安装了备用蓄电池,在任务后期还进行了计算机移动安装试验。轨道快车显示出了很强的智能自主能力,卫星自主在轨修复初见端倪[67]。

5) 卫星的隐真示假

对卫星进行隐身伪装,尽量削弱、隐蔽卫星的可见光、红外及雷达波的暴露特征,降低卫星被探测概率,增强抗毁能力。例如利用流行的多频谱隐身伪装技术,在卫星表面涂覆光电/雷达隐身涂层,改变其光电、雷达辐射特性,达到隐身的目的。等离子体隐身技术是近年来发展起来的新型隐身技术,其基本原理是:利用等离子体产生器、产生片或放射性同位素,在被保护目标表面形成一层等离子体云,控制等离子体的能量、电离度、振荡频率等特征参数,使照射到等离子体云上的雷达波在遇到等离子体的带电离子后,两者发生相互作用,电磁波的一部分能量传给带电粒子,被带电粒子吸收,电磁波能量逐渐衰减;另一部分电磁波受一系列物理作用的影响,绕过等离子体云或产生折射改变传播方向,使到达保护目标的能量很小,从而实施防御。美国休斯实验室的试验证明,用等离子体包围的飞机、舰船、卫星等表面可将 4~14GHz 范围的雷达反射波平均减小 20dB[68]。

同时,美国也在大力进行天基无源干扰烟幕的技术研究。有资料透露,美国将大气层下的抗红外烟幕剂中的固体粉末发烟剂用于太空中对抗红外探测器的侦察,分别进行在微重力条件下金属粉末材料的红外消光特性和动力学特性研究。

星载假目标是使反卫星武器攻击偏离真实卫星的一种低成本的有效办法,假目标配置在要保护的卫星上,在需要的时候进行投放,能有效地迷惑反卫星武器的侦察与攻击,大大降低卫星的被攻击概率。利用轻质材料制成充气式、高气密性和具有卫星可见光/红外复合特征的气囊,模拟卫星的光学特性,也可模拟雷达特征,将其配置在要保护的卫星上,在受到威胁时进行投放,以迷惑、诱骗敌方攻击。有资料显示,美国非常重视天基假目标技术,认为该技术成本低廉、实施简单、技术相对成熟,并投入巨资研制能模拟卫星雷达和光学特征的通用型、系列化的各种假目标,同时还在发展对反卫星寻的系统的光学和雷达干扰技术。

6) 卫星威胁告警

威胁告警技术是在卫星上携带光学或雷达探测器,识别、探测和报告对方的反卫星手段和反卫星武器,对己方卫星系统受到的威胁进行预警,并进一步评估和定位,确认威胁的类型及危险程度,然后再决定采用哪些措施进行防御,这是卫星主动防御的前提。美国从1986年就开始研究卫星系统的主动防御技术,研制了一种星载攻击报告系统。弹道导弹防御局也于1991年开始进行卫星攻击告警与评估飞行试验,用于测试传感器对预定环境中模拟威胁的告警能力。1999年,美国空军空间司令部倡导实施"卫星威胁预警与攻击预警"计划,其目标是探测、识别有威胁的射频和激光干扰以及高功率微波和激光攻击,描述威胁特征和攻击类型,评估威胁系统受影响程度,警示卫星及地面站注意并做出反应。而2003年"空军转型飞行"计划中则把"快速攻击识别、探测与报告系统"作为近年来防御性空间对抗领域的重点研制项目。

快速攻击识别探测与报告系统由卫星地面控制站、星载传感器、信息处理网络以及一个报告体系等部分组成,可以探测美国军用和民用通信卫星受到的干扰并确定干扰源的位置,提供攻击告警、威胁识别和表征、快速评估攻击对美国空间系统任务的影响等方面的信息,以便采取适当的应对措施。其首个面向计算机的软件部分于2008年嵌入卫星地面控制站。这样,地面站就能够更好地操作和解读从卫星上下载的数据,以便确定卫星是被袭击还是受到太空环境影响,并由此做出决策。该系统软件还将在卫星发射前嵌入卫星。对于那些已经在轨的卫星,将通过地面站的计算机进行编程并发送指令,将该软件发送到星载计算机上。按照美国空军航天司令部的发展计划,快速攻击识别探测与报告系统的研制分为螺旋-1和螺旋-2两个阶段[69]。

3. 空间防御新概念

美军认为,对空间系统的防御不可能完全抵御所有的攻击,尤其是对卫星物理结构摧毁性的硬杀伤攻击,因此,应采用有限防御的原则,即防御的目的在于提高空间系统在受到攻击后的生存概率以及恢复和重建的速度,并增加对方攻击的技术难度和经济成本。于是,一些新概念卫星防御技术应运而生。尤其引人注目的是,美军通过提高"作战快速响应"能力来加强空间防御能力。

1) 即插即用卫星

即插即用卫星就是要求卫星平台的零部件必须有统一的规格,可以相互兼容,直接取来部件即可轻松组装成卫星,并可马上投入使用,使组装一颗小卫星就像组装一台计算机一样简单快捷。它可以实现在几天或几周内制造并发射一颗卫星,而不是几个月或几年。也就是说,一旦某颗卫星受损或失灵,在很短的时间内,技术人员就能够组装出一颗卫星来替代它。这种即插即用卫星不仅发射周期大大缩短,其造价也更加便宜,性能更加可靠[70]。

2) 分离模块航天器

依据由一群小卫星编队飞行构成一颗虚拟的大卫星来替代复杂的传统卫星的思想,科学家们提出了"分离模块航天器"概念,即把一个航天器按功能分解为有效载荷、动力、能源、通信等模块,这些模块采用物理分离,通过编队飞行和无线传输方式构成一颗虚拟的大卫星,以完成特定任务[71]。据美国国防高级研究计划局(DARPA)透露,与质量达数吨的传统卫星不同,这种新型卫星系统采用了模块化和组合的概念,即传统卫星上的重要部件(如相机等遥感器)将各自形成一个个单独的小卫星,在主卫星附近飞行。这些卫星共同组成一个星群,采用无线网络互联,一旦遭受自然或人为的太空威胁,即某一模块受到损坏时,通过快速补充发射模块可迅速恢复太空力量,提高系统的生存能力。因此,这一计划明显增强了卫星的防御能力。为验证这种理念,美国 DARPA 投资发展 F6 计划,并将其作为"快速响应空间"计划的一个重要组成部分。

3) 星簇结构

美国 DARPA 于 2007 年 12 月 6 日推出了微小、敏捷卫星星簇,即"微小、独立、协作航天器"的概念,其最终部署后可以为大型航天器提供轨道保护。当前提出的星簇结构主要由路由航天器、服务航天器和任务航天器三部分组成,其中路由航天器和服务航天器为星簇结构的基础设施,为在星簇内部运行的任务航天器提供标准的通信和燃料补充服务[71]。星簇结构可使静地轨道航天器实现包括交会、对接、燃料补给和推进服务等响应,任务航天器则可以在静地轨道快速有效地重新定位,时间从几个星期变为几天,同时不影响卫星的任务寿命,所以,及时响应空间的星簇结构使静地航天器具备了和低地轨道航天器一样的及时响应能力,从而有效地提升了空间系统的战术应用水平,进一步创新了作战及时响应空间的概念。

4. 空间防御的发展方向

(1) 利用微小卫星对重要的大型卫星进行保护。美国空军在2002年提出天基防御性空间对抗武器技术概念,即用以保护大型重要卫星的专用微卫星技术。微卫星装有空间监视装置、攻击告警装置和针对威胁的对抗装置。这种保护大型卫星的微卫星概念将局部空间区域的态势感知,针对攻击的诱骗、阻挡或拦截等主动防御功能集于一体,是一种主动型的防御性空间对抗武器技术,也是美国空间对抗技术发展的新方向。

(2) 通过发展"作战快速响应空间"计划提高空间系统的生存能力。在目前的技术水平下,单个卫星的防御仍然是比较困难的,但是对于在地面有充分备份的由小卫星组成的星座系统而言,在遭到敌方攻击而有损失时,可以利用运载器立即发射个小、量多、质优的小型卫星填补,确保作战持续顺畅。这是一条有效的卫星防御途径。2018年,ORS联合办公室更名为太空快速能力办公室,主要目的之一就是开发可以在美国太空系统遭到敌方攻击后快速替代的能力。

(3) 重视无人在轨修复卫星技术在空间防御中的应用。其军事价值在于,对那些受损的高价值航天器进行抢修,可在无需冒什么风险的前提下,提升美军空间作战体系的生存力和作战实力。美国的"轨道快车"计划正是为实现这一目的而开展的。2007年4月,美国"轨道快车"计划顺利升空并完成了预定的任务。美国在"轨道快车"试验结束后,成功实验了在轨延寿飞行器(MEV)任务,并且正着手开展"地球同步轨道卫星机器人服务"研制任务,美国对该项技术的重视也透露出其空间防御技术的发展趋势。

8.2 天基激光载荷

激光是一种人为产生的可见的或不可见的特殊光,英文称为"light amplification by stimulated emission of radiation"[72],缩写词为"laser"。激光武器是通过高能激光与目标作用,将能量高度集中在很小的面积上,产生高热、电离、冲击和辐射等综合效应,使卫星等目标暂时或永久性失效。根据激光能量,激光武器可分为低能激光武器和高能激光武器(或强激光武器)。按照美国国防部的定义,平均输出功率不小于20kW或每个脉冲的能量不小于30kJ的激光武器称为高能激光武器,功率或能量在此界限以下的则属于低能激光武器[73]。

与一般常规武器相比,激光武器具有攻击速度快、抗干扰能力强、效费比高、杀伤效率高、无后坐力、杀伤效果可控、不产生空间垃圾等明显优势,其作战方式也被称为"发现即杀伤"。但是,激光武器在大气层中的使用受雨雾、尘烟、云层等气候条件的影响较大,一般作用距离较近,如果射程增大,激光束的发散角也将随之增大,射到目标上的激光束密度也随之降低,因而毁伤能力将减弱,特别是在海洋环境条件下使用时,影响就更大。因此,激光武器在空中或太空中使用的效果最为理想,成为人们一直热议和追求的目标。

天基激光武器(Space Based Laser,SBL),主要指部署在大气层以外太空轨道上的高能战略激光武器。天基激光武器是激光武器与航天器相结合的产物。它沿着空间轨道游弋时,居高临下,视野广阔,一旦发现对方目标,即可实施闪电般的攻击,以摧毁对方的侦察卫星、预警卫星、通信卫星、气象卫星,甚至能将对方的洲际导弹摧毁在助推段。即使是与机载激光武器(ABL)相比,天基激光武器也具有明显优势。例如,与飞机相比,卫星是稳定得多的载体,而且没有湍流或发动机引起的振动。运载卫星的轨道是预先知道的,这就使捕获跟踪瞄准(ATP)系统的任务变得简单,特别是当目标卫星的轨道也已事先知晓时,情况更是如此。

天基激光武器虽然能有效地克服地基系统和机载系统所面临的困难,但也有它自己的问题。首先必须将庞大的激光武器系统及沉重的燃料送上轨道,如果希望减轻质量,则必将以牺牲激光输出功率或缩短其工作寿命为代价。此外,激光器必须足够坚固可靠,在没有任何维修保养的情况下,一旦需要立即就能工作。为了用光束指示和瞄准目标,要求航天器舱内有火控和束控系统,还必须具备抗干扰通信系统,以便由地面进行控制。正因为存在这些特殊的困难,所以,长期以来天基激光武器一直处于关键技术攻关阶段,在武器化进程中比地基、海基、空基的步伐都要慢一些。

8.2.1 研究概况

天基激光武器是把激光器与跟踪瞄准系统集成到一个卫星平台上而构成的一种部署在空间的武器,如图8-3所示。它是空间攻防对抗的现实需要和必然产物。从其发展历史和现状来看,美国和俄罗斯/苏联相比世界其他国家具有先发技术优势。

1. 美国

1983年,美国开始实施"战略防御倡议"(SDI)计划,天基激光武器技术的研究也被纳入其中,由战略防御计划局(SDIO)(1993年5月易名为弹道导弹防御局)负责实施。SDI计划最初旨在对付苏联的洲际弹道导弹,要求将敌方导弹扼杀在多弹头分离之前的助推段。当时的SDI设想,苏联会同时发射2000枚洲际弹道导弹,天基武器系统应有每秒钟击落40枚导弹的能力,为此需在轨道上部署几十颗激光作战卫星,每颗卫星上的激光武器需由发射功率为30MW的激光器和直径10m的主反射镜组成。

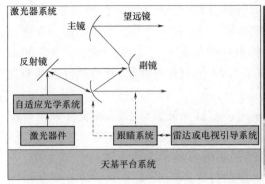 

图 8-3 天基激光武器的系统组成和概念示意图

苏联解体以后,美国作战战略发生变化。天基激光武器系统的主要任务由防御洲际弹道导弹转为防御战区弹道导弹,攻击目标不再是从俄罗斯本土起飞的大批远程导弹,而是可能从世界上任何地点发射的近程弹道导弹。作战战略的变化放宽了对天基激光武器的要求。

美国弹道导弹防御局就天基激光武器系统进行了多方案比较,提出的最优方案是:在高度为1300km、倾角为40°的不同轨道上,部署24颗激光作战卫星构成全球星座。每颗激光作战卫星能摧毁一定范围内的导弹。根据目标距离不同,它可在2~5s内摧毁飞行中的导弹。如果新目标与原射向之间的角度不太大,则激光作战卫星能在0.5s内调整到新的方向,瞄准另一枚导弹。根据该方案,激光作战卫星由激光武器(激光器、光学系统、捕获跟踪瞄准系统)和平台服务系统组成;激光器采用氟化氢激光器,工作波长为$2.7\mu m$,发射功率估计为8MW。光学系统的主反射镜直径为8m,镜表面有超反射涂层,不需要主动冷却,即能保证激光器在巨大热负荷下正常工作。捕获跟踪瞄准系统由监视装置和稳定平台组成,能在激光器机械泵产生强烈振动的情况下,保证光束对准目标。平台服务系统包括电源、反应物(燃料)、数据处理和测控等分系统[74]。

1993年,美国弹道导弹防御局的天基"阿尔法"化学激光武器计划是弹道导弹防御局重点支持的一项定向能武器计划。这是一种把激光器与跟踪瞄准系统集成到一个卫星平台上而构成的部署在空间的定向能武器,主要用于在全球范围内摧毁刚刚飞出地球稠密大气层的助推段弹道导弹。美国国防部强调:在空间部署"阿尔法"化学激光武器,能在全球范围内对付由携带化学和生物弹头的弹道导弹袭击所造成的威胁。该武器系统中氟化氢化学激光器已在百万瓦级功率水平获得高质量输出光束,并已研制出4m直径、主动控制的多面组合镜,还可将其定标放大到更大尺寸。1997年完成了高功率激光器与大型反射镜的地基综合试验,演示了天基激光系统的可行性,标志着天基激光系统的软件设计、硬件制造、系统集成等方面取得了一定进展,并为后续天基激光演示器的发展提供了宝贵的设计数据。1999年2月,弹道导弹防御局与TRW("阿尔法"激光器的研制商)、波音和洛马三家公司签订了1.27亿美元的合同,开始执行天基激光演示器在轨演示试验计划。

天基激光武器尚待解决的问题有:第一,目标捕获、跟踪、瞄准与火控系统技术;第二,如何把各分系统组装到天基平台上,主要原因是发光装置的直径过大,解决的主要办法是研制能在运载火箭的货舱内放得下的折叠式主镜,并且在天基激光武器进入预定轨道后能自动打开;第三,需进一步确定天基激光束摧毁弹道导弹的可行性,比如怎样向轨道上的天基激光武器补充化学介质。

随后,由于技术难度大(例如轨道组装、在空间进行稳定可靠的运行、燃料的维持及再补给等)、耗资高(一个有效的系统将依靠至少12颗卫星组网),而且军事需求不是很迫切,美国的天基激光武器研究计划从一项大型试验演示计划收缩成为较小规模的技术发展计划,主要是发展天基激光武器的关键技术,包括激光器的小型化、高效率,自主控制的捕获跟踪瞄准系统等。2002年9月,美国国防部关闭了从事天基激光武器研发的办公室,并将全部与此有关的研究项目移交给一个新的MDA部门(激光技术)。美国2020财年国防预算为美国导弹防御局(MDA)申请的预算中有3.04亿美元用于天基定向能武器技术的研发。目前美国已经掌握了建造天基激光演示器的技术,有可能在近期试验发射首台星载演示器样机。

此外,"空天中继镜系统"(ARMS)试验计划是要研制一个双口径的激光中继试验台,计划的最终目的是开发低轨天基镜系统,它将影响未来一代激光武器的设计。2005年完成了超轻量高能激光反射镜性能评估试验和实验室演示试验,试验结果实现了全部的硬件和软件目标。2006年6月在星火光学靶场进行了ARMS演示试验,高4.5m的ARMS悬吊在30m的空中(模拟ARMS悬于飞艇下放时的环境),从地面相距几英里远向两面0.75m的反射镜之一发射低功率激光,另一面反射镜将激光中继传输到3.2km外的地面目标上,成功演示了ARMS将激光重新定向的能力,标志着该系统的研制取得重大进展。此次试验的ARMS尺寸只有目标系统的一半,最终的实战型ARMS将由飞艇、长航时飞机或空间飞行器搭载,与陆基、空基和海基高能激光器配合使用,摧毁弹道导弹、卫星等目标。在该试验之后,研究人员致力于减轻ARMS的质量,发展目标识别和多波束处理能力,并有可能通过光学转换来实现针对打击某个战术目标试验需求的更高功率。

2. 苏联/俄罗斯

苏联是世界上最早从事激光武器研究的国家,早在20世纪60年代中期就开始了。20世纪80年代,为了应对美国的"星球大战"计划,苏联也制定了自己的"星球大战"计划,其中以"极地"号飞船为空间平台的天基激光武器是该计划的核心部分之一[75]。"极地"号飞船的设计单位是礼炮设计局,在赫鲁尼切夫航天科研生产中心总装。最初的飞船设计方案于1984年8月获得批准,代号为"斯泰基"-D,D代表试验型。"极地"号全长36.9m,直径4.1m,总重80t,尺寸和质量都与先前美国发射的"天空实验室"相当。"极地"号由服务舱和武器舱两个舱段组合而成,其中武器舱用于配置激光武器系统,舱内有二氧化碳储罐、两台涡轮压缩机,舱外则配置有旋转激光炮塔。"极地"号的核心武器系统是由阿斯特拉弗利兹卡设计局研制的二氧化碳激光器,能够发出$10.6\mu m$波长的激光光束,具有良好的穿透性。该激光器具有较高的输出功率,但也存在着体积大、能量转换效率低、发热量大等缺点。礼炮设计局最初选用的激光器功率为2MW,但因尺寸和质量方面的原因后改用功率为1MW的小型激光器。此外,武器舱内的涡轮压缩机工作时,涡轮高速旋转产生的巨大转动惯量和振动及向外排放的大量高温气体,会对飞船的姿态产生很大的影响。礼炮设计局为此专门研制了减小上述因素对飞船姿态影响的配套装置——"裤子"无力矩排气系统。尽管采取了多种措施,但仍有很多姿态控制方面的问题需要解决。按计划,"极地"号应在1986年9月择机发射,但因飞船配套设备交货推迟而导致飞船总装进度延后,而发射场改造项目的施工进展也不顺利,于是发射时间推迟至1987年中期。1987年1月,苏联最高当局决定,"极地"号在轨期间不进行任何排气试验,也不对任何目标进行跟踪和瞄准。在1987年5月15日的发射中,由于技术原因火箭点火后一直麻烦不断,在飞行500多秒后,由于飞船的姿轨控及推进系统故障,造成飞船姿轨状态失控,很快重返大气层,并在与大气的摩擦中爆炸解体,最后坠入太平洋。发射失败后,大批为该项目研制的配套设备被堆入仓库永久封存,下一步的飞行试验计划也被无限期推迟。

苏联在此之后也再未进行过天基激光武器发射试验。许多设计人员被追究责任,甚至被推上法庭接受审判。"极地"号发射失败的原因是多方面的,其中重要的原因是:在研制过程中,为满足政治需要过分要求进度,实际需要5年才能完成的任务被压缩到2年内完成;对关键重要设备和控制程序未经严格试验与测试,忽视全过程质量管理。尽管"极地"号以失败的结局草草收场,但在人类征服宇宙的征途上仍占有非常重要的位置。在它的基础上后来发展出了"和平"号空间站,即便在今天的国际空间站上仍能找到它的踪影。另一方面,作为天基激光武器的先驱,它也将为未来俄罗斯可能使用的天基激光武器研制打下基础。

8.2.2 光源——激光器

激光的产生,必须有激光器。激光器是产生激光的源泉,也是激光武器的核心。

1. 激光器基本原理

1) 激光的产生

激光是由物质的原子、电子等微观粒子无休止的运动产生的。以原子激光器为例,它与原子结构有关。根据量子物理的理论,一切物质都是由原子组成的,而原子又是由原子核和数量不等的围绕原子核不停转动的电子所组成的,电子围绕原子核的转动具有一定的轨道,不能随意变化。这些轨道代表了电子的不同运动状态,它们相互分立,各有特定的能量,一个电子必定沿着这些轨道之一运动。电子在沿着轨道不停地运动中,其中彼此挨得很近的一些轨道上的电子便形成了一个电子层。不同的原子,会形成数量不等的电子层,任何两层之间都没有让电子停留的轨道,如图8-4所示。各电子层的能量由内向外逐层扩大。在没有外来因素刺激的情况下,各层之间的电子不会互相调换位置。这是原子的常态,即基态。这时的原子处于最低能量状态,非常稳定,所以也称稳定状态。

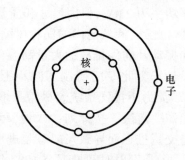

图8-4 电子绕核旋转示意图

可是,一旦有外界的作用,为原子提供能量时,原子便会由于吸收了外界能量而引起自身的能量状态发生变化,即增加了能量。此时,处在内层低能轨道上的电子就会跃迁到外层高能轨道上去。外界提供的能量越大,电子跃迁的轨道就越高。原子处于这种状态时称为激发态(见图8-5)。激发态原子很不稳定,它在高能级上只能停留10亿分之几秒的时间。也就是说,跃迁到外层高能轨道上的电子会很快返回到原来的轨道上去。电子返回原来的轨道之后,原子便恢复到基态,而把外界提供给它的能量变成热或光的形式释放出来。这种光是物质自发辐射出来的,所以在光学上称为自发辐射。

原子从高能态向低能态跃迁,并非完全以自发的方式进行。处在激发态的原子可以在别的原子撞击下,或者在外界作用之下跃迁下来。例如,光照就可以引起原子的这种跃迁。如果有一个光子打到一个处于激发状态的原子,它的能量又正好等于上下两个能级的能量差值,这个光子就会把原子从高能

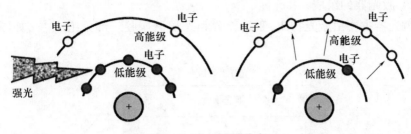

图 8-5 电子反转分布

级拉到低能级,并强迫原子辐射出一个频率、传播方向、振动方向均与外来光子完全相同的光子。原子的这种发光方式叫受激辐射。在受激辐射过程中光被"放大"了。也就是说,输入一个外来光子,而输出时则变为性质完全相同的两个光子。通过这个过程产生出来的光就是激光。在足够的激励源的作用下,把大量处于低能级的原子很快激到高能级上去,随后再使这些原子受激辐射到低能级。不过原子在高能级上需要稳定一段较长的时间(约为0.001s),以便能积累起大量原子。这时,在光学谐振腔内,沿工作物质轴线方向传播的光因受激辐射而增值放大。当这种光碰到反射镜后,一部分透过反射镜,而大部分再被反射到工作物质中去,继续诱发受激辐射光子;碰到另一个反射镜时,同样大部分被反射到工作物质中去,如此来回反射,使同一方向和同一波长产生的光子越来越多,光便得到了放大。当这些光被放大到足够强时,它的一部分透过反射镜一端发射出去,便形成了一束方向性极好、颜色极纯、相位一致的高强度激光,如图 8-6 所示。

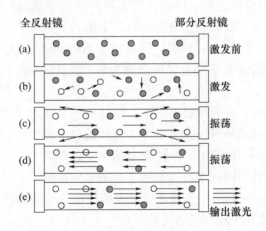

图 8-6 激光的形成

2）激光器的组成

激光器主要由激光物质、激励装置和光学谐振腔三部分组成[73]，如图8-7所示。

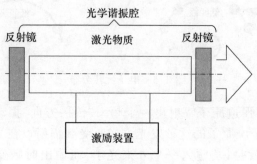

图8-7 激光器组成示意图

（1）激光物质。激光物质是指用来实现粒子数反转并产生光的受激辐射放大作用的物质体系，有时也称为激光工作物质或激光增益介质（如氖、氢、二氧化碳、红宝石等具备亚稳态能级性质的物质）。它们可以是固体（晶体、玻璃）、气体（原子气体、离子气体、分子气体）、半导体和液体等媒质。对激光工作物质的主要要求，是尽可能在其工作粒子的特定能级间实现较大程度的粒子数反转，并使这种反转在整个激光发射作用过程中尽可能有效地保持下去。为此，要求工作物质具有合适的能级结构和跃迁特性。

（2）激励装置。激励装置是指为使激光工作物质实现并维持粒子数反转而提供能量来源的机构或装置。根据工作物质和激光器运转条件的不同，可以采取不同的激励方式和激励装置，常见的有以下四种：

① 光学激励（光泵）——利用外界光源发出的光来辐照工作物质以实现粒子数反转，整个激励装置通常由气体泵浦光源（如氖灯、氢灯或激光二极管）和聚光器组成。

② 气体放电激励——利用在气体工作物质内发生的气体放电过程来实现粒子数反转，整个激励装置通常由放电电极和放电电源组成。

③ 化学激励——利用在工作物质内部发生的化学反应过程来实现粒子数反转，通常要求有适当的化学反应物和相应的引发措施。

④ 核能激励——利用小型核裂变反应所产生的裂变碎片、高能粒子或放射线来激励工作物质并实现粒子数反转。

（3）光学谐振腔。光学谐振腔通常由具有一定几何形状和光学反射特性的两块反射镜按特定的方式组合而成，其作用是：

① 提供光学反馈能力,使受激辐射光子在腔内多次往返以形成相干的持续振荡。

② 对腔内往返振荡光束的方向和频率进行限制,以保证输出激光具有一定的定向性和单色性。谐振腔的作用通常由组成腔的两个反射镜的几何形状(反射面曲率半径)和组合方式所决定。

3) 激光器的分类

激光器有很多种类,同时,分类方式也有很多种。按照工作物质不同,分为固体激光器、气体激光器、半导体激光器和液体激光器;按照运转方式不同,分为单脉冲运转激光器、重复脉冲运转激光器、连续运转激光器、Q 调制运转激光器和模式可控激光器;按照激励方式不同,分为光泵激励激光器、电激励激光器、化学反应激励激光器、热激励激光器和核能激励激光器;按照输出波长不同,分为红外激光器、可见光激光器、紫外激光器和 X 射线激光器。

化学激光器是当前最受重视的将用作高能激光武器的激光器。化学激光器是指专门利用化学反应释放的能量对工作物质进行激励的激光器,希望产生的化学反应可分别采用光照引发、放电引发和化学引发。化学激光器具有许多优点:比能量高,可达几百焦/克;光束质量好;不需外电源;可达较高的输出功率。化学激光器也有不足之处:腔压低,大气中使用排气困难,排气装置大,机理较复杂。目前,已经或拟用于激光武器的化学激光器主要有氧碘激光器、氟化氘(DF)激光器等。

固体激光器是采用人工的方法,把能产生受激辐射作用的金属离子掺入晶体或玻璃基质中构成发光介质而制成。掺杂到固体基质中的金属离子,是一些容易产生粒子数反转的粒子,即具有较宽的有效吸收光谱带、较高的荧光效率、较长的荧光寿命和较窄的荧光谱线等特点[76]。虽然固体激光器目前的测量功率值在几十千瓦左右(利用固体热容激光器,而且仅仅持续几秒),但仍具有达到化学激光器功率水平的希望。

考虑用作天基激光武器激光源的激光器,需具有适当的输出功率或能量、良好的输出激光质量、便于装配的体积和质量等多种良好性能[76],下面主要介绍几种可能用于未来天基激光武器的激光器,包括热容激光器、半导体激光器和光纤激光器等。

2. 氧碘化学激光器

氧碘化学激光器(chemical oxygen iodine laser, COIL),激光波长为 1.315μm,波长短,效率高。第一台 COIL 是 1977 年美国空军武器实验室(现在的菲利浦实验室)的 W. E. McDermott 首次演示成功的电子跃迁高能激光器。其基本理论是激发态氧与碘原子近共振传能产生激发态碘原子,可以实现激射过程[77]。氧碘激光器的工作原理如图 8-8 所示。

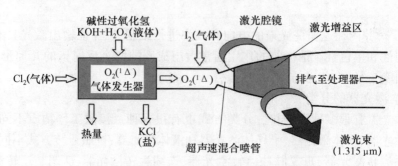

图 8-8　氧碘化学激光器的工作原理图

激光器的燃料是过氧化氢(H_2O_2)和氢氧化钾(KOH)的含水混合物(称为碱式过氧化氢或 BHP)[76],其关键成分是过氧化氢离子即 O_2H^-:

$$KOH+H_2O_2 \rightarrow O_2H^- + H_2O+K^+$$

这种混合物与氯气进行反应,产生激发态的单态氧分子 $O_2(^1\Delta)$:

$$Cl_2+2O_2H^-+2K^+ \rightarrow O_2(^1\Delta)+H_2O_2+2KCl+热量(165kJ/mol)$$

产生单态氧分子的量子效率接近于 1,因此对于起反应的每一个氯分子,都产生一个单态氧分子。所释放的热量使反应区内的碱性过氧化氢的温度升高 10~15℃,因而增加了气流中的水蒸气压力。必须用一个冷阱把这些水除掉,因为它能通过多种能量损失机理,主要是受激分子碘(I_2^*)的去激活作用和受激原子碘(I^*)的去激活作用而干扰激光器的运作。

由于单态氧分子的自发寿命为 45min 左右,这种分子是一种良好的储能介质,能把化学反应器产生的能量输运到激光腔,在激光腔内利用原子碘提取能量。为了获得原子碘,需向激光腔上游的气流中注入分子碘,在激光腔中进行混合并且夹带于气流之中。基态碘原子 $I(^2P_{3/2})$ 产生过程如下:

$$nO_2(^1\Delta)+I_2 \rightarrow nO_2+2I(^2P_{3/2}) \quad (n=2 \sim 5)$$

原子碘与单态氧分子碰撞而被激发到高振动能级,此时,再一次碰撞就能提供引起解离的能量。近共振传能的泵浦过程如下:

$$O_2(^1\Delta)+I(^2P_{3/2}) \rightarrow I^*(^2P_{1/2})+O_2 \quad (^3\Sigma)$$

然后,碘原子受到从剩余 $O_2(^1\Delta)$ 转移的能量的激发而形成光学增益区,并且在 1.315μm 的波长上提取功率,即可输出激光。激发态碘 $I^*(^2P_{1/2})$ 激射过程如下:

$$I^*(^2P_{1/2})+h\nu \rightarrow I(^2P_{3/2})+2h\nu \quad (\lambda=1.315\mu m)$$

3. DF 激光器

DF 激光器是目前比较成熟的高能化学激光器,由 D_2(氘)与原子 F 作原料进行化学反应。图 8-9 给出了典型的连续波 DF 化学激光器原理图。

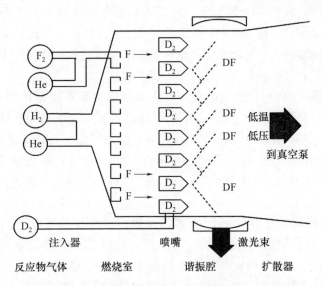

图 8-9 典型的连续波 DF 化学激光器原理图

连续波 DF 化学激光器采用燃烧驱动技术和超声速喷管混合技术。其工作过程为将含有 F 的氧化剂(如 F_2、NF_3、SF_6 等)和燃料氢气在光腔内超声速地混合燃烧,燃烧产生的高温使过量的含氟氧化剂解离出 F 原子,产生的 F 原子经过超声速喷管快速膨胀成低压,在喷管出口处与注入的 D_2 混合反应成振动激发态的 $DF^*(\nu)$。在光学谐振腔中 DF^* 发生激射,产生 3.8μm 左右的激光束。主要反应过程如下:

$$F + D_2 \rightarrow DF^*(\nu) + D$$
$$DF^*(\nu) \rightarrow DF(\nu-1) + h\nu$$

DF 化学激光属于中红外化学激光。大气层在 3～5μm 波段呈现出一种窗口具有很好的透射率,这使 DF 化学激光器适于某些要求大气传输的应用[78]。

1983 年初,美国成功地把 2.2MW 的 DF 激光器建立于白沙导弹靶场基地,该激光器即所谓的"中红外先进化学激光器"(MIRACL),它的工作波长为 3.8μm。MIRACL 是从 20 世纪 80 年代中期以来,在白沙高能激光系统试验装置上以兆瓦级功率连续波运转的化学激光器。

4. CO_2 激光器

CO_2 激光器种类很多,主要有封离型、流动(纵向和横向)型、大气压型、气动型以及波导型等结构形式。这里着重介绍封离型 CO_2 激光器的工作原理。

CO_2 激光器是一种混合气体激光器。CO_2 为主要工作物质。CO_2 分子是一个线性对称结构,其中两个氧原子(O)位于碳原子(C)的两侧。分子的内能由其内三种运动所决定,即:分子中电子的运动、分子中原子间的振动运动和以分子为整体的转动运动。分子的能量即为上述三种运动状态能量之和:

$$E = E_{电} + E_{振} + E_{转}$$

CO_2 激光器中 CO_2 分子的跃迁是发生在基电子态不同振转能级之间,取决于后两种运动的变化。CO_2 分子辐射的谱线都是振动能级之间跃迁的谱线。在 CO_2 分子中,已发现有 200 条谱线。谱线波长的范围在 9~18μm 之间,其中强度最强和最具价值的是 10.6μm 谱线(对应于 $00^01 \rightarrow 10^00$ 能级的跃迁)和 9.6μm 谱线(对应于 $00^01 \rightarrow 02^00$ 能级的跃迁)。其中,00^01 是激光上能级,10^00、02^00 是激光下能级[79]。

CO_2 激光器的工作与激光上、下能级的激发、弛豫(消激发)过程有关。CO_2 分子各能级的自发辐射寿命都较长,且激光上能级粒子的自发辐射寿命比下能级粒子的寿命短。靠纯 CO_2 气体产生的激光,输出功率较小。目前使用的 CO_2 激光器激光上、下能级粒子的平均寿命不完全依赖于自发辐射寿命,而是取决各辅助气体对它们所做的贡献。试验发现,N_2、He、CO、Xe、H_2O、H_2 与 O_2 等辅助气体可以显著提高 CO_2 激光器的输出功率和效率,而有机蒸气如乙醚、酒精、油蒸气等对激光有害无益。

普通 CO_2 激光器即封离型 CO_2 激光器的典型结构如图 8-10 所示[80]。

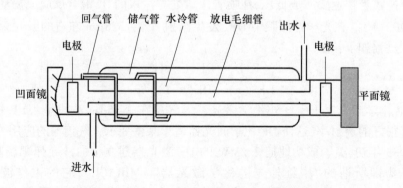

图 8-10 纵向放电封离型 CO_2 激光器的典型结构

放电毛细管一般采用多层套管结构,气体放电毛细管在内,向外依次为水冷套管和储气管,二者制成共轴套筒,称为二重套激光管。也可将放电毛细管与水冷套同轴而储气套旁轴放置,称为二重套旁轴激光管。

CO_2 激光器通过放电毛细管对工作气体进行放电激励。放电毛细管一般都比较长,例如大功率 CO_2 器件放电管可长达几十米。CO_2 激光器的工作气体平均温度约为 400K,为防放电毛细管发热而影响器件的输出功率,需要进行水冷,因此放电毛细管外加有水冷套管。为防止毛细管内部因气压及气压比变化而影响器件的使用寿命,同时增大工作气体的体积,水冷套管外加有储气套。储气套与放电毛细管间通过回气管相连。回气管的作用是消除或减轻直流气体放电激励过程中产生的"电泳"现象(即放电管内阳极附近气压高于阴极附近气压并沿放电管形成气体密度梯度分布),以维持气体放电和激光输出功率的稳定。作为连通阳极与阴极之间的回路,回气管短而粗,回气效果好。但为防止在回气管中产生气体放电,回气管则以细长为好。因此,在器件的设计过程中,对上述两个参数要综合考虑。

为提高输出功率,CO_2 激光器一般采用大曲率半径的平—凹谐振腔,甚至为增大模体积而采用非稳腔。虽然大曲率半径的谐振腔调整精度要求高,但由于 CO_2 本身增益高,容易出激光,故此处的调整精度已非主要矛盾。

CO_2 激光器输出功率大,输出激光波长通常为 $10.6\mu m$,其谐振腔的全反镜要求对 $10.6\mu m$ 有高反射率。金对 $10.6\mu m$ 波长的反射率达 98% 以上,且其化学性质比较稳定。因此 CO_2 激光器的全反镜镀金膜。全反镜的基底材料,中小型器件一般采用光学玻璃,高功率或高能量的脉冲器件,则选用不锈钢或黄铜,抛光后再镀金膜。这种金属反射镜导热性好,也便于通水冷却。

输出反射镜一般采用能透射 $10.6\mu m$ 波长的红外材料为基底经镀膜后制成。目前,常用的红外材料主要有:氯化钠(NaCl)、氯化钾(KCl)、N 型锗(Ge)、砷化镓(GaAs)、碲化镉(CdTe)、硒化锌(ZnSe)、硫化锌(ZnS)、氟化钡(BaF)等。基底的表面处理有以下几种常用方式:光学抛光后直接耦合输出,如半导体材料 N 型 Ge,基底中心留一小孔而其余部分镀金膜的小孔耦合法或上镀多层介质膜。大功率器件一般都采用 GaAs 作为输出镜,但其价格比 Ge 高得多。

5. 热容激光器

美国劳伦斯·利弗莫尔国家实验室(lawrence livermore national laboratory,LLNL)于 1994 年 8 月申请固体热容激光器(solid-state, heat-capacity laser, SSHCL)的专利,并于 1996 年 6 月获得批准[81]。2001 年利弗莫尔国家实验室利用闪光灯抽运钕玻璃系统获得了平均功率大于 10kW、重复频率 20Hz、单脉冲能量 640J、发射持续时间 6s 的热容激光[82]。2006 年,SSHCL 在输出功率和光束质量方面取得了重大突破,输出能量达到 67kW,光束质量优于 2 倍衍射极限,并已开始着手研制 100kW 级移动演示装置[83]。

LLNL开发的热容激光器概念建立在这样的原理上:如果不需要从(固态)激光器排出热量,可以在更小的体积上实现更高功率激光器,并且更具经济性。一个100kW的激光器,如果是16%的效率,要想能够连续工作就需要实时排出半兆瓦的废热。具有此容量的热泵将超过它要冷却的系统尺寸的两倍。如果选择有限运行时间,则需要采用一种热库。热库的介质通常为水,通过它的固/液相变来降温。能量加到固/液相变热库上并未改变它的温度,因此冷却循环液也就不必主动控制温度。对于上述的类似特性激光器,假设正常工作5min,将需要470kg的水用于排出超过150MJ的废热[84]。

热容激光器的输出能量E_{heat}正比于增益介质的质量m、热容量C_p和工作时的温差ΔT,即

$$E_{heat} = mC_p \Delta T$$

这就是热容激光器名称的由来。

固体热容激光器以固体为增益介质,与其他类型的激光器相比较,这种激光器有三个明显的技术特点:

(1) 采用了大尺寸新型激光介质——掺钕钆镓石榴石(Nd:GGG),这种材料的机械强度、热导率、光/光转化效率都比较高,目前美国的技术已能生长出直径达到20cm的高品质光学晶体,非常适合于高功率激光器。

(2) 采用了劳伦斯·利弗莫尔国家实验室开发的一种革命性封装技术——硅单片微通道冷却技术(SiMM)。劳伦斯·利弗莫尔国家实验室开发的硅微通道散热技术,是一种把功率源产生的热量转移给冷却液体的紧凑而有效的方法。SiMM采用光刻法在硅基片上制造几千个宽度为$30\mu m$、高度为$450\mu m$的微通道,在16kg的压力下通入冷却水,其流量为1.8L/s,它能迅速地将产生的热量从二极管的激活区排走。这种方法的排热效率比传统方法高50倍。

SiMM组件特点之一是热阻低(0.35K/W)和热平衡时间短,这一点对于高能激光武器系统特别重要,因为作战时激光器需要快速启动,并需要在与目标交战的10s内保持满功率输出。SiMM组件的另一个特点是采用了紧凑的V形槽结构(瓦片结构),把10个二极管条安装在单个散热片上面组成一个"瓦片",通过铺瓦的操作能够建造较大二维尺寸的二极管阵列。这种设计的显著特点是能够产生高密度的二极管阵列,其亮度非常高,超过$1kW/cm^2$,很容易从单个瓦片上获得1.5kW的功率输出。SiMM在高功率二极管阵列封装技术方面取得的突破,有可能把二维二极管阵列放大到100kW或具有极高亮度的大阵列。

(3) 采用腔内自适应光学校正畸变。为了获得好的光束质量,SSHCL的谐振腔采用了非稳腔结构,预计可以获得3倍衍射极限的光束,再利用腔内自适应光学系统对光束进行校正,可以达到1.5倍衍射极限。劳伦斯·利弗莫尔国家

实验室自己开发的自适应光学共振腔,能通过腔内的变形镜自动检测并校正光学畸变,以获得接近衍射极限的光束质量。

固体热容激光器通过将固体激光的激光发射与介质冷却过程分离,有效地避免了工作过程中介质冷却不均匀造成的各种热效应,使高光束质量、高平均功率固体激光输出成为可能,有望在相对短的时间内输出兆瓦级高平均功率的激光[85]。

6. 半导体激光器

半导体激光器以半导体材料为工作物质。其激励方式主要有三种:电注入式、光泵式和高能电子束式。电注入式半导体激光器,一般是由砷化镓(GaAs)、砷化铟(InAs)、锑化铟(InSb)等材料制成的半导体面结型二极管,沿正方施加电压,注入电流而进行激励后,在结平面区域产生受激发射。光泵式半导体激光器,一般以 N 型或 P 型半导体单晶为激活介质,如 GaAs、InAs、InSb 等,以其他激光器发出的激光作为光泵进行激励。高能电子束激励式半导体激光器,一般也是以 N 型或 P 型半导体单晶为激活介质,如硫化铅(PbS)、硫化镉(CdS)、氧化锌(ZnO)等,由外部注入高能电子束进行激励。在半导体激光器中,目前性能较好、应用较广的是电注入式的 GaAs 二极管激光器[76]。

在纯净的化合物半导体 GaAs 中掺入不同元素(如锌 Zn 和碲 Te)的原子取代 Ga 原子,就会分别形成 P-GaAs 半导体和 N-GaAs 半导体,其能带结构如图 8-11 所示。在图中,小圆圈代表空穴,小圆点代表电子,E_C 代表导带,E_Y 代表价带,E_C 和 E_Y 之间为禁带,E_A、E_D 分别代表受主能级和施主能级[86]。

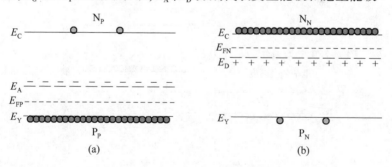

图 8-11 P 型、N 型半导体的能带结构
(a) P-GaAs; (b) N-GaAs。

P 型半导体的杂质原子称为受主,受主获取电子的能量状态称为受主能级,它位于禁带之中靠近价带顶。在 P 型半导体的价带顶附近分布了大量空穴,在导带底附近分布有少数电子。N 型半导体的杂质原子称为施主,施主束缚电子的能量状态称为施主能级,它位于禁带之中靠近导带底。在 N 型半导体的导带底附近有大量电子分布,在价带顶附近有少数空穴存在。

当把 P-GaAs 和 N-GaAs 利用半导体扩散工艺做在一起时,则形成一个 PN 结区,如图 8-12(a)所示。形成 PN 结的物理原因是:两边电子、空穴的差别产生的扩散作用与由于扩散而产生的空间内电场漂移运动相平衡。最终空穴不能越过 PN 结到达 N 区,电子也不能越过 PN 结到达 P 区,这个 PN 结相当于一个电荷偶层,也叫"阻挡层"。

在 PN 结形成时,因为平衡时内建电场 E(从 N 区指向 P 区)存在,出现了较特殊的如图 8-12(b)所示的能带结构,P 区能带高于 N 区,结区能带发生弯曲。N 区电子要越过 PN 结向 P 区扩散就必须克服 E 的阻力,所以只有能量很高的电子才能从 N 区进入 P 区。很明显,电子必须有足够高的能量才能越过这个从低到高的能量斜坡——PN 结而到达高能量区。这个能量斜坡通常又称为"势垒"。对 P 区电子而言,弯曲区的 PN 结能带并不构成势垒。P 区电子一旦进入 PN 结区便可顺势从 P 区"漂移"到 N 区。对于空穴,因为它们带正电,标志空穴的能量轴恰好与标志电子的能量轴相反,所以高的能带对应空穴的低能态,低的能带恰好对应空穴的高能态,故弯曲区的 PN 结能带对 P 区空穴构成势垒。在平衡时,往来于 PN 结势垒两侧的电子流相等,空穴流也相等,故总电流为零。

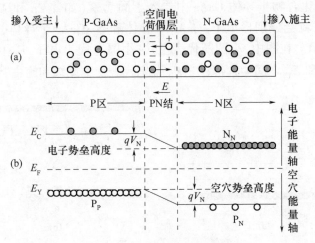

图 8-12 PN 结能带弯曲图
(a) PN 结;(b) 能带结构。

当把一个外正向(P 区接正、N 区接负)电压加于 PN 结 GaAs 半导体时,如图 8-13(a)所示,原来平衡状态就被打破了,如图 8-13(b)所示,正向偏压使 PN 结内建电场减小,势垒高度从 qV_N 变成 $q(V_N-V)$,这里 q 为电子电荷,V 为外偏压。正偏压打破了平衡时的载流子分布,必然加强载流子的扩散,这样就导致空穴从 P 区经过 PN 结向 N 区扩散,电子从 N 区经过 PN 结向 P 区扩散,出现流过 PN 结的正向电流。这种外加正向电压造成的载流子流入现象称为"载流子注入"。载流子在运动过程中相互之间会发生碰撞,当电子与空穴相碰时,电子跳到空穴的位置上而处于被束缚状态,于是这一电子—空穴对随之消失,这种现象称为"载流子复合"。载流子复合时将多余的能量以光子的形式发射出来,称为"复合发光"。另一方面,因复合而发射的光子也可能再次被电子吸收,而激发产生出新的电子——空穴对,这种现象称为"光子共振吸收"。显然,最终能发光的条件是自发复合辐射必须超过共振吸收。这就是半导体发光二极管(LED)的基本原理。

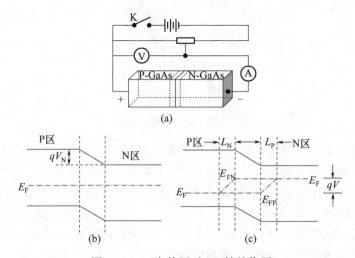

图 8-13　正向偏压对 PN 结的作用

(a) 正向偏压回路;(b) 零偏压平衡态的 PN 结能带;(c) 正向偏压非平衡态的 PN 结能带。

作为激光光源的激光二极管(LD)也是由 PN 结和两个电极组成,如图 8-14 所示。其结构基本上与 LED 一样。LD 发射的是相干光,LED 发出的是非相干光。LD 必须满足激光产生的基本条件,即受激辐射过程必须大于共振吸收过程,即在电子注入区一定要实现足够的电子—空穴对反转分布,另外必须有光学谐振腔。

为了实现 PN 结附近非平衡载流子的反转分布,首先要有合适的工作物质和特殊结构。目前一般采用重掺杂的 GaAs 的 PN 结,用 P^+-N^- 来表示。与轻掺杂情况相比,在 P^+ 区和 N^- 区中载流子浓度极高。当 P^+-N^- 结上加有正向偏压时,势垒高度下降,使大量载流子注入 P^+-N^- 结区,形成注入区内载流子反转分布。如前所述,注入区内非平衡载流子的自发复合产生辐射光子,这些光子将引起处于反转分布状态的非平衡载流子产生受激复合而发射受激辐射光子。理论

分析表明,产生粒子数反转分布的条件是

$$qV>E_g$$

式中:E_g 为禁带宽度,对于 GaAs 的 PN 结,室温下 $E_g=1.43\text{eV}$。这说明,只有足够的外正向偏压才可能打破平衡分布,在结区实现载流子反转分布。

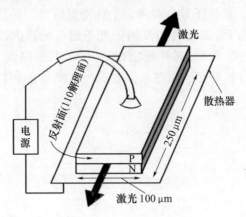

图 8-14 LD 的基本结构

实现载流子反转分布是结型半导体激光器的必要条件,但并非充要条件。为了获得强相干激光辐射,半导体激光器还需要光学谐振腔。一般结型 GaAs 激光管谐振腔利用与 P-N 结平面相互垂直的自然解理面(110 面)构成"法布里—珀罗"谐振腔,如图 8-15 所示。一端的 110 解理面镀高反膜,另一端 110 解理面作为输出端。由于材料损耗、光腔损耗总是存在的,注入电流必须足够大才能使激光器内增益大于损耗,实现激光振荡。

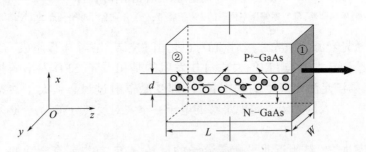

图 8-15 GaAs 激光器

L—激光器长度;W—激光器宽度;d—激光区厚度;①、②—解理面。

LD 的输出特性如图 8-16 所示。从图 8-16 可见,当注入电流 $I<I_{th}$ 时(I_{th} 为阈值电流,由 LD 的材料及结构决定),自发辐射所产生的输出光功率 P_L 的增大与 I 成正比,发出非相干的自发辐射光;当 $I>I_{th}$ 时,输出光功率急剧增大,而且光辐射变为频带上压缩（即带窄）、方向上集中（即方向性好）的强相干辐射——激光输出。

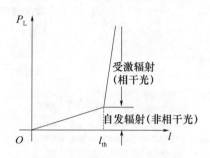

图 8-16　LD 的 P_L-I 特性曲线

国内外成功研究出"厘米条"半导体激光器，即将若干激光元做在一条厘米长的晶片上，来提高输出功率。进而还可将若干厘米条集成为一个面阵光源，这种面阵光源可用来作泵浦固体激光器。

7. 光纤激光器

对于 1μm 左右的波长而言，典型的单模纤芯直径小于 10μm，这样，高功率、高亮度的泵浦用多模半导体激光不可能高效地直接耦合进直径小于 10μm 的纤芯，限制了泵浦光的入纤效率，导致常规的光纤激光器的输出功率较低，限制了其应用范围。

高功率双包层光纤激光器可突破常规光纤激光器对转换效率和输出功率的限制，是国际上新近发展的一种新型固体激光器件[86]。双包层光纤是一种具有特殊结构的光纤，其结构如图 8-17 所示。它比常规光纤增加了一个内包层，内包层的横向尺寸和数值孔径均远大于纤芯，纤芯中掺杂了稀土元素（Yb、Nd、Er、Tm 等），由于内包层包绕在单模纤芯的外围，泵浦光在内包层中反射并多次穿越纤芯被掺杂离子所吸收，从而将泵浦光高效地转换为单模激光。双包层光纤结构对光纤激光器来说是一个具有重大意义的技术突破。通常，内包层的尺寸都应大于 100μm，从而经耦合透镜聚焦后的焦斑为 100μm 左右的多模泵浦光可以有效地耦合进单模光纤中，并且内包层的数值孔径一般大于 0.36，收集泵浦光的能力强，从而可以保证高能泵浦光高效地耦合进入内包层。

双包层光纤激光器具有散热面积大、光束质量好、体积小巧等优点。随着高功率、高亮度半导体激光器泵浦光源和双包层光纤制作工艺的发展，以及泵浦耦合技术的改进，目前高功率双包层光纤激光器的单纤输出功率已提高到百瓦以上。但这种新型光纤激光器要最终取代目前各种体积庞大的激光器（如 CO_2 激光器、氩离子激光器），脉冲能量及倍频技术是关键。

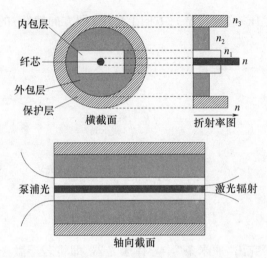

图 8-17 双包层光纤(矩形内包层)的截面结构

为了实现光纤激光的高效倍频,得到较高功率的可见光甚至紫外激光输出,必须解决下列两项关键技术:

(1) 进一步提高光纤激光的单脉冲输出能量或峰值功率,控制输出波长稳定性以及实现窄带宽、短脉冲输出。可以通过设计研制大纤芯直径、高数值孔径的双包层光纤,并采用种子源振荡放大(MOPA)的方式,用双包层光纤作放大器。

(2) 采用新型的周期性极化的准相位匹配材料(PPLN、PPKTP 等)对光纤激光实现高效倍频转换,得到较高功率的可见和紫外的激光输出。图 8-18 为倍频原理图,种子光源为脉冲输出的单模半导体激光器,信号光在注入掺杂的双包层光纤放大器后得到放大,一偏振控制器控制输出激光的偏振态,并通过自聚焦透镜将其准直,最后用一透镜将输出激光聚焦于准相位匹配晶体,实现倍频激光输出。

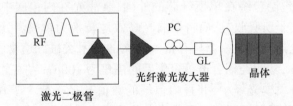

图 8-18 脉冲双包层光纤激光(MOPA 方式)倍频原理图

8.2.3 激光武器破坏效应

激光武器对目标的破坏效果主要取决于激光在目标上产生的辐照度、光束在目标点稳定停留的时间以及辐射与目标相互作用的机制[73]。其中作用时间可以根据需要选定,作用机制与光束特性及目标的物理、几何特性有关,而激光在目标点产生的辐照度则由激光的光束质量、功率、束直径、波长、目标距离等决定,这些量又与光源种类、传输介质的特性等因素有关。总体上,激光武器对目标的破坏主要包括干扰、软杀伤和硬杀伤三种方式。

干扰是指对卫星等目标的探测器进行饱和干扰。凡是光电探测器件,都存在最大负载值,当照射激光超过最大负载值时,将发生强光饱和现象。对不同的光电传感器,强光饱和阈值也不同。

软杀伤是指损伤光电探测设备,主要包括两个方面:一是破坏光电探测器;二是破坏光学系统。对于光学系统而言,当光学玻璃表面在瞬间接收到大量激光能量时,就可能发生龟裂效应,并最后出现磨砂效应,致使玻璃变得不透明。

硬杀伤是指从物理结构上摧毁目标系统或其分系统使整个目标失效。这需要高能激光武器在相当长的工作时间内产生所需的能量,并具有良好的光束质量。连续激光具有较低的功率,因而一般不能立即引起破坏,加热目标达到破坏阈值温度可能需要几秒钟的时间。在这样长的时间里,光束的抖动会使光斑偏离目标点,等到光斑再回到目标点时,这里先前产生的热量已扩散开。当目标采取适当的对抗措施时,这一问题尤为突出。因此,高能激光武器设计者对脉冲激光更感兴趣,高重频短脉冲激光引起材料温度的急剧变化,足以使玻璃、陶瓷一类材料炸裂。高强度短脉冲激光也可引起金属或其他材料表面爆炸性汽化,产生的冲击波透过目标结构传播引起机械损伤。

8.3　天基微波载荷

微波的定义相对模糊,一般来说,频率在 300MHz～300GHz 之间为微波区[87],对应波长为 1mm～1m。而高功率微波(high power microwaves,HPM)是指峰值功率超过 100MW、频率在 1～300GHz 之间、波长跨越厘米和毫米的波段。微波武器的工作机理,是基于微波与被照射物之间的分子相互作用,将电磁能转变为热能。其特点是不需要传热过程,瞬间就可让被照射材料中的很多分子运动起来,使之内外同时受热,产生高温,烧毁材料。

天基微波武器将微波能量定向投射到飞机、地球表面或空间目标上,破坏敌方电子系统的传感器和接收机部分(就如同突然间闪烁的亮光会使眼睛失明一样),烧毁电子元器件,扰乱数字电路,甚至直接摧毁设备。微波武器具有全天候作战能力,能杀伤多种目标和隐身武器,对瞄准精度要求不高,同时能够实施精确打击、直接猎杀敌方信息中枢。特别是微波波束武器,它完全有可能与雷达兼容形成一体化系统,先探测、跟踪目标,再提高功率杀伤目标,达到最佳作战效能。

8.3.1 天基微波武器的类型

天基微波武器的种类主要有:超级干扰机、电磁脉冲弹(包括狭义的电磁脉冲弹和高功率微波弹两种)和可重复使用高功率微波(HPM)武器。

1. 天基高功率微波武器

天基高功率微波武器是一种利用其辐射的强微波波束,干扰或烧毁敌方电子设备以及杀伤作战人员的一种新概念天基定向能武器。天基高功率武器必须有一个巨型天线阵,以便将波束较好地瞄准和聚焦至地面目标。建造如此庞大的天基高功率武器系统所需的资源和送入轨道的代价是昂贵的,和其他定向能武器一样高功率武器是一种视距装备,在发射之前必须"看"到它的目标。

高功率微波武器要求较小、较轻和较高的燃料效率,并对目标进行广泛的灵敏性研究以决定最佳的攻击方法。高功率微波武器的关键技术是脉冲功率源技术(包括脉冲、功率调节及高功率开关技术)、高功率微波源技术和定向辐射天线技术。美国致力于高能天基微波武器的研制,主要开发小型高功率微波源、小型高功率高增益超宽带天线、小型高效高功率脉冲功率驱动器,以便于航天器的运载。

2. 天基高功率微波弹

天基高功率弹由配备高功率发生器的小型轻质量卫星构成。它能机动地靠近敌方卫星,发射短程(short-range)脉冲来干扰敌方卫星的正常工作。为了将击中友邻卫星的可能性减至最小,这种弹倾向于短期作战,尽量缩短作战时间。在准备战争行动、紧急关头/战争期间,这些微型卫星由航天飞机、小型发射火箭或者小型作战航天器发射进入太空,布置在敌方卫星系统的附近。高功率弹在交战前,将在敌方卫星队形中飞行。爆炸发生器(即可用的武器)将向目标发射精确调谐的校准脉冲,目的是通过瓦解而不是摧毁来消灭敌方太空力量。

3. 超级干扰机

高功率微波是一种应用功率大于 1GW 的脉冲攻击多目标的手段,但由于技术、体积、质量、功率等的限制,在短期内要使进入战术应用很困难,近年来国外正发展一种介于电子战和高功率微波的中间方案,其功率量级约为数兆瓦至吉瓦级,利用这种中功率微波加上重复脉冲或幅度调频、频率调制以及其他形式的脉冲波形,称为灵巧微波武器(MPW),即"超级干扰机"。与高功率微波相比,它所需的功率电平较低,便于采用各种先进的干扰调制技术,以提高其杀伤能力;它减少了功率和体积的要求,更易实现。与常规的电子干扰机相比,它的干扰功率约提高 3~6 个数量级,比现有的雷达功率大上千倍到百万倍,具有更强的干扰能力,它能烧毁电子元器件、集成电路、计算机芯片等,造成敌方电子设备的永久性损伤,具有更大的攻击能力。

8.3.2 高功率微波武器组成与工作原理

高功率微波武器系统的组成原理框图如图 8-19 所示。它由初级能源、脉冲功率系统(能量转换装置)、高功率微波产生器件、定向发射装置和控制系统等配套设备构成。初级能源一般由电源供电(电能)。脉冲功率系统是高功率微波武器系统工作的基础,它采用各类强流加速器把初级电能转换成高功率强流脉冲相对论电子束,其工作原理是:利用电容器或电感器将来自初级能源的电能储存起来,然后在千万分之一秒的极短时间内快速将能量释放出来,产生高达数兆伏的高电压,此高电压加到冷阴极二极管上,就可产生高功率强流脉冲相对论电子束,用于推动高功率微波器件。高功率微波源是高功率微波武器的心脏,它将脉冲功率系统形成的强流相对论电子束在高功率微波器件中与电磁场相互作用,将能量交给电磁场,从而产生高功率微波辐射电磁能。定向辐射天线主要用于把高功率微波辐射电磁能聚焦成极窄的波束,使微波能量高度集中,从而以极高的能量强度发出去照射目标,破坏武器系统和损伤作战人员。高功率微波定向天线是高功率微波源与自由空间的界面。与常规天线技术不同的是高功率微波定向天线具有高功率和短脉冲两个基本特性。从大型定向天线发射的高功率微波能量可以前门耦合和后门耦合两种形式传递到目标上,前门耦合是指高功率微波能量通过敌方目标上的天线、传输线等媒介线性耦合到其接收和发射系统内,以破坏其前端电子设备,后门耦合是指通过敌目标结构不完善屏蔽的小孔、缝隙等非线性耦合到导弹、卫星内部,干扰其电子设备,使其不能正常工作或烧毁电子设备中的微电子器件和电路,从而大大降低这些平台的作战效能。

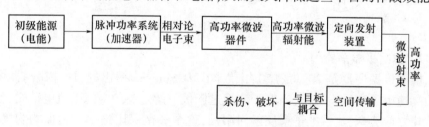

图 8-19 高功率微波武器系统原理框图

8.3.3 高功率微波产生器件

高能微波武器的关键是如何产生高功率、高效率、短波长的微波,因此它们的核心部件是高功率微波产生器件。高功率微波器件和常规微波器件由于其采用技术和制造工艺的差异通常是两个不同的技术领域。其主要差别是:高功率微波源起源于强射束技术的进展,它多半强调高峰值功率,一般是单次发射器件,用在军事研究方面,而常规微波管主要发展用于雷达和传统的电子战,它强调较高的平均功率,重点发展民用市场。但这两个技术领域也没有截然区别,未来发展肯定会合并在一起,合并这两个技术和工业界,对各自肯定都有很大好处,在制造工艺、生产技术等方面可以互相取长补短。

高功率微波都是用强电子束通过磁场使其受激辐射产生的,但不同的微波器件产生的微波功率和波长各不相同。目前,相对论磁控管、虚阴极振荡器(VCO)、相对论速调管(RKA)、多波契伦柯夫振荡器(MWCG)、电子束与等离子体相互作用装置的输出功率均达到或超过吉瓦级。

1. 相对论磁控管

相对论磁控管是由第二次世界大战时的空腔磁控管发展而来,具有结构紧凑、效率高的特点。它在1MV高压和几万安强电流下工作,空间电荷云与凹状阳极空腔慢波结构相互作用,将静电位能转换成微波能(见图8-20)。在阴、阳极间所加的高电压使阴极发射电子,电子受磁场作用在管腔内旋转,从而发射电磁波,电磁波与阳极中众多(偶数)谐振腔耦合,产生出波长1~10cm、功率可达几吉瓦的微波,效率≥50%。

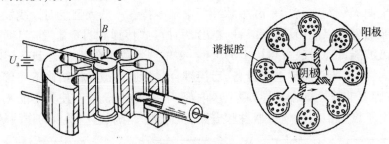

图8-20 相对论磁控管

2. 虚阴极振荡器

虚阴极振荡器是20世纪70年代末由D.Sullivan提出的,这种振荡器中阴极的高速电子穿过阳极箔,当电子流超过阳极下游空腔的空间限流电荷时,空腔中就建立起势垒,迫使电子束反射回阳极,这个势垒好比是一个虚拟的阴极,在真阴极和虚阴极间形成部分电子的反射而产生微波。这种微波源装置的优点是结构简单、输出功率高、调谐简便,很适合电子战使用,能产生几百兆瓦至吉瓦的功率,频率范围为0.5~100GHz。缺点是效率比较低,为0.5%~2%,且频率稳定度不高,目前正在设计各种形式的虚阴极振荡器来改善它的性能。

3. 电子束与等离子体相互作用装置

美国劳伦斯·利弗莫尔国家实验室用相对论电子束注入到低密度等离子体获得高功率微波,其试验布局如图8-21所示。这种源建立微波有两个过程。

首先,电子束和等离子体本底电子相对运动产生电子密度分布波,波的振幅很高,最终出现饱和,然后这些密度波在初始电子束中引起加速或减速,由于密度聚集是周期性的,电子群聚辐射是同相的,因而产生很强的微波发射。这种源的特点是可以产生很宽频率范围的输出,从 1~100GHz 能产生几百兆瓦的微波。

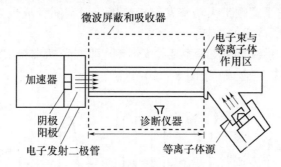

图 8-21　电子束与等离子体相互作用产生微波

随着微波技术的发展,相信微波高功率发生器件技术必将有大的突破,脉冲峰值功率也会有极大提高。这些高功率发生器体积和质量很大,并且必须有高质量的冷却设备和能源供应系统,并要能与传输发射设备一起构成一个机动灵活、反应灵敏的武器系统,以满足现代战争对机动性能的要求。因此,高功率技术的发展对减小整个系统的体积和提高系统的可靠性至关重要。

8.3.4　微波功率合成

为要获得高功率微波一方面可以研究开发新的馈源(微波产生器件),另一方面可以采用高功率微波合成技术。

微波功率合成技术通常有四种类型[88],即:利用半导体芯片串联或并联的芯片型功率合成技术;利用外谐振或非谐振电路的电路型功率合成技术;利用准光腔或自由空间波的空间型功率合成技术;利用以上技术的混合型功率合成技术。在前三类功率合成技术中,空间合成的功率最大,电路型合成次之,芯片型合成由于受热损耗的影响合成功率最小。以前采用比较多的是电路谐振型单腔多器件功率合成技术。然而,这项技术随着合成器件量的增多、频率的升高,腔体空间将变得越来越小,各种不连续边界所产生的模式将变得越来越复杂,从而严重地影响功率合成器的工作稳定性、合成效率以及输出功率。

高功率微波空间合成,实际上就是利用多个高功率微波源,发射频率相同、相位符合特定关系的辐射波,使之在空间传播过程中功率相互叠加,从而在特定方向和特定距离处形成高能量密度电磁波束。它是 20 世纪 80 年代提出的一种微波功率合成方法,也是当前微波技术领域中最活跃和最有前途的研究课题之一。它与其他功率合成方法的最大不同之处是可以将合成空间设计成足够大,在微波等波长很短的频率上实现多器件的功率合成[89]。空间合成损耗最小,功率利用最充分,它不存在芯片型合成所固有的热损耗问题,又不存在电路型合成的效率受器件数量限制及电路损耗问题,而且空间合成器能合成的有源器件数很大,所以特别适于宽频带大功率发射机使用。但空间合成也要注意天线匹配不良和相互耦合所造成的损耗。

目前的空间功率合成技术主要分为三种,即准光功率合成、波导内功率合成和自由空间波功率合成(见图8-22)[90]。

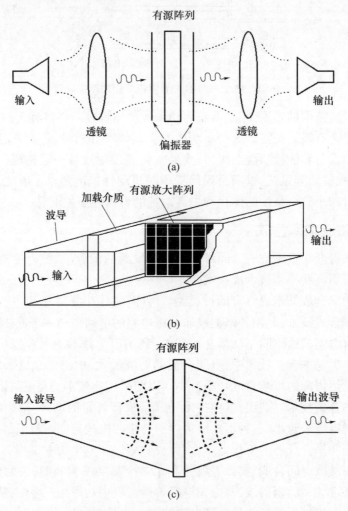

图8-22 三种空间功率合成技术
(a) 准光功率合成;(b) 波导内功率合成;(c) 自由空间波功率合成。

图 8-22(a)中的准光功率合成技术采用了透镜和偏振器控制合成区域中的电磁场,达到功率有效合成的目的。图 8-22(b)是在波导中插入有源放大阵列,通过波导控制电磁场及波导内场的模式。图 8-22(c)采用过模波导增大了波导横截面,可以实现更多放大单元的功率合成。自由空间波功率合成是准光功率合成的一种变形,与准光功率合成最大的不同之处在于自由空间波功率合成是一种非谐振型功率合成,而准光功率合成则是一种谐振型功率合成。

高功率微波空间合成,尤其自由空间波功率合成,与微波发射天线是紧密关联的。针对不同的空间合成要求,例如主瓣形式、副瓣电平和方向性系数等,天线阵可以有各种不同的综合方式[91]。适用于高功率微波空间功率合成的方法主要有相控阵法、聚焦束法和交叉束法[92]。

8.3.5 微波武器破坏效应

天基微波武器典型运用过程与天基激光武器类似。高功率微波武器对目标的杀伤效果取决于初级功率源的功率大小、高功率微波源的输出功率、发射天线的增益和目标与微波源的距离。根据照射在目标上的微波能量的大小,高功率微波武器对目标产生的杀伤作用也不一样。研究表明,微波功率密度达到 $3\sim13\mathrm{mW/cm^2}$ 时,会产生非热效应,人员将因头痛恶心、思维混乱、行为失控而丧失战斗力;功率密度达 $20\sim80\mathrm{W/cm^2}$ 时,会产生热效应;如果战时利用卫星、飞船等太空平台向目标区集中辐射微波,可使该区大气发生剧烈理化反应,以 $3000\sim4000℃$ 高温杀死装甲、掩体内人员,达到中子弹效果。当功率密度达 $10\sim100\mathrm{W/cm^2}$ 时,可毁坏武器装备的任何电子元件,不但能使对方雷达迷盲,通信中断、C^4I 瘫痪、指挥失灵,而且能于无声中使其飞机、导弹、舰艇和军车引擎点火系统受损,摧毁其战斗力。

8.4 天基动能载荷

目前,动能武器(kinetic energy weapon,KEW)是一种相对较为成熟的空间对抗武器。动能武器携带的弹头(战斗部)可分为爆破式弹头和非爆破弹头。采用非爆破弹头时,动能武器依靠自身质量和速度撞击目标,达到毁伤效果;采用爆破弹头时,动能武器投送爆破弹头至目标附近,通过爆炸波和破片达到毁伤效果。此外,由于攻击目标的不同,动能武器也会有所区别。例如,攻击空间高速移动的小尺寸目标时,需要选用高精度制导的大气层外拦截器;攻击地面静止的坚固目标时,需要选用再入大气层、穿透力强的杆状再入装置;攻击地面面状目标时,需要选用再入大气层的爆炸装置。下面主要讨论具有高精度制导的大气层外动能拦截武器,它是拦截各种导弹或攻击敌方卫星等在轨航天器的有效武器[93],其核心是动能杀伤飞行器(kinetic kill vehicle,KKV),也称动能拦截弹。

美国在"战略防御倡议"(SDI)计划中发展的"智能卵石"拦截弹是一个典型的动能拦截弹的例子。该拦截弹是一种非爆破弹头,从航天器上发射,依靠火箭发动机推进,以高速动能直接碰撞杀伤目标。"智能卵石"拦截弹具有体积小、质量小的特点,可以大量部署在太空(多达1000枚)。美国劳伦斯·利弗莫尔国家实验室于1988年8月开始研制,1990年首次进行亚轨道(80km高度)拦截空间飞行目标试验,只取得部分成功。1991年5月,该计划被取消。美国总审计署曾有报告指出:"战略防御倡议"对"智能卵石"有效性的估计,是以很多尚未得到证实的假设为根据的。不过最近美国国防部已恢复终止的"天基动能拦截弹"(SBI)研究,并计划进行"天基动能拦截弹"的拦截试验,以演示天基动能武器系统方案的可行性。

8.4.1 KKV组成与关键技术

KKV是天基动能武器的核心,也是一种重要的对抗类有效载荷。自20世纪70年代以来,美国已经先后研制并试验了多种类型的KKV,从技术发展上大致可分为三个阶段(表8-3)[94]。

表8-3 美国的三代KKV技术

发展阶段	代表KKV	技术特点
第一代	SBI、ERIS、HEDI等拦截弹上的弹头或动能拦截器	质量为40~200 kg不等,基本上采用单模红外寻的头,KKV机动能力小,导引头视场也小,目标探测精度低
第二代	大气层外轻型射弹(LEAP)	微小化、质量比第一代KKV小近一个数量级,并向模块化、多用途的方向发展
第三代	有识别能力的拦截器	超级灵巧,能自主识别真假目标,高级智能化,而且成本低,质量更小

典型的KKV至少要包括以下5个关键部分[95]:①精确捕获目标特征信息的导引头;②处理导引头信息的高速信号处理器;③确定KKV自身位置、速度和姿态的惯性测量装置;④用于KKV制导计算和飞行线路修正计算的高速数据处理器;⑤用于KKV快速机动的轨道控制与姿态控制系统。这5个关键部分实际上也是KKV最关键的技术,如图8-23和图8-24所示。

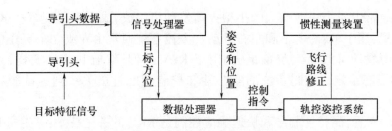

图 8-23 KKV 的基本组成

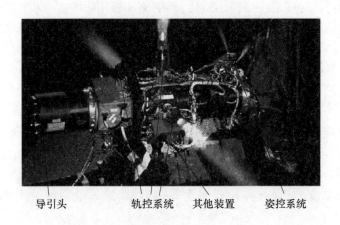

图 8-24 典型 KKV

导引头的主要功能是捕获和跟踪目标,获取目标的特征信息,测量视线角。由视线角序列可以求出视线角速率以用于制导控制。对于比例导引律,如何获取实时、准确的视线角速率对制导控制精度起着关键的作用。目前主要采用两类导引头:一种是毫米波雷达导引头,另一种是可见光或红外导引头。这两类导引头之间的主要区别是:毫米波导引头的质量大,不易受天气的影响,适合大气层内作战使用;红外导引头的体积小,质量轻,但易受低空云雾的影响,适合大气层外(100km 以上)作战使用。

信号处理器与数据处理器根据导引头提供的目标信息和惯性测量装置提供的 KKV 运动信息,发出 KKV 的轨道和姿态控制指令。信号处理器和数据处理器的计算速度和精度直接关系到控制指令的快慢和精度。信号处理器负责处理导引头所获取的目标原始数据,准确地确定目标的位置、方向以及目标上的碰撞点。数据处理器根据信号处理器提供的目标位置信息和惯性测量装置提供的 KKV 飞行状态信息,确定 KKV 的机动方向,并下达机动控制指令。

轨道控制与姿态控制系统按照数据处理器的指令,控制 KKV 的飞行。轨

285

控系统通常由 4 个快速响应的小型火箭发动机组成,成十字形配置在 KKV 的质心位置,用于 KKV 上下和左右机动。姿控系统通常由 6 或 8 个更小的快速响应火箭发动机或喷气装置组成,用于 KKV 俯仰、偏航和滚动调姿,并保持 KKV 的姿态稳定。控制系统的实时性和控制精度直接关系到拦截脱靶量的大小。

总的来看,高精度制导和快速响应控制是 KKV 的关键技术,其追求目标是"零脱靶量"[96]。随着 KKV 技术趋向成熟,美军在发展 KKV 技术方面呈现出两个明显的趋势[97]:一是按照轻小型化、智能化和通用化的要求,改进并试验已经研制成功的动能武器系统及其 KKV,以便尽快部署弹道导弹防御系统;二是依据轻小型 KKV 技术的发展,针对未来战争威胁以及现有 KKV 结构复杂、成本高的不足,积极探索适应未来作战需要的新一代 KKV。

8.4.2 KKV 拦截方式

天基动能武器典型运用过程与天基激光武器类似。由于在天基动能武器部署之初,一般不能确定或不易暴露预攻击的目标卫星。所以,KKV 部署时往往与拦截目标不在同一轨道面上。在进行攻击时,KKV 或其搭载平台首先需要进行机动变轨,通过一次或多次轨道调整,进入最后的攻击轨道,直至与目标相撞。

根据拦截交会角 ψ 的不同可以将拦截方式分为广义顺轨拦截($90°\leqslant\psi\leqslant180°$)与广义逆轨拦截($0°\leqslant\psi<90°$)(见图 8-25)[98]。拦截器的速度矢量与目标视线方向的夹角称为速度前置角 η_p。广义顺轨拦截又分为追击和顺轨拦截两种方式,当 $0°\leqslant\eta_p<90°$ 时为追击方式;当 $90°\leqslant\eta_p\leqslant180°$ 时为顺轨拦截方式。在追击过程中,拦截器的速度必须大于目标速度,拦截器位于目标之后,从目标的后半球攻击目标。采用顺轨拦截方式的拦截器飞行速度小于目标的飞行速度,从目标的前半球撞击目标。在广义逆轨拦截情况下,$0°\leqslant\eta_p<90°$,拦截器一直处于目标飞行方向的前方,最终从目标的前半球撞击目标。

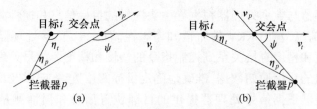

图 8-25 两种拦截方式示意图
(a) 广义顺轨拦截;(b) 广义逆轨拦截。

在弹道导弹防御作战中，KKV一般采用逆轨拦截方式拦截目标。采用逆轨拦截方式时，拦截器与目标之间的相对速度较大，寻的制导时间短，对制导控制系统要求很高[99]。

从拦截技术实现角度看，采用顺轨拦截方式比逆轨拦截方式具有一定优点。由于顺轨拦截时拦截器和目标的相对速度较小，从而使寻的制导时间增长，在使用相同燃料的情况下，顺轨拦截可以纠正的零控脱靶量要大。由于拦截器的动力系统总有一定的时间延迟，故寻的制导时间的增长，可以减小拦截器轨道机动飞行需用过载，节省燃料。此外，由于目标航天器的轨道比较容易确定，进而可以比较精确地预测出拦截命中点。

8.4.3 KKV拦截精度

KKV拦截精度受多项误差源影响，一般用脱靶量均值和方差表示，反映了拦截器与目标间追踪与逃逸过程的最小相对距离的分布情况。影响拦截精度的误差蕴涵于KKV的各关键组成部分，是KKV关键技术需提高的技术指标。影响KKV拦截精度的误差源主要有：

（1）末制导交班误差，包括位置误差、速度误差、姿态角误差、姿态角速率误差。
（2）导引头测角过程误差和测量延时误差。
（3）信号处理器视线角速率计算过程误差和处理延时误差。
（4）惯性测量装置自身飘移及由此引入的拦截器位置和姿态误差。
（5）数据处理器控制指令计算过程误差和处理延时误差。
（6）轨控、姿控执行机构延时误差、推力偏心误差、后效扰动误差。

这些误差可分为初始状态误差和过程误差两类，都对拦截器—目标之间的视线转率、相对距离、相对速率有直接或间接的影响，最终影响脱靶量。

8.5 天基电子对抗载荷

天基电子对抗是以电子对抗技术与航天器技术结合为手段，为破坏敌方太空电子设备（系统）的使用效能，保护己方电子设备（系统）正常发挥效能而采取的各种措施和行动的总称。天基电子对抗的对象是天基信息系统，包括航天器系统、信息链路、支持系统和地面应用系统等。航天器系统包括天基平台和有效载荷两大部分，天基平台提供维持在空间运行的结构、动力、电源、控制等功能，有效载荷指完成侦察、通信、预警、导航和遥感监视等功能的任务设备。信息链路是指航天器系统、支持系统和应用设备之间信息传输、转发的链路，包括与地面支持及与应用系统和天基系统之间的星地链路和与中继卫星等天基平台连接的星间链路。支持和应用系统包括各种测量、通信、控制、处理设备和各种应用设备,如卫星中继设备、地面站、船载测控设备、机载通信系统、手持机、GPS机等,主要完成对天基信息系统的测量跟踪、运行控制、信息处理、情报生成等。

8.5.1 电子对抗的类型

天基电子对抗可分为传感器攻击与信息链路攻击两类,传感器攻击的主要攻击目标是卫星上搭载传感器的信号接收端,如光学成像传感器、导弹预警(红外)传感器、气象传感器的镜头、光电敏感器,雷达成像传感器的天线、信号接收端等,主要目标是干扰、破坏和阻止卫星搭载的各种类型的传感器正确获取和识别待测信息。信息链路攻击通常是对卫星上行射频链路、下行射频链路或星间射频链路释放电磁干扰信号,使信号接收机无法解调还原信息的电子对抗行动,使航天器与航天器之间、航天器与地面系统之间信息链路断开,"传不了"。

信息链路攻击主要有三种实现形式,分别是上行链路干扰、下行链路干扰以及星间链路干扰。

上行链路干扰:是干扰信号直接针对卫星信号转发器的接收端发起的链路对抗。大部分位于地球同步轨道的通信卫星、数据中继卫星均充当信息中继节点,会通过特定功能的信号转发器重新将地面站上传的信号(信息)或其他卫星发来的信号(信息)分发给地面用户终端。上行链路干扰信号可以起源于卫星接收天线波束内的任何地方,并且淹没原始信号,使得由卫星重新发送并由地面上用户接收的信号包含不可分辨的噪声。由于卫星服务区域内的所有用户(被称为覆盖区)都受到影响,因此影响范围可能非常广。

下行链路干扰:通过向特定区域的用户发送广播信号来干扰卫星服务的地面用户。干扰机波束覆盖范围之外的用户不会受到干扰机的干扰。导航战中对卫星导航接收机的干扰、通信卫星对抗/测控链路对抗中对特定地面站和特定卫星通信频段的阻断就是典型的下行链路干扰。在下行链路干扰中,卫星本身不受干扰,但依赖卫星信号的特定用户终端或卫星信号接收站将直接承受电子攻击。

星间链路干扰:干扰信号直接针对卫星接收端发起的链路对抗。不同于上行链路干扰,星间链路干扰针对的链路通常具有"点对点信息传输"的特点,信息链路波束极窄,因此实现的可行途径是采用轨道干扰机实施抵近干扰。由于干扰机距离被干扰目标信号接收终端距离很近,且通常位于信息链路两个节点连线上,因此干扰机占据有"有利位置",干扰功率需求低,干扰效果好。

任何拥有航天技术的国家原则上都能够将一颗搭载上行链路干扰机的小卫星部署在目标卫星附近。由于目标卫星接收机与干扰机的距离要比它与地面发射机的距离小成千上万倍,星载干扰机的发射功率只是地面干扰机发射功率的几万分之一即可在卫星接收端产生相等的信号强度。若干扰机能够准确部署从而使卫星天线能接收到它的信号,它也许只需要较低的功率就能产生宽频带的干扰效果。

实际上,使星载上行链路干扰机能够有效工作是很困难的。干扰机必须位于卫星轨道的下面才能确保它能够在卫星天线的传播/接收区域内工作。由于它在轨道上的速度要比卫星的速度大很多,因此很容易快速穿过或移动出天线的传播/接收区域。部署一颗用于干扰卫星的星载干扰机必须不断使其处于机动状态,使得干扰控制非常复杂。

一个相对简单的方法是在与目标卫星相同的轨道上部署一颗星载干扰机,这种干扰机落后于目标卫星一段距离,这样可以与目标卫星保持恒定的距离。由于这种干扰机位于卫星的旁边而不是下部,因此它并不能进入卫星天线的传播/接收区域内。卫星天线对于不是来自于传播/接收区域的其他方向信号也有相同的灵敏度,这些方向由天线的旁瓣所覆盖。这些方向上天线的灵敏度只能达到信号来自天线前方时灵敏度的十分之一。一旦进入轨道,卫星即可控制其旁瓣的形状和位置,从而可以压制同一轨道干扰机方向上的信号。这将导致其对从旁瓣进入的干扰信号灵敏度较低,因此相对容易抵消在空间部署干扰机的优势。

《美国空军2025》研究报告中提出了用于电子干扰软杀伤的"机器虫(Robo-Bug)"微型卫星新概念,如图8-26所示。这种微型卫星具有隐身和伪装能力,靠近或贴附在敌方目标卫星上。在适当的时候,将其激活,通过电子干扰(或其他电子战方法来扰乱敌方卫星信号)或欺骗的方式,攻击敌方卫星系统的上行、下行或星间链路。电子干扰方式是发射一个高功率电子信号使卫星的上行或下行信号错误增加,以造成卫星或地面站失去目标。

图8-26 美国天基电子干扰武器示意图

8.5.2 天线

在接收系统中,天线提供增益和方向性。在测向系统中,天线能通过接收到的各种参数准确测量到达方向的数据源。在电子干扰系统中,天线能提供较好的方向定位。在威胁辐射源特别是雷达中,发射天线的增益图和其特有的扫描特性提供了一种敌我识别的重要方式。威胁辐射源天线扫描与极化方式也使某些欺骗干扰措施得以应用。

天线是一种将电信号转化为电磁波信号或将电磁波信号转化为电信号的一种装置。由于天线处理信号和工作参数各不相同,产生出的天线体积和设计也大不相同。就功能而言,天线既可以实现发射信号,也可以实现接收信号。常用的天线性能参数有以下几种:增益,频率覆盖,带宽,极化,波束宽度,效率等。其中以增益和带宽较为常见。天线增益的几个要点:一是天线是无源器件,不能产生能量,天线增益只是将能量有效集中向某特定方向辐射或接受电磁波的能力。二是天线的增益由振子叠加而产生,增益越高,天线长度越长。三是天线增益越高,方向性越好,能量越集中,波瓣越窄。

以电子对抗的观点来看,天线的极化也是影响其性能的一个重要方面。极化最重要的影响就是若它与接收到的信号不匹配,其功率将大大降低。一般来说,线性极化天线在极化方向呈一条直线。圆形极化天线在极化方向上呈现圆形。其重要应用便是利用圆极化天线来接收方位未知的线性极化天线,虽然这样会产生大约 3dB 的极化损失,但可以避免采用交叉极化方式所带来的超过 25dB 的损失。当接收信号可能是任意极化方式时(即任一线极化或圆极化),通常的惯例是采用 LHC 和 RHC 天线进行快速测量并选择较强的信号。在电子对抗系统通常采用天线类型(通常覆盖很宽的频率范围)中,交叉极化天线的 25dB 极化损失是正常的。窄带天线通过精心设计可以实现 30dB 以上的交叉极化隔离度,而雷达告警接收机系统中的小型圆极化天线可能只有 10dB 的交叉极化隔离度。

天线的大量应用也使天线的类型增多。这些天线的角度覆盖范围、增益比、极化方式、体积和形状等参数各不相同。不同场合不同条件下最佳天线的选择也大不一样,通常需要折中考虑性能和其他系统设计参数的影响因子。为了完成特定的功能,天线必须提供适当的角度覆盖和频带宽度。具有 360°方位覆盖的天线常被称为全向天线,它提供一致的球面覆盖,但是这种天线只能提供有限的仰角覆盖。尽管如此,必须随时接收来自任意方向的信号,因此它是全向的。定向天线则提供有限的方位覆盖和仰角覆盖。尽管它们必须指向目标发射机或者接收机的位置,但它们提供的增益一般大于 360°方位覆盖的天线,它的另外一个优点就是大大降低了无用信号的电平,避免将有用信号发射到敌方的接收机中。

现如今,相控阵天线在信息战争领域变得越来越重要。在雷达中,相控阵能够从一个目标立即转换到另外一个目标,增强了捕获或跟踪多个目标的效率,但从电子战的角度来看,通常这会使通过分析接收信号的强度随着时间的变化规律来确定威胁雷达的天线参数变得不可能。将相控阵用于接收天线或者干扰天线时,可使我方获得与威胁雷达同样的灵活性。举个例子,干扰机可以将干扰功率分配到多个威胁中去。当各项预警探测技术在飞机上得以实现时,相控阵就达到了最佳效果,这就使更多的相控阵阵元加入到了飞机中。相控阵的另外一个优点就是它可以做得与其装载平台形状完全相同。正是相控阵技术的发展,使得机载天线进入了一个全新的阶段。

8.5.3 天基电子对抗武器工作原理

在信息链路攻击中,反映有用信号与干扰信号之间的功率关系的基本物理量定义为干扰信号功率与有用信号链路的功率的比值,称为干信比。干信比能够客观地反映有用信号与干扰信号之间的功率关系以及功率对比。

信息链路通常用于从一点向另一点传输信息,其基本模型如图 8-27 所示。

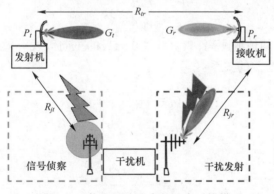

图 8-27 信息链路攻击的基本对抗模型

为了回答有用信号与干扰信号之间的功率关系,必须准确推算有用信号与干扰信号的功率。

1. 有用信号功率及其计算

根据图 8-28 分贝形式的单向信息链路功率计算模型:

信息链路接收终端接收的有用信号功率取决于发射的信号在传输过程中所经历的信号传输历程,其中发射天线、接收天线起到功率放大的作用,而自由空

间传输则是一种不可避免的信号衰减,于是有

$$P_r = P_t + G_t - L_{tr} + G_r \tag{8-1}$$

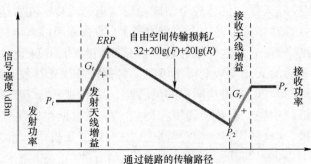

图 8-28 信息链路功率计算模型

式中:P_r 为接收机接收的有用信号功率;P_t 为信息链路发射端的发射信号功率;G_t 为信息链路发射端的发射天线增益;L_{tr} 为信号自由空间的链路传输损耗。G_r 为信息链路接收端的接收天线增益。忽略其他非理想因素的情况下,L_{tr} 可根据自由空间传输损耗的计算方法进行计算。模型如下:

$$L_{tr} = \frac{ERP}{P_r} = \frac{ERP}{\frac{ERP}{4\pi R^2} \times A_0} = \frac{4\pi R^2}{A_0} \tag{8-2}$$

式中:R 为自由空间传输距离;A_0 为增益 0 分贝的主向天线等效接收面积。根据天线面积和天线增益的关系:

$$G_0 = \frac{4\pi A_0}{\lambda^2} = = 1 \tag{8-3}$$

$$c = \lambda F$$

于是有:

$$L_{tr} = \frac{(4\pi)^2 F^2 R^2}{c^2} \tag{8-4}$$

将其转换为分贝形式,原先的乘除法转变为加减法,有:

$$L_{tr} = 20\lg\left(\frac{4\pi}{c}\right) + 20\lg(F) + 20\lg(R) \tag{8-5}$$

式中:频率 F 的单位为赫兹,距离 R 的单位为米。

为了方便估算,将式(8-5)进一步变形有:

$$L_{tr} = 32.44 + 20\lg(F) + 20\lg(R) \tag{8-6}$$

式中:频率 F 的单位为兆赫兹,距离 R 的单位为千米。

2. 干扰信号功率及其计算

同理,根据信号单向链路计算方法,可得干扰信号进入信息链路接收机的功率为:

$$P_{rj} = P_J + G_{jt} - L_{JR} + G_{rj} \tag{8-7}$$

式中,P_J 为干扰机发射的干扰信号功率;G_{jt} 为干扰机在信息链路接收机方向的天线增益;L_{JR} 为干扰信号到达信息链路接收机的信号链路的传输损耗。在忽略其他非理想因素的情况下,可根据自由空间传输损耗的方法进行计算。G_{rj} 为信息链路接收机在干扰机方向的天线增益。

3. 干扰信号与有用信号的功率关系

利用干信比可以客观描述干扰信号与有用信号的功率关系,其中,干信比的比例式的表达如下:

$$\frac{J}{S} = 10^{(P_{rj}-P_r)/10} \tag{8-8}$$

干信比的分贝式表达如下:

$$J - S = P_{rj} - P_r \tag{8-9}$$

根据干信比与压制系数 K_j 的关系,可以判断干扰效果。其中,根据干信比的比例式判据表达如下:

$$\frac{J}{S} = 10^{(P_{rj}-P_r)/10} \geqslant K_j \tag{8-10}$$

根据干信比的分贝式判据表达如下:

$$J - S = P_{rj} - P_r \geqslant K_j(\mathrm{dB}) \tag{8-11}$$

当干信比不小于压制系数 K_j 时,干扰有效。其中,K_j 为干扰的压制系数,为达到有效干扰所必须的干信比门限,其取值与信息链路的调制体制、纠错能力、接收机抗干扰措施、干扰信号样式、干扰方式等密切相关。

8.6 天基在轨操控载荷

在轨操控技术是航天器对目标卫星近距离进行的一系列在轨操作活动,包括交会对接、绕飞伴飞、在轨抓捕、在轨燃料加注、在轨模块更换以及空间碎片清除等。在轨操控技术主要由交会对接敏感器、空间抓捕系统、空间运行与管理系统以及对接机构等设备实现。在轨操控技术具有重要的军事应用潜力,包括:提高空间态势感知能力,通过逼近、绕飞等轨道操作可以监视敌方在轨航天器,及时提供其轨道位置、构成以及状态信息,为己方军事航天器提供在轨操作服务,包括进行检测、维护、补给、升级和保护等服务。

8.6.1 在轨操控的类型

1. 飞网

空间飞网捕获是一种新兴的在轨捕获技术,也是实现在轨服务的关键性技术之一,是在空间通过向目标发射、展开收纳在发射器容腔内的柔性网体,对目标实施包拢并收口,形成死锁防止目标脱离,从而实现对目标的抓捕。

以柔性飞网为捕获手段的柔性捕获模式提供了一种新的在轨捕获模式,相对于刚性机械臂而言,柔性飞网捕获模式具有如下优点:

(1) 柔性飞网与自由飞行平台之间通过系绳连接,两者动力学耦合形式简洁;

(2) 自由飞行平台通过天基目标测量系统可以实现对具有相对位移速度的非合作目标的快速指向跟踪,弥补了机械臂捕获动作迟缓的不足;

(3) 飞网弹射捕获的方式增加了在轨捕获的有效作业距离,相对刚性捕获模式,柔性飞网捕获避免了近距离逼近及停靠机动,大大降低了捕获系统与目标发生碰撞的危险;

(4) 柔性飞网是面对点的捕获,可以通过增加飞网面积实现对弹射捕获误差的冗余补偿,从而有效降低对系统姿态控制的要求;

(5) 飞网及飞网装置易于实现小型化设计,单个在轨捕获系统可以携带多套飞网捕获装置,在单次捕获任务失败的情况下可以实施二次捕获,也可以执行多批次目标捕获任务。

飞网在轨捕获系统采用自由飞行平台与飞网弹射捕获装置相结合的方式,在自身携带的天基目标测量系统的引导下,自由飞行平台具有针对待捕获目标的近距离机动、绕飞、逼近及停靠能力,当目标进入柔性飞网捕获作业的有效距离内,飞网将被指向目标弹射、张开并包络锁紧目标。弹射后的飞网通过系绳与平台连接,在完成目标捕获以后,自由飞行平台可根据任务需求拖拽目标实施变轨。

空间飞网抓捕系统由空间机动平台携带,在与空间目标飞行器保持一定飞行距离的情况下,通过在轨发射,使飞网接近、捕获目标飞行器,通过绳系轨道机动,将目标飞行器拖曳至其他轨道。因此飞网抓捕系统可用于对敌方非合作目标的对抗,也可用于对重要轨道资源上的废弃卫星及空间垃圾的清除。

由柔性材料制作的飞网打包后体积很小,在轨道上展开到足够大的尺寸,可以在较远距离上用较大的拦截面积去覆盖目标。与传统的机械手抓捕方式相比,飞网抓捕方式具有安全性高、对载体航天器影响小、消耗能量少、抓捕容错范围大等优点,非常适用于对非合作目标实施近距离快速捕获。

图 8-29 和图 8-30 给出了飞网抓捕装置示意图。

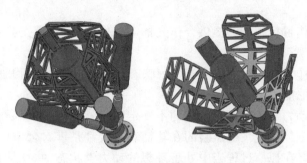

图 8-29 收拢、展开状态

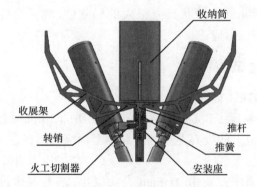

图 8-30 收纳方式

收拢时,推杆下端部位穿过切割器待切割区域,与安装座螺接。将网包压紧,并将弹簧压缩。展开指令下达后,切割器切割推杆,轴向约束被解除。推杆在弹簧推力作用下,推动收展架端部,收展架以转销为旋转中心展开。推杆上端面抵触收纳筒底面后行程结束,收展架展开到位,解除网包约束。

2. 机械臂

以空间机械臂等刚性机构实施在轨捕获的模式称为刚性捕获模式。

刚性捕获模式具有动力学建模简单、控制系统设计容易实现、配以末端执行机构易于实现灵巧操作(如 ORU 更换、在轨装配等)等优点,因此刚性在轨捕获模式是目前研究的重点。

然而,刚性捕获模式主要针对合作目标的在轨捕获任务,对于非合作目标(如空间碎片清理、故障卫星)的在轨抓捕任务,刚性机构则表现出以下诸多缺点:

(1)刚性机构与自由飞行平台之间存在着较强的动力学耦合,机械臂末端抓捕执行机构的控制问题变得十分复杂,并且抓捕过程风险较大;

(2) 非合作目标不具备适于抓捕的机电接口,这使末端抓捕机构的设计难度加大;

(3) 非合作目标不能够提供合作光标等合作特征,轨道交会及抓捕过程闭环控制难以实现;

(4) 非合作目标往往处于姿态失稳状态,捕获目标后,刚性机构缺乏对相对姿态运动的阻尼能力;

(5) 目标动力学参数存在较大的不确定性,捕获后的系统姿态控制问题异常复杂。目前已经完成飞行试验的在轨捕获系统都是针对合作目标的,这些待抓捕的合作目标在抓捕过程当中处于理想的动力学状态,并且具有配合抓捕的机械接口以及合作光标等,但即便是这样,刚性机构在执行在轨捕获过程中仍然具有很高的风险,因此刚性捕获具有很大的局限性,对于非合作目标的捕获任务,刚性捕获更是难以适应。

8.6.2 国外飞行试验

1. 欧空局 ROGER 计划

2001 年欧空局制定了 Robotic Geostationary Orbit Restorer(ROGER),该计划以清除地球同步轨道上的废弃卫星和运载器上面级为目标,主要采用空间飞网/飞爪抓捕系统。

空间飞网抓捕系统方案由 Astrium 公司提出,该方案通过向目标星发射柔性网体对目标进行抓捕,包裹目标后网口收拢,达到捕获目的。网口大小有 10m×10m 或 15m×15m 两种,网体连接在 60m 的系绳上,适用于近距离目标的抓捕。ROGER 飞网抓捕系统的飞网、绳机构质量小、抓捕距离远、抓捕容许较大的偏差,费用低廉,可用于非合作目标抓捕和离轨操作。

空间飞爪抓捕系统方案由奇奈蒂克公司提出,利用系绳手爪机构(the tether-gripper mechanism,TGM)捕获目标。飞爪通过系绳与搭载平台相连,系绳还有向飞爪传输电源和通信数据的功能。飞爪上装有由 12 个推进器组成的冷气推进系统,并利用承载平台上的两个立体摄像机和一个激光测距仪为飞爪提供精确控制数据,可形成比飞网更远的精准抓捕能力。

尽管 ROGER 对空间飞网/飞爪抓捕系统的研究主要针对 GEO 轨道废弃卫星的离轨操作,这项技术同样可应用到对敌对方非合作目标星的抓捕,通过在轨抓捕和绳系拖曳机动达到空间攻防的目的,因此空间飞网/飞爪抓捕技术是空间平台通过近距离达到对目标杀伤的有效手段,突破这项技术,形成对近距离目标的抓捕能力具有重要意义,如图 8-31、图 8-32 所示。

图 8-31 空间飞网捕获系统效果图

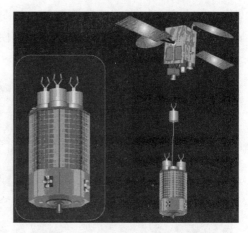
图 8-32 空间绳系飞爪效果图

2. Robonaut 计划

"机器人航天员"Robonaut 是由 NASA 与 DARPA 合作开发的一种类人空间机器人,用于代替航天员进行舱外操作,以及从事其他太空研究和探索工作。

Robonaut 的机械臂尺寸、作用力大小和作业空间范围都与人的手臂相当,能够穿上航天服进行作业。其热承受能力能够支持 8 小时舱外作业,操作精细度、宽带动态响应、冗余度、安全性等都优于航天员。机械臂的内骨骼系统包括许多复杂连接件、驱动器和敏感器,外层覆盖复合纤维层,能够适应恶劣的空间环境。

Robonaut 具有灵巧的机器手,是目前与航天员手的尺寸、构型和能力最为相近的机械系统。该机器手能够代替航天员执行舱外作业,包括进入指定位置和操作相应工具。该系统具有能够进行偏转活动的腕部装置,其灵活性能够达到带有加压太空手套的航天员手部的活动能力。如图 8-33,手部系统共有 14 个自由度,包括具有 2 个自由度的前臂(手部基座)和腕部系统、3 个 3 自由度的手指(拇指、食指和中指)、2 个 1 自由度的手指(无名指和小指)和 1 个 1 自由度的手掌。前臂系统底部半径约为 4 英寸,长度约为 8 英寸,装有 14 个驱动电机、12 个独立的电路板以及所有手部控制的电路等。拇指、食指和中指构成用于执行灵巧操作的子系统,无名指、小指和手掌构成用于稳固抓持物体的子系统。手部系统的材料均满足真空出气要求,避免对航天器造成污染影响。

3. 试验服务卫星(ESS)计划

试验服务卫星(the experimental servicing satellite, ESS)具有一个机械臂,用于试验在空间环境下通过遥操作机械臂进行对损坏卫星的捕获、检查和修理等操作。完全采用地面站遥操作控制方式,主要解决遥操作时延、指令补偿以及如何应对太空未知复杂环境等问题。如图 8-34,该试验以 TV-Sat-1 卫星为目标卫星,首先检查目标卫星,建立和修改模型,最后锁定并捕获卫星进行太空修理作业。

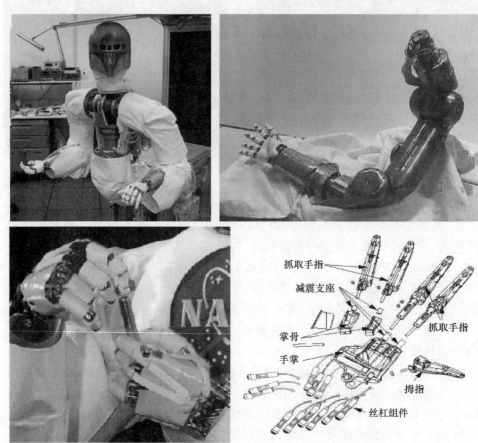

图 8-33　Robonaut 机器手臂和灵巧手系统

安装在服务卫星上机械臂的运动必须反馈给其运载系统,即服务星,以此避免可能引起的与目标星之间的碰撞。因此服务星上机械臂的运动必须通过模拟、仿真计算,甚至还需要地面系统对其进行修正。为了在机械臂工作时模拟服务星的动力学行为,在地面进行了相关试验,如图 8-35。在两星模拟中引入姿态指向控制系统(attitude and orientation control system,AOCS)对两星的运动进行动力学仿真,捕获工具形状如图 8-36。

4. SUMO/FREND 计划

在"轨道快车"计划后,目前美国重点发展了针对非合作目标的新一代空间

298

机器人计划——前端机器人使能近期演示验证(FREND)计划。主要目的是为了对静止轨道的通信卫星进行维修或者燃料补给,该计划的前身为通用轨道修正航天器(SUMO)计划。FREND是一个典型的面向非合作目标的自主交会、逼近、抓捕并实施在轨服务的演示任务,重点对机器视觉、机械臂、自主控制方法等关键技术进行验证。

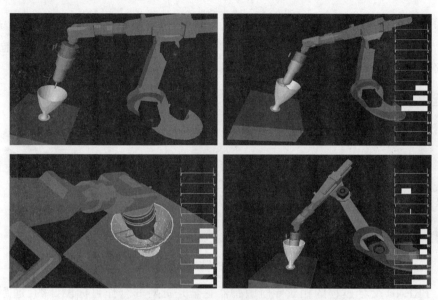

图 8-34　ESS 捕获一个损坏卫星的过程

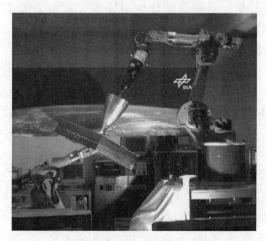

图 8-35　地面试验系统

图 8-36 捕获工具的设计图

如图 8-37 所示,FREND 配有 3 个 7 自由度的机械臂,可精确抓取推进舱安装环上的螺钉,先由一个臂完成接触抓取,然后其余两个臂完成抓捕。

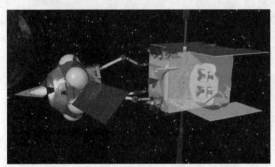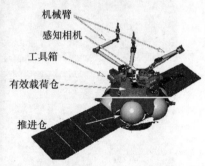

图 8-37 在轨抓捕示意图

FREND 交会过程的相对导航敏感器完全是针对非合作目标设计的,远距离采用捕获跟踪敏感器,近距离采用机器视觉敏感器,超近距离采用双目立体测量相机进行抓捕导航测量。目前此项计划正处于方案和关键技术攻关阶段,NRL 研制了近旁操作地面演示验证系统。

5. MEV 飞行器延寿计划

2019 年 10 月 9 日,俄罗斯国际发射公司的一枚质子运载火箭在拜科努尔发射场成功点火,经过将近 16 个小时的飞行,以超同步转移轨道的方式,成功将美国商业航天器 MEV-1 飞行器和一颗欧洲通信卫星送入轨道。

MEV,是 mission extension vehicle 的缩写,意思为"在轨延寿飞行器"。目前在轨维护,主要有三种方式:①以加注燃料或者接力辅助的方式,让耗尽燃料的卫星恢复工作;②以在轨维修的方式,让组件受损的卫星恢复健康;③以在轨加挂新硬件的方式,让旧卫星焕发新生。根据媒体介绍,MEV 采用的是第一种方式,主要是通过控制客户卫星的轨位姿态来帮助卫星延寿,但不提供燃料加注服务。MEV-1 飞行器重约 2000 千克,采用 TacSat-3 平台。MEV 飞行器外观如图 8-38 所示。

ViviSat's公司MEV飞行器可为GEO轨道的卫星延长工作时间

(a)

(b)

图 8-38 MEV 在轨延寿概念图
(a) 一颗 CEO 轨道的通信卫星以实现对接;
(b) 一旦实现刚性对接,MEV 接管 GEO 轨道通信的姿态和轨道控制,实现延寿。

MEV 航天器的首个服务对象是通信卫星 Intelsat-901。Intelsat-901 卫星于 2001 年 6 月 9 日由"阿丽亚娜"4 号火箭发射升空。因燃料所剩无几,2019 年 12 月底,该星进入近地点 36035km、远地点 36141km、倾角 1.63°的坟墓轨道濒临退役。

MEV 飞行器的在轨延寿服务计划按照以下 6 个步骤进行。

(1) MEV 进入超同步转移轨道。

质子运载火箭把"欧洲通信卫星"西 5B 和 MEV-1 送入轨道,先释放"欧洲通信卫星"西 5B,20min 后,MEV 与质子分离,MEV-1 进入超同步转移轨道。

(2) 在坟墓轨道与 Intelsat-901 卫星交会对接。

按相关国际条约的规定,Intelsat-901 于 2019 年进行升轨操作,耗尽所有燃料,把自己抬升 300km,进入坟墓轨道。而用于在轨维护的 MEV 飞行器,在入轨之后,就会启动氙离子电推进发动机,同样向坟墓轨道进发。让首颗实用化的高轨维护卫星和目标卫星在坟墓轨道交会对接,主要有两方面的考虑:①这符合了地球同步轨道通信卫星在寿命最后阶段要抬升到坟墓轨道长眠,为后续卫星腾出宝贵的轨道和频率资源的要求;②一旦维护卫星和目标卫星在对接时有闪失,就很有可能发生碰撞,从而产生大量空间碎片。在坟墓轨道,碎片对其他在轨活跃卫星的影响是很小的。这比在同步轨道直接进行对接要保险得多。

具体交会对接过程如下:

MEV 飞行器采用氙离子电推进技术,会逐渐跟踪和靠近 Intelsat-901 卫星。在两颗卫星距离 300m 的时候,进入绕飞伴飞阶段。MEV 飞行器开启空间红外传感器和可见光传感器,监视 Intelsat-901,思考和分析较好的靠近方案。到 Intelsat-901 卫星的距离为 80m 时,MEV 飞行器开始停泊在该星尾部后方等待交会指令。然后,位于地球的工程师发出开启激光雷达的指令,让MEV飞行器前进。到20m的时候,MEV飞行器再次停下,向地面传输目标卫星(Intelsat-901)的红外图像和可见光图像,让地面决定是否进行对接。随后,地面工程师经判断后,发出对接指令。MEV飞行器在激光雷达的指引下,来到目标卫星后方1m处。接着,MEV飞行器会伸出一根类似鱼叉的长杆,插入目标卫星的远地点发动机的喷管内。因为喷管有一个直径相对较小的喉部,所以这个鱼叉结构就能够卡住在里面。随后,鱼叉结构向后拉,把目标卫星和MEV飞行器之间的距离逐渐缩小,直到目标卫星被MEV飞行器的机械臂抱住。整个过程,持续时间为3个月。图8-39为距离20m交会的情况。图8-40为工程师在地面进行对接测试的场景。图8-41为两卫星交会对接部件的机构外形,左侧为Intelsat-901卫星远地点发动机喷管,右侧为MEV飞行器的鱼叉长杆和4个环抱机械臂。

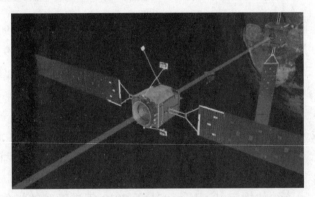

图8-39　MEV和Intelsat-901卫星距离20米交会

图8-40　地面对接测试

图 8-41 两卫星交会对接部件机构外形

(3) 接管 Intelsat-901 卫星,前往指定位置。

鱼叉结构是实心的,虽然已经进入 Intelsat-901 卫星远地点发动机的喷管内部,但是并不能直接注入燃料。MEV 飞行器承担起组合体姿轨控功能,组合体将在坟墓轨道上进行 2~4 个星期的测试。完成任务后将带 Intelsat-901 卫星离开"坟墓轨道",然后开启变轨发动机,将 Intelsat-901 卫星送到西经 27.5°,倾角为 0.0°的轨道上重新定轨。

(4) 在指定位置,进行长达 5 年的轨道保持。

按目前的合同要求,MEV 飞行器将会维持 Intelsat-901 卫星的轨道位置长达 5 年,让该卫星的在役时间延长到 23 年之久。一般由 MEV 的氙离子电推进发动机进行组合体的轨道维持。

(5) 把 Intelsat-901 卫星送回坟墓轨道。

5 年后 MEV 飞行器将 Intelsat-901 卫星的轨道抬升 300km,送回坟墓轨道。

(6) 服务其他目标卫星。

MEV 飞行器将 Intelsat-901 卫星送入坟墓轨道后,会结束与它的对接状态,然后,启动氙离子电推进变轨发动机,追踪其他需要服务的目标卫星。

第9章 有效载荷设计、制造、应用新技术

卫星技术发展经历三大技术发展阶段,分别是轨道动力学技术发展阶段、平台及姿态控制技术发展阶段和多元化载荷技术发展阶段。卫星研制的技术体制正从以卫星平台为核心的平台体制向以卫星载荷为中心的技术体制方向发展,由原先的载荷适应平台转向载荷选择平台、载荷决定平台,随着科学技术的进步,人们引入许多新的载荷设计制造思想和技术,包括平台载荷一体化设计、软件定义卫星、弹性分布式设计、批量化制造、在轨制造、集约化搭载和智能化等技术,突破平台加载荷的传统设计方案,以载荷为中心开展卫星的研制和生产,提升载荷性能和应用灵活性,降低生产成本,使系统整体的性能最优。

9.1 新型设计技术

9.1.1 平台载荷一体化

采用平台载荷一体化的设计思想从系统方案设计的角度达到微型化的目的,是减小卫星质量、体积、功耗以及成本的有效途径之一。

传统卫星一般由有效载荷和卫星平台组成,这种采用卫星平台和有效载荷分开设计的卫星称为模块化卫星,卫星平台就是一个能适应不同有效载荷配置,能够完成各自特定飞行使命,且通用性较强的公用舱。卫星模块化设计,核心是卫星平台模块化设计。虽然卫星平台的使用可以避免不同卫星所需支撑系统的重新研制,但是其针对性较差,其载荷与平台分舱设计,包络空间和质量都较大,不适于小卫星小型化和轻量化。

平台载荷一体化又称星载一体化,包括结构一体化、热控一体化和电子学系统一体化等,与传统的卫星设计相比,它以载荷为中心开展设计。在进行载荷和平台的设计时兼顾对方利益,而不是通过以往的接口协议来组织工作,这样的设计方法使载荷和平台有机结合,使系统整体的性能最优,最终使平台适应载荷,而不是平台与载荷单纯地最优组合。利用平台载荷一体化设计思想,可以使整星结构更加紧凑,布局更加合理,能够体现出现代小卫星"小、轻、快、省"等众多

优点,是未来小卫星的发展方向。

平台载荷一体化的主要途径有两种:一种是将分系统间相同模块集成到一起;另一种是多任务中组件的交叉使用,从一体化的实现方法分类一般可以分为结构一体化、热控一体化和电子系统一体化。

结构一体化的关键在于取消传统卫星的单机概念,统筹设计所有星上各单元,去掉各单元的独立支撑连接结构和壳体,采用统一的连接构件和壳体,建立整星统一的结构。卫星结构是支撑卫星中有效载荷以及其他各分系统的骨架,其结构形式直接影响卫星的质量和体积,传统的卫星设计时载荷舱和平台舱分开设计,通过星载适配器连接,使得卫星包络空间较大。

平台载荷一体化高集成、轻量化结构技术打破了传统卫星分舱设计的理念,将载荷(如相机)结构直接作为卫星主承力结构,星上仪器围绕载荷布局,进而使载荷结构与卫星结构合二为一,从直观上讲也就是载荷即卫星,卫星即载荷。整个设计过程紧紧围绕"平台载荷一体化"这一概念展开,在设计时兼顾平台和载荷的相互利益,而不是通过以往的接口协议来组织工作,打破传统的各部分分解,尽量相互结合,减小构件,达到简化、多用、高度集成。整星布局围绕载荷展开设计时,载荷主承力结构与平台主承力结构直接相连,近似于应用统一承力结构,承力路径平滑,不会引起畸变,同时可降低卫星在发射状态时质心并提高整星基频。整星布局以载荷为中心围绕载荷展开,并且在仪器舱设备布置时,综合考虑卫星结构、控温要求、空间外热流、仪器热功耗等各种因素,进行仪器设备的合理布局。

以往的载荷设计不考虑热设计,载荷的热控是由卫星平台完成,热控在载荷外部完成,效果不佳,功率大;平台载荷一体化设计是在载荷设计阶段考虑热控,将热控做到载荷内部,更好地保证载荷结构的精度,效果好,节省能源。

星上电子设备一体化与结构、热控一体化相比是一种比较直观的一体化设计,更注重统一的标准和功能的整合。电子设备一体化可以将整个卫星系统的所有电子设备(包括有效载荷)放在一起,做统一的规划与功能整合,使卫星电子设备的数量降到最少。电子设备一体化的设计不像传统的设计那样把卫星的各种功能分配给组成卫星的数据处理、姿态控制、电源等各个分系统,也不受有效载荷舱分系统、公用舱分系统的约束,而是以星载计算机为前提,在最大限度内使卫星功能,特别是各种信号处理和控制功能软件化,做到既可以满足卫星在功能方面的要求,又可把系统所需各种部件的种类和数量控制在最少。

9.1.2 软件定义卫星

软件定义卫星是在有效载荷硬件不变的情况下,利用较成熟的软件定义无线电技术,采用动态软件编程在较大范围内灵活调整功能或性能参数,进而在轨灵活配置任务的一类新型卫星。

软件定义卫星主要用于解决传统卫星入轨后功能基本固化且技术无法及时更新的问题,具有需求可定义、软件可重配、性能参数可调、功能可重构的特性。目前正在发展的软件定义卫星以通信卫星为主,具备三大特点。一是波束可重配:通过采用电子调节、波束成形等技术实现单波束、多波束、跳波束和赋形波束的重配;二是波形可调整,调制/解调、编码/译码、信号格式、交换体制等均可进行动态调整和优化;三是工作频率、带宽和功率可调整:通过采用灵活滤波器、可编程信道等技术,可调整上/下行链路工作频率和带宽。

1. 空客防务与航天公司"量子"卫星

"量子"是首个即将开始应用的商业软件定义卫星星座,可覆盖美洲、欧洲和非洲,主要服务军方。卫星重3500kg,采用专用软件定义卫星平台,全Ku频段通信,可通过软件定义技术对功率、频率、带宽、覆盖面积等不同需求做出动态响应,在热点区域上方保持最佳性能。例如,可在上/下行链路频段内动态调整工作频率,大幅提升频谱使用率至98%以上,带宽调整范围达54～250MHz。2015年该公司开始研制首颗卫星;2019年5月,首颗卫星完成平台和载荷集成,进入发射和在轨环境测试阶段,同月开始研制3颗新卫星;首颗卫星于2021年7月发射入轨。

2. 洛马公司"智能卫星"项目

该项目旨在研究通过在轨更新软件改变或增加卫星功能,使其不仅带宽可调、波束可变,还可自主监测和防御网络威胁。该卫星采用柔性架构,可基于微小型平台和大型卫星平台研制;星载计算机采用多核处理器以提高星上处理能力;星上装有自主检测和网络威胁防御软件,可进行自我诊断和功能快速重置。2019年,该公司宣布正在开展"智能卫星"项目研究,相关技术将通过10个微小卫星项目率先开展在轨试验。2020年1月,宣布"小马速递"-1有效载荷已搭载在6U立方星上入轨,验证了星间自适应通信技术和共享数据处理能力,以及1颗卫星利用其他卫星上的传感器定制任务的能力。计划近期发射的"小马速递"-2有效载荷将验证软件定义架构和星间"云网络"技术。

3. 波音公司BSS-702X卫星平台

该平台基于波音公司现役BSS-702系列平台研制,采用软件定义、数字载荷、增材制造等技术。一方面可根据运营商需求动态调配带宽资源;另一方面可极大减少卫星组件和射频线缆的数量,使其分别从4500个和1300条减少至348个和64条,进而减小卫星质量。2019年9月,美国波音公司推出该平台,计划在此基础上分别研制1颗1900kg的GEO轨道通信卫星和1颗较小的MEO轨道通信卫星,预计2022年发射首星。

软件定义卫星改变了目前以有效载荷为核心的卫星设计理念,将变革卫星的制造模式。软件定义卫星既可灵活调整性能参数,也可灵活切换通信、导航、雷达成像,甚至电子侦察功能。由于卫星发射入轨后可重新配置功能和性能参数,在提高其算法通用性和软件复用度的同时,制造商可批量和预先制造卫星。如此不仅可省去重新研制新功能、高性能卫星的成本,还可缩短研制和部署周期。

9.1.3 弹性分布式设计

F6系统名称来源于6个首字母为"f"的单词,即未来(future)、分块(fractionated)、快速(fast)、灵活(flexible)及自由飞行(free flying),其中的"6"还源自"信息交换合成航天器"(spacecraft united by information exchange, six)。

F6计划是美国DARPA正在进行的一项"未来,快速,灵活,模块化,自由飞行"。该计划旨在验证一种完成航天任务的新方法。其概念于2005年9月由麻省理工学院提出。航天器包括由一个自由飞行载荷模块和多个提供动力、能源和通信等功能的自由飞行模块组成。不同模块通过编队飞行和无线传输方式协同工作,共同完成特定的飞行任务。该航天器也可称为分离模块组合型航天器,其技术特征可归纳为"功能分解,结构分离,无线连接,编队飞行",如图9-1所示。

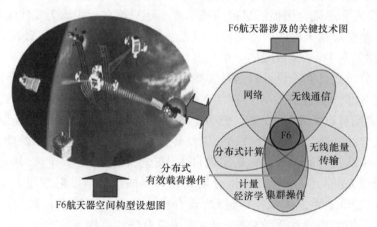

图9-1 F6计划示意图

与质量数吨的传统卫星不同,这种新型小卫星系统采用了模块化和组合概念,即传统侦察卫星上的重要部分(如相机等遥感器)各自形成一个个单独的小卫星,在主卫星附近飞行。这些卫星共同组成一个星群,采用无线网络互联。一旦某颗卫星被敌方击落或损坏,便很快发射新卫星进行替换。因此,这一计划的关键是机动灵活性。

从系统设计和应用特点分析,分离模块组合型航天器实质上是将一个航天器的质量和故障风险分解到多个功能模块,这样航天器对发射系统的要求和自身研制周期可以进一步降低,系统的可扩展性、可维修性显著提高,增强了空间资源的配置与使用效率,航天器全寿命周期费用可望得到根本提高。F6系统的主要关键技术包括网络化技术、无线数据通信、无线能量传输、分布式计算、编队飞行和航天器黑匣子等。

（1）网络化技术的目标是将分离模块航天器构成一个鲁棒性自组织网络,具有高可靠性和高可用性,以及即插即用特性,特别是当连接建立时,模块节点在被发现、识别,以及被网络中其他模块节点所接受的这段时间内,系统能够排除连接失效或重要模块数据冲突的风险。还要发展标准化的软件和硬件接口,使得在数据包和多种标准航天器组件插入网络时,可以进行唯一的地址标识,当然地面系统也是该网络上的重要节点。

（2）无线数据通信技术的设计目标是建立适用于空间环境下无线数据传输的网络协议,在分离模块航天器的内部各主要组成部分之间以及模块与模块之间实现安全、可靠、可用的全双工无线通信。

（3）无线能量传输技术是分离模块组合型航天器的核心关键技术,其设计目标是实现高可靠性、高效、可用、无阻碍无线能量传输,传输方式可以是射频、光学、感应式和磁耦合谐振。目前的技术水平还只能在近距离无线传输能量,仅适用于单个模块航天器的内部组件。能否实现模块与模块之间可靠的无线能量传输,将是关系F6系统成败的一个主要标志。

（4）分布式计算的设计目标是实现可扩展的、自适应、容错型分布式计算,能够验证当部分模块失效时,"存活"的剩余模块能够保证基本有效的计算功能,直到替换节点插入时,恢复系统功能。其中"存活"有两个含义,即保持电力供应和安全的热防护,具备接收命令以及传输状态数据给其他节点的能力。

（5）编队飞行的设计目标是实现自主、安全、自防护编队导航,具有虚拟对接和队形变换的功能,实现基本型分离式航天器的组件与发射顺序无关。对于在轨插入,验证自主的编队操作过程,具有自主的在轨避撞和自我功能修复能力。在部分模块失效和受敌对攻击时,系统具有快速重构编队的能力。

（6）多平台多传感器融合方法研究。各分布式传感器得到不同测量信息后,需要对不同传感器测到的相同参数进行融合,从而得到更加准确的测量精度。提取不同时间段对同一目标的描述参数：按照目标批号相同的规则组成同类目标集合,并按一定规则提取同一传感器报告具有代表性的时间段的目标可信度,以期得到更为准确的测量信息。

(7) 基于相关分系统在导航、轨道、姿态、电源、载荷等方面需要提高的自主能力,平台自主运行管理以信息处理技术为支撑,探索具有高度自主特点的平台运行管理体系,强调平台信息处理系统的体系结构、星载计算机、支撑软件、数据库、I/O 设备及其接口的研究,试验空间机动平台在系统资源分配与管理、异常情况监测与处理、在轨任务规划与分解、测控命令执行、分系统间协作处理等方面的高度自主能力。

(8) 星载计算机应具有高性能、高可靠性、可配置、可扩展的能力。具体而言,需要提供高性能的计算能力、多种传感信息的快速精确计算、面向任务的智能处理、不可中断的复杂操作、可配置的硬件支撑和协同处理、空间环境下的高可靠处理等方面的计算技术。所以,需要重点关注高性能、低功耗、抗辐照微处理器,非易失性的多模存储、启动存储、用户存储,关键任务的数据通路备份,支持功能扩展的 I/O 接口等。由于星载计算机使用期限较短,星载计算机的更换可能会成为主要的在轨维护服务任务,所以需要重点关注基于轨道替换单元的计算机备份、更换、重启和恢复技术,这也要求空间机动平台的星载计算机具有可更换性。

(9) 以单一服务系统结构为主,分级服务系统结构并存。分级服务系统结构支持不同模块的组合,能够将模块在轨"组合"起来并提供相同的在轨服务功能,有利于降低系统开发的复杂程度,但是平台之间的协同会增加星上计算、星间通信和飞行器之间的动态协同复杂性。

(10) 黑匣子被广泛应用于航空领域,其航天应用尚属首次。航天器黑匣子作为新型的航天器组件,本质上是一种特殊的飞行数据记录仪,用于对航天器进行故障记录与诊断。该项技术主要用来验证分离模块航天器内部以及模块之间的无线数据通信、无线能量传输两项关键技术。航天器黑匣子至少需要保存 90 分钟航天器的健康和状态信息。

以上述关键技术突破和演示验证为重点,F6 系统的顶层目标可以概括为:①将整体式航天器分解为独立的两个或多个模块,每个模块能够执行一个或多个唯一确定的功能(比如任务数据计算、任务数据存储、姿态控制等);②对分离模块组合航天器系统进行功能性验证,建立全面的硬件和软件接口标准,使得第三方可以开发载荷和非载荷模块,在 F6 系统倡导的分离模块组合航天器体系结构内,实现系统的无缝集成;③验证各分离模块的部分公共部件可以实现批量生产,开展航天器多属性效能分析,对分离模块组合型航天器的体系结构进行评估等。

此外,F6 系统在实施过程中还必须遵循以下前提条件:①每个模块式航天器均为微小卫星级,重量小于300kg;②模块式航天器通过多次发射形成分布式构型;③从战略的角度,主要考虑采用美国本土制造的商用级运载火箭进行发射,且运载工具至少有一次成功的发射经验;④完成最后一次发射所构成的分离模块组合型航天器的在轨寿命期至少为1年;⑤F6系统开始后的4年内进行首次发射。

9.2 新型制造技术

9.2.1 批量化制造

1. 快速响应卫星

1) 快速响应卫星的概念

过去50年中,各国共耗资千亿多美元研制和部署了各类遥感、通信和导航等军事卫星系统,这些卫星系统无论在和平时期还是战争时期都发挥了重要的作用。从数据上分析,几乎每个卫星系统从概念论证到部署交付,往往需要经历几年到十几年时间,而每颗卫星的研制费用少则几千万美元,多则十几亿美元,一旦出现发射失败或在轨故障,损失惊人。但是,耗资巨大的某些军事卫星系统,却无法在战时提供有效的信息支持,比如近期的几场局部战争,美国的大型侦察预警卫星就无法为战场指挥官实时提供有效的战场信息。针对应急卫星任务需求,专家们提出了快速响应卫星的概念,而且多个国家都提出了自己的快速响应卫星研制计划。

简单地说,快速响应卫星就是在接到卫星任务需求后,在较短的时间内完成任务需求分析、卫星设计、卫星制造和卫星组装集成测试,并采用合适的发射方式尽快实现卫星的正常工作和在轨交付,在轨周期一般为一至两年,完成卫星要求的各类功能,尤其是对特定任务区域进行较长周期和较高密度的服务监控,达到用户需要的服务性能。因此,快速响应卫星本质上就是通过采用各类先进技术,达到卫星在时间上的快速响应、成本上的快速响应和功能上的快速响应。

时间上的快速响应是指接到卫星任务需求到在轨交付使用的周期小于一年,一般几天到几个月不等。现在最快的快速响应卫星称为"六天卫星",即在六天内就组装测试完成一颗快速响应卫星。时间上的要求是快速响应卫星最基本的需求,因此必须采用通用化/模块化的快速响应卫星平台,通过标准的接口将不同的快速响应有效载荷模块集成在卫星平台上,这种模块化思想,将大大降低卫星研制周期。由于小卫星平台易于采用模块化等技术,因此快速响应卫星几乎全部采用小卫星平台,也是基于时间上的响应要求。另外,时间上的快速响应还反映在对任务区域的覆盖周期和访问频率上,要求达到每天2~5次的访问频率,从而获得尽可能大的覆盖周期,采用特殊设计的快速响应轨道和合适的轨道高度可以满足快速响应卫星此项需求。科学合理的快速响应轨道还可以满足时间上快速响应的第三个方面的要求,即地面接收站台在尽可能短的时间内或实时的获取卫星相关服务数据。

成本上的快速响应是指在时间允许的情况下,降低快速响应卫星的研制、发射和运行管理成本。①快速响应卫星采用模块化小卫星平台,生命周期较短,一般1~2年,甚至只有3~6个月,因此卫星平台从携带燃料到可靠性方面,都不必采用长寿命高可靠的传统大中型卫星中的技术或产品;②基于模块化和标准接口,快速响应卫星平台核心、平台服务模块和快速响应有效载荷模块可以在不同任务的快速响应卫星中进行重复使用,不需要进行重新设计,分系统重用的过程可以降低卫星研制成本;③快速响应卫星往往采用较低的轨道高度,在达到相同性能的前提下,快速响应卫星关键有效载荷技术指标要求远远低于传统卫星有效载荷技术指标,而且在某些方面,可以采用高水平商业化载荷产品,甚至高空航空载荷;④快速响应卫星在轨维护工作较少,某些卫星甚至不需要进行维护;⑤快速响应卫星地面站台设备兼容现有产品;⑥快速响应卫星按需发射一般采用固体火箭技术。

功能上的快速响应是指卫星功能性能满足应急卫星任务的需求,这是时间和成本上快速响应的前提,快速响应卫星平台和有效载荷必须满足设定的功能,不能为了降低响应时间和研制成本而降低快速响应卫星的有效功能。快速响应卫星功能主要体现在快速响应有效载荷上,一般而言,快速响应载荷主要包括对地观察和区域通信载荷,二者应该逐渐形成系列化,针对不同任务和不同需求,研制生产不同技术指标的载荷产品,最终形成有效载荷"仓库化"。与选用合适载荷完成任务需求不同,快速响应卫星平台功能应该尽量放宽范围,不能仅仅满足某几个载荷需求,要至少满足某一系列载荷需求。

快速响应卫星作为一类特殊的卫星类型,其研制过程与传统卫星的研制也有一定的区别。图9-2所示为一个典型的快速响应卫星研制流程,其研制生产和应用服务体现出"卫星生产线"的特点。"卫星生产线"一般包括以下3个工作流程:

(1)快速响应卫星平台和快速响应有效载荷的研制阶段。该阶段的任务是根据国家快速响应卫星发展计划,考虑现有或未来可用的快速响应运载工具等技术条件,研制生产模块化卫星平台公用舱和具有标准接口的有效载荷部件,卫星平台星箭接口满足多种运载设备按需发射要求。

(2)快速响应卫星仓储化保存阶段。该阶段的任务是将生产的各类平台公用舱组件和有效载荷组件保存3年左右,保存期间内所有模块满足备用状态,可以在3天内出库进行快速响应卫星集成。

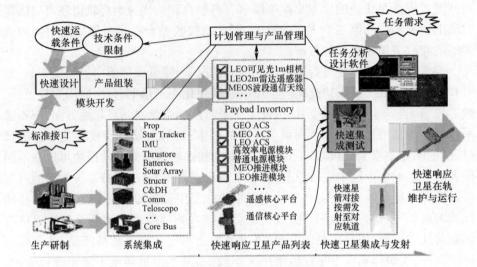

图 9-2 快速响应卫星典型研制流程

（3）快速响应卫星组装集成测试及在轨交付阶段。该阶段的任务是在接到任务需求后进行快速响应卫星任务分析,确定快速响应轨道及相关约束条件,根据当前卫星平台公用舱技术条件和仓储快速有效载荷组件的情况,选定快速响应卫星平台产品、相关服务模块和快速响应有效载荷进行组装集成,并在快速测试后完成与运载工具星箭对接,在数天左右时间内发射入轨、定姿定轨和在轨交付使用。

2）快速响应卫星关键技术

快速响应卫星拥有传统卫星不具有的任务快速响应能力,因此采用了一些独特的卫星分析和研制的关键技术,从而改进了传统卫星研制中已经使用的某些传统技术能力。主要有以下3方面。

（1）卫星平台模块化设计框架。

快速响应卫星平台公用舱模块化设计框架包括卫星平台核心设计和服务单机设备模块化设计。平台核心设计一般采用小卫星平台或微小卫星平台,包括卫星平台模块化结构设计、卫星平台热设计、卫星平台数据总线设计、卫星平台与有效载荷间数据接口设计和有效载荷数据总线设计。卫星平台核心设计的思想就是将可以剥离的分系统功能进行单独设计,而提供"纯粹"的卫星平台公用舱。图 9-3 给出了一种典型的快速响应卫星模块化设计概念图。

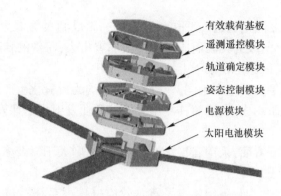

图9-3 快速响应卫星模块化设计概念图

（2）采用标准接口的即插即用技术。

快速响应卫星提升能力的关键技术之一是采用标准的接口技术(对于某些系统接口,如果有成熟可用的商用接口,建议采用商用接口),标准接口技术也是快速响应卫星模块化设计的基础,体现了卫星设计的标准化。在模块化设计和标准接口的基础上,快速响应卫星基本具有了"即插即用"的特点:根据不同的任务需求,选用对应的卫星核心平台,配置合适的服务单机设备,装备选用的快速响应有效载荷,通过快速的集成测试后即可进入按需发射状态。

标准接口包括了机械接口、电气接口和数据接口。即插即用技术是建立在标准接口基础上,通过软硬件两方面协调实现。在硬件方面,SPA工作组研制的通用串行总线标准(USB)比较适合低速数据传输,对于高速数据传输需求,SpaceWire(IEEE1355)和以太网(IEEE802.3)可以作为备选方案。星箭对接接口是一类比较特殊的接口,它是快速响应卫星按需发射的关键接口,还没有一个非常成熟的标准。

（3）快速任务分析及仿真技术标准化工作流程技术。

快速响应卫星需要一整套任务分析与仿真支撑软件系统,以支持卫星的任务分析与管理,降低任务响应时间,提高快速响应卫星可靠性。

2. 星链计划

"星链"卫星工厂每天可批量生产7颗卫星,后续计划按照每月120颗的速度,利用SpaceX公司自家研制、已多次重复使用的猎鹰九号运载火箭发射并逐步加速部署。"星链"卫星采用小卫星平台,质量约260kg,每颗卫星具有大约100kg的载荷承载能力。

截至2022年6月,已发射46批次,每次以一箭约60星方式进行,共送入轨道约2653颗"星链"卫星。与传统一箭多星方案不同,火箭整流罩内并未安装传统意义上的分配器,不为每颗卫星单设弹簧或爆炸螺栓,而采用了"特殊"的部署机构。卫星之间是通过"扁平封装"(flat-packed)的方式紧密堆叠在一起。入轨时,卫星随上面级的转动而非常缓慢地部署出去,每颗的转动惯量都稍有不同,这种部署方式很像是在桌子上把一摞牌摊开。

(1) 与原型星定制生产不同,一批次 60 颗均为批量化生产卫星,60 颗星的发射成本要高于研制成本,按照其复用火箭的商业发射报价计算,单星研制成本应低于 100 万美元。

(2) 卫星构型方面,采用扁平化设计,配有单副太阳翼及多副高通量 Ku 频段平板相控阵天线。

(3) 推进系统方面,采用氪离子霍尔效应电推进系统,而非传统的氙离子,主要是考虑到用于制备工质的氪气成本相对较低(为氙气 1/10 左右),但需要指出,这种方式能耗较高,推力器性能也会受到一定影响。任务执行过程中,卫星被部署至 440km 的轨道,随后自主机动抬升至 550km 的目标工作轨道。卫星在轨工作期间的轨道维持以及寿命结束后的离轨操作,也均由电推进系统完成。

(4) 姿态控制方面,卫星继承了 SpaceX 龙飞船的星敏感器设计经验,载有高精度的星敏导航系统,实现精准的姿态指向调整。据悉,卫星还能够接收北美防空防天司令部(NORAD)跟踪的空间碎片信息,并以此为依据,在靠近在轨碎片时实施机动,从而实现自动避碰。

(5) 电源系统方面,60 颗卫星太阳能电池板供电总功率超过国际空间站(约 110kW),即单星供电功率接近 2kW。

(6) 频率使用方面,测控链路频率为下行 12.221GHz 和上行 13.925GHz,卫星入轨后将利用下行 10.7~12.7GHz 和上行 14.0~14.5GHz 频段与美国本土的 5 个 Ku 频段地面站之间进行数据传输测试。

(7) 通信性能方面,60 颗卫星总容量达 1Tb/s,由此推算单星容量可达 17Gb/s 左右。

(8) 离轨处置方面,卫星 95% 以上的部件可在再入大气层时快速烧毁。

2019 年 5 月进行了首次 60 颗"星链"卫星发射任务,在仅一年左右的时间内,就相继完成定制原型星发射、在轨测试、方案修正,并迅速完成 60 颗试验星的重新设计、生产线组建与批量研制发射,利用传统的卫星工程方法基本无法实现。虽然 SpaceX 宣称其采用了设计、研制、测试、发射一体化集成模式以缩短周期,但可推断,除卫星本身功能的裁减外,其在研制流程、特别是在测试环节应当进行了幅度不小的简化,而且不排除大量使用非宇航级器件的可能。第一次发射的 60 颗卫星与 Starlink 最初规划的正式工作星相比存在载荷与平台配置上的削减。但理性分析,对工作星而言,仅配置星间链路一项功能所带来的载荷设计复杂度和平台承载能力提升,就并非从 v0.9 到 v1.0 版本的简单过渡。在透明转发模式下（如 OneWeb 卫星以及本次发射的 Starlink 试验星），卫星只是作为信号转发的通道，不进行调制/编码等复杂处理。增加了激光终端及辅助跟瞄、光电转换等设备后，星上还必须配备相应信号处理器及路由算法，以完成对邻星接收数据的基带处理和交换路由传输，卫星不再是孤立的网络节点，整个星座将在空间组网运行，管理控制难度将大幅提升。就行业现状来看，新增载荷特别是星上处理类载荷的质量、空间与能耗不容忽视，也将对平台能力提出更高的要求。

国外低轨星座都将降成本作为在商业市场获益的关键。SpaceX 致力于实现研制、发射、运营的一体化，做大系统层面的集成优化，同时采用多种手段降低各环节成本消耗。OneWeb 卫星有消息指出研制成本也可低至 100 万美元，性价比优势巨大，这与其研制模式不可分割。OneWeb 在卫星工厂采用设计制造一体化模式，设计人员实时监控研制进度、向生产线发送集成与测试指令，批量生产线采用自动化、智能化技术提质增效降本，同时在关键部件方面，相关供应商曾透露提供基于 COTS 器件的产品，以加快交付速度。

9.2.2 空间在轨制造

在航天史上，几乎所有的航天器都是在地面制造和组装，然后集成到运载火箭中送入轨道，如图 9-4 所示这种方法限制了单个运载火箭整流罩内可容纳的有效载荷的尺寸、体积和设计。

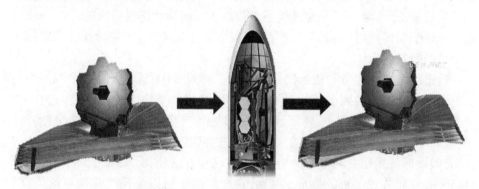

图 9-4 大型空间结构发射入轨示意图

建造在地面上的航天器的设计要求每个航天器的所有部件都经过加固，以承受恶劣的发射环境，包括严重的振动、声学、加速度载荷和热载荷。强化过程增加了质量和尺寸，最终限制了有效载荷能力并增加了发射成本。为了应对发射过程中可能的损坏，还需要提供冗余的备份系统，使得航天器设计更加复杂。有些航天器或组件根本无法在地球上建造。例如，超薄反射镜和薄纱结构，它们可能会因为重力因素发生弯曲。额外的约束限制了商业卫星的盈利能力和灵活性。总的来说,与航天器地面建造有关的各种因素可能对航天器系统的设计、能力、寿命和产品构成重大限制。

在轨制造与组装是指将航天器在太空中进行部分或全部组装或制造的方法。在轨制造是指结构的制造(包括3D打印技术),组装是指将现成的结构(在地面或在轨制造)装配到一个航天器平台上。虽然在轨制造与组装仍处于较低发展水平,近年来取得了一些进展,例如,在国际空间站(ISS)上以聚合物原料为基础的小型部件的增材制造(也称3D打印)是迄今为止唯一完成的空间演示。航天器在轨服务进展较快,对在轨组装所需的许多技术和工艺进行了初步验证。

在轨制造和组装的优势可以总结为以下5点,这些优势可以实现独特的科学回报能力和成本节约潜力:

(1)能够部署由于运载火箭整流罩尺寸和形状的限制而无法从地球发射的结构。

(2)通过在轨有效载荷的增加、更换和技术更新,提高航天器的灵活性和弹性。

(3)能够携带更多有用的质量,节省加固包装结构重量和成本。

(4)通过减少航天器或子系统地面试验的数量和强度来节省成本。

(5)获得由于受到地球引力限制而无法在地球上建造有效载荷的能力。

反过来,这些能力可以为科学进步和商业空间操作提供巨大的好处,有助于概念化整个新体系结构,而不受重力、当前制造工艺或发射引起的设计限制或结构应力的限制。

轨道组装可使建造的望远镜尺寸增加。例如,对于系外行星的发现任务,需要更大的望远镜来发现小型的系外行星。以詹姆斯韦伯太空望远镜为例,其口径为6.5m,成本接近90亿美元,如果要增加其口径以发现一些可行的系外行星,其成本可能会增加超过4倍。喷气推进实验室(JPL)进行的一项成本分析表明,假设部署相同观测能力的望远镜,与现有方法相比,大型空间望远镜的在轨组装有可能节省128亿美元。其次,在轨组装还可以使模块化和可改进仪器的建设能力远远超过目前和规划的望远镜。诺斯罗普格鲁曼公司2014年提出可演化空间望远镜项目(Evolvable Space Telescope),如图9-5所示分阶段在太空组装实现大于14m的分段望远镜。第一阶段是将一个中等尺寸(4~6m)的望远镜,配备齐全所有仪器,作为一个全功能天文望远镜载荷发射入轨。第二阶段,利用额外的镜面、仪器和支撑系统对一级望远镜进行扩充,将一级望远镜扩展为一个更大(8~12m)的填充孔径。第三阶段可增加更多的镜面,达到14~

20m 的孔径，后续可根据需要翻修或加强，使其能够使用数十年。

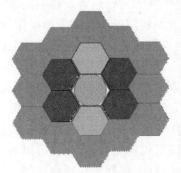
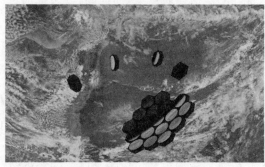

图 9-5 可演化空间望远镜项目

通过建立一个在太空组装的持久性平台，在轨组装可减少卫星发射次数。例如，使用永久性平台取代由 6 颗卫星组成的 A-Train 系列的能力，如图 9-6 所示，这些卫星在相互收集各种气象测量数据的几分钟内通过地球上的同一地点。传感器可以不断地添加到持久性平台中，实现更快的刷新速率。同样重要的是，将多个有效负载组装到一个持久性平台上可能需要更少的发射次数。例如，如果可以使用 3 次发射将 6 个有效载荷部署到持久平台上，那么潜在的发射节省可能是数亿美元。

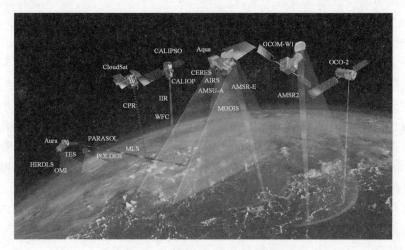

图 9-6 A-Train 系列卫星示意图

在轨组装可提供从永久平台创建或部署短期传感器的能力，以应对短期需求，如太阳风暴的观测。

在太空中利用原材料制造小型部件、工具和替换零件,可以减少需要携带的冗余备件的体积和质量,从而提高弹性,特别是对于载人飞行任务。将不需要的成分回收到原料中用于制造新结构,可以进一步增加利用价值。基于遥操作、机器人技术和自主性的月球和火星探测车在轨组装可以显著降低与宇航员相关的成本和生命风险。

在轨制造和组装可以提高商业任务能力,特别是地球同步轨道(GEO)中的通信卫星。与其像我们今天这样发射完全组装好的卫星,不如从地球上发射更多的天线,根据需要在近地轨道(LEO)或 GEO 的平台上组装天线,或者在轨道上重新排列天线以满足不断变化的需求,这样不仅可以提高性能,而且可以增加收入。在轨制造和组装可以带来巨大的经济效益,例如,将部署在一个平台上的天线数量从 3 个增加到 6 个,这可能会使每颗卫星的年收入增加约 8000 万美元。其次,航天器载荷还可以实现更频繁的技术更新。例如,在 7 年后更新传统卫星上的通信有效载荷,根据历史趋势,在这段时间内,新技术的性能可以提高 10 倍,并假设每个卫星转发器的收费率为当前收入的一半,在卫星的整个生命周期内可以增加几亿美元的收入。

在轨组装可提高太空对抗能力。例如,对于侦察任务,轨道组装可以提供更大孔径的侦察载荷获得更高的空间分辨率。在设计有传感器标准有效载荷接口的平台上安装探测预警载荷,可提高态势感知能力,通过更新有效载荷,可增加不同的能力以增强航天器的灵活性。

1. "蜘蛛制造"项目

"蜘蛛制造"(spider fab)项目旨在研究空间在轨制造系统的概念,如图 9-7 所示未来将实现利用 3D 打印等技术在轨自主制造超大型空间结构和多功能空间系统组件,同时利用"蜘蛛机器人"(spider fab bot)在轨集成大型空间结构,克服运载火箭的发射限制,改变航天器的研制与部署方式。

"蜘蛛机器人"系统使用类似蜘蛛织网的方式在轨建造大型空间结构。该项目首先需要发射具有在轨制造能力的"卫星茧"(satellite chrysalis)入轨,"卫星茧"内包含增材制造原料、桁架单元及指令程序等,入轨后可通过在轨制造与自主装配建造出千米级的大型空间系统。

客户可根据自身需求设计卫星,并用 3D 打印技术建造系统结构,用增材制造与自动化组装技术制造天线、光学仪器等卫星分系统组件,同时进行卫星的在轨集成装配。最后,根据任务需要在低地球轨道上部署组装卫星。在整个过程中需要以下几个必要因素:

(1)合适的材料和恰当的加工方法。自制卫星需要能够将处于紧凑状态的原材料加工成高性能的多功能结构。可选择的加工方法包括熔融长丝制造

(FFF)、选择性激光烧结(SLS)、电子束熔化和电子束自由形状制造(EBF3)等增材制造工艺。这些工艺能够使颗粒、粉末或长丝带形式的原材料熔化并重新形成,从而逐层构建复杂的3D几何形状,如图9-8所示。

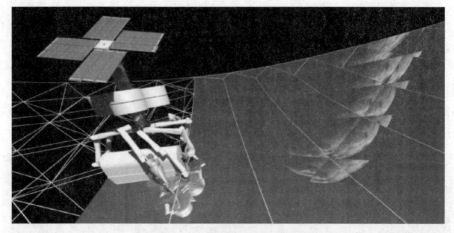

图9-7 "蜘蛛制造"项目

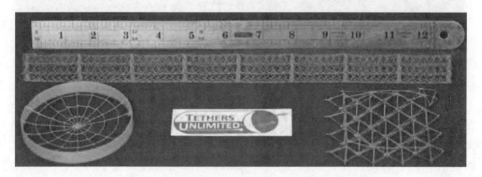

图9-8 制造样品

(2)可操纵性和机动性。在制造大型结构时,机器人需要相对于正在构造的结构进行机动,以及将原材料从发射体分配到结构上的构建区域,另外需要能够操纵结构元件,在结构上正确且准确地定位和定向。为此需要灵活、敏捷的机械手臂。

(3)装配及铰接。在创建结构元件后,需要将元件结合到结构上。可以选择焊接、机械紧固件、黏合剂等方法。SpiderFab专注于使用纤维增强热塑性塑料,利用热塑性塑料的特性,通过热和压力的组合实现熔融黏合。

(4)热控技术。制造精确结构元件,管理元件中的结构应力以及在元件之间可靠地形成熔合连接需要管理空间环境中材料的温度,其中平均温度和温度梯度矢量可以根据太阳的方向和轨道中的位置分析得知。SpiderFab 计划通过在纤维增强热塑性塑料中使用添加剂或涂层来冷却材料,在不同的日照条件下最小化热波动,并使用接触、辐射、微波加热来形成和黏合这些材料。

(5) 度量技术。在构建元件时需要两个尺度:宏观尺度测量元件的整体形状以确保其满足系统要求,微尺度测量以实现材料进给头相对于局部特征的精确定位。目前,在地面制造过程中使用的技术包括结构光扫描和立体成像。

(6) 功能元件集成技术。元件性质决定了需使用的集成技术。如图 9-9 所示,反射膜和太阳能电池可以运送到轨道,使用热黏合或机械紧固件集成。传感器、有效载荷和航空电子设备箱可以使用机械紧固件集成到结构上。接线则可以使用快速连接插头连接到有效负载元件。

图 9-9 太阳能列阵示意图

目前在第一阶段,该项目已经验证了在轨制造的可行性,降低了系统成本,创建的光学系统可以提供更高的功率、分辨率带宽和灵敏度。在第二阶段将解决太空热和真空环境中制造风险问题,还将开发 PDR 级概念设计,用于演示在轨制造和大型射频孔径集成的任务。"蜘蛛制造"项目计划在 20 年代中期完成在轨飞行演示试验,如图 9-10 所示。

2. "建筑师"项目

"建筑师"(archinaut)又名"多功能空间机器人精密制造与装配系统",如图 9-11 所示是可在轨自主制造并组装航天器系统。该项目主要研究"国际空间站"外空间环境中的增材制造技术,演示预制组件的在轨组装技术。该项目将利用 3D 打印技术和增材制造设备(AMF)进行在轨制造。主体包括 3D 打印增材制造器和机械臂,前者用于制造并扩展系统结构,后者用于定位和在轨装配操作。"建筑师"项目安装在空间站舱外,能够进行在轨增材制造、通信卫星反射器制造与装配,以及在轨机械维修等任务。

图9-10 "蜘蛛制造"装配图

图9-11 "建筑师"(archinaut)

未来,"建筑师"将发展成为三臂结构的在轨制造机器人系统,可在太空中自主机动,并能将自身附着在航天器上,可通过增加或移除外部组件进行维修升级,还可从退役航天器上移除并重新使用部件,甚至可清理空间碎片。

3. "凤凰"计划

"凤凰"(Phoenix)计划是由美国国防预先研究计划局(DARPA)启动的一项

新的空间技术研究项目,旨在开发联合回收技术,重新利用在轨退役或无法正常工作的卫星上仍可发挥功能的部件进行循环利用,以低廉的成本将这些部件集成到新的空间系统上,显著降低新型空间设备的开发成本,具有巨大的商业价值。凤凰计划首次提出细胞卫星技术,细胞卫星利用细胞形态学理论进行模块卫星的设计,每一个"细胞"作为缩小的传统卫星的子系统或组件,如电源、姿态控制、热控、推进等。多个"细胞"卫星组合装配一起构成一颗新的模块卫星,利用这种可替换的星体系架构,可实现模块化卫星的大批量生产、低成本和标准化。"凤凰"计划主要由三部分组成:有效载荷在轨交付系统(PODs)、空间机器人系统和小型模块化卫星功能部件(Satlets)。

1) 有效载荷在轨交付系统

有效载荷在轨交付系统(PODs)属于结构容器,用于存放小型模块化卫星功能部件和机械手臂的末端执行工具,如图9-12所示。

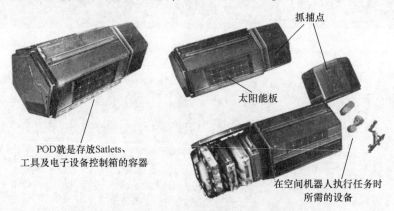

图 9-12 有效载荷在轨交付系统

PODs由商业通用卫星带入到地球同步轨道,在进入地球同步轨道后,该商用卫星向空间机器人卫星附近弹射PODs。弹射完成后,飞行中的PODs应该处于空间机器人的视场之内,能够被空间机器人捕获,并被存放在空间机器人的工具带内。图9-13为商业通用卫星弹射PODs的示意图。

2) 空间机器人系统

空间机器人系统配有工具带、机械臂和手眼视觉系统,具备在轨捕获和维护能力,如图9-14所示。在商用通用卫星将PODs弹射到空间机器人附近后,空间机器人会在PODs周围绕飞,对其进行抓捕并将它存放在工具带内。接下来空间机器人运动到废弃卫星处,从废弃卫星上截取仍能工作的功能部件(如天线)安装到模块化卫星功能部件上(如图9-15所示),利用太空废弃物以相对低廉的成本在轨组建一颗"新"卫星。

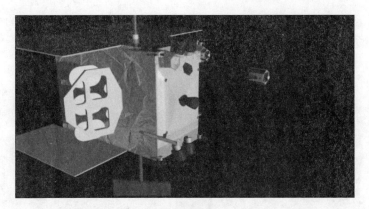

图 9-13　商用通用卫星弹射 PODs 的示意图

图 9-14　空间机器人系统

图 9-15　空间机器人卫星摘取废弃卫星的天线

3）小型模块化卫星功能部件

根据凤凰计划的理念,现有的成本、质量、性能和时间的关系可以通过重新定义卫星形态进行解耦,即重新评估典型的命令和数据处理、电力、热、姿态控制等功能子系统部分。凤凰计划的目的是通过论证基于特殊"细胞"的模块化功能卫星体系结构来实现上述问题,如图9-16所示。

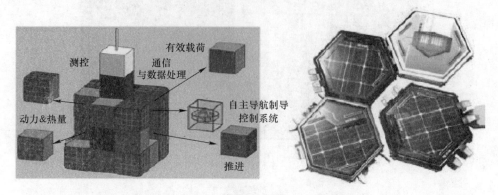

图9-16 基于"细胞"的模块化功能部件

小型模块化卫星功能部件(Satlets)是只具备核心部件的廉价微型"半成品卫星",它们每一个都呈现通用形状,适用于同样形状的有效载荷发射器和工具带,不过它们的功能各不相同,如图9-17所示。

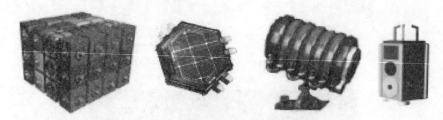

图9-17 小型模块化卫星功能部件

4. "地球同步轨道卫星机器人服务"项目

"地球同步轨道卫星机器人服务"(RSGS)是"凤凰"计划的衍生项目,如图9-18所示,旨在研制能够执行在轨检查、维修、重定位和升级等多项在轨服务任务的"自主服务航天器"(RSV)。

项目的在轨服务任务类型包括:处理机械故障(如太阳能阵列部署);提供辅助推进,增强业务卫星编队的灵活性;利用摄像机系统实施非常详细的检测,查找卫星问题;提高对静止轨道运行情况的感知等。如图9-18所示该项目研发的一系列技术,如服务星的远程机动技术、与非合作目标的交会与逼近技术、卫星识别技术、机械手捕获卫星技术、在轨切割卫星天线和拧取部件的操作技术等,均可用于侦察监视和攻击在轨卫星。

图 9-18 "地球同步轨道卫星机器人服务"(RSGS)项目

DARPA 已为该项目申请了超过 1 亿美元的预算,2019 年对包括机械臂、工具转换器、有效载荷结构和飞行软件等在内的各类部件进行制造与集成,并启动入轨演示验证准备工作。计划在 2023 年发射,完成 6~9 个月的在轨演示任务,随后为商业和政府客户卫星提供有偿的商业在轨服务。

9.3 新型应用技术

9.3.1 集约化搭载

航天器承研方通过在准备发射的航天器上提供搭载机会,使政府机构等能及时、高性价比地将有效载荷送入太空。搭载有效载荷(hosted payload)是指除固有载荷外搭载在航天器平台上的、为满足其他客户(通常为政府客户)特殊需求而设计的额外载荷(如转发器、传感器或其他星载设备)。在某些情况下,搭载有效载荷也被称作二级有效载荷或寄宿有效载荷。

1. 应用价值

搭载有效载荷概念与"共乘"相似,其与航天器固有有效载荷共享一个平台,可以充分挖掘航天器的载荷容量和能力,大大增强整个太空体系的"弹性",是实现航天系统集约化建设和运用的重要新途径。

1) 搭载有效载荷,可以大幅降低航天任务成本

在商业卫星上搭载有效载荷,其费用仅仅是研制、发射与运行整颗卫星费用的一小部分。商业伙伴仅负责将有效载荷整合到卫星上,总费用远低于部署一颗独立的卫星。近年来,搭载有效载荷概念受到了各国政府和业界的广泛关注。面临预算压力的政府机构通过发布询价公告并举办工业日,研究包括搭载有效载荷在内的商业方案的费用与可行性,作为实现其任务需求的一种方式。

2) 搭载有效载荷,为缩短研制周期提供操作机会

采购一颗卫星要耗费7~15年时间,而搭载有效载荷可使政府以较短的时间策划并执行太空任务,这个周期通常是24个月。这对于面临运行能力断档的机构而言尤为重要。商业伙伴给了政府一个机会来权衡是否采纳拟议中的或现有的卫星舱和运载火箭来执行任务。

3) 搭载有效载荷,是实现太空体系弹性的重要途径之一

"弹性",是近十年来美军提及最多的关键词之一。在太空领域亦是如此。2011年,美国《太空安全战略》提出"加强太空体系弹性"。2012年,美国国防部《太空政策指令》(DoDD 3100.10)要求在所有体系规划和评估中考虑所需太空能力的可靠性、防护性和弹性。2013年,美国空军航天司令部发布《弹性和分散化太空体系结构》白皮书,书中阐述了美国国防部对太空系统"弹性"和"分散式太空系统"体系结构的认识与思考,将实现太空弹性分为5种途径(见图9-19)。2014年6月,美国空军向14家航天公司授予合同,使他们能够提供某些服务和硬件,以支持搭载有效载荷任务。

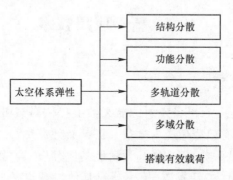

图9-19 太空体系弹性的实现途径

2. 应用实例

尽管出于采购政策、保密和使用权限等原因,搭载有效载荷一直推进不快,但是鉴于成本、周期和弹性等方面的独特优势,搭载有效载荷还是获得了很多成功的应用,尤其是近年来"弹性"需求的激增,为搭载有效载荷提供了更加广阔

的应用前景和发展潜力。

表 9-1 列出了商业航天器搭载政府有效载荷的部分实例。可见,商业航天器搭载政府有效载荷的历史至少可以追溯到 21 世纪初。

表 9-1 商业航天器搭载政府有效载荷的部分实例

搭载有效载荷	政府客户	商业运营商	航天器	发射年份
广域增强系统（WAAS）	美国联邦航空管理局	国际通信卫星公司（Intelsat），电信星公司（Telesat），国际移动卫星公司（Inmarsat）	Galaxy-15, Anik F1R, Inmarsat 4F3	2005 2005 2008
国家自动识别系统（NAIS）项目	美国海岸警卫队	轨道通信公司	TACSAT-2	2006
太空互联网路由（IRIS）联合能力技术验证	美国国防部	Intelsat 公司	Intelsat 14（IS-14）	2009
商业搭载红外有效载荷（CHIRP）飞行验证项目	美国空军	SES 公司	SES-2	2011
专用 UHF 通信有效载荷	澳大利亚国防军	Intelsat 公司	Intelsat 22	2012
欧洲地球同步轨道卫星导航增强服务系统（EGNOS）	欧洲全球导航卫星系统监督局	SES 公司	SES-5(Sirius 5, Astra 4B)	2012
太空放射性强度测量传感器（REACH）	美国空军	铱星	Iridium NEXT	2017
热层与电离层的全球观测（GOLD）	美国 NASA	SES 公司	SES-14	2018
热层与电离层多光谱成像系统（MISTI）	美国 NASA	Intelsat 公司	—	—
热层与电离层全球与区域成像系统（TIGRIS）	美国 NASA	Intelsat 公司	—	—
通信、导航、侦察、预警等多类军用任务载荷	美国 DARPA	美国蓝色峡谷技术公司（Blue Canyon）、Trident 系统公司、空客防务与航天公司（ADS）等	Mandrake 1、2, Wildcard	2021 年 6 月进行第一批发射

下面介绍其中几个比较有代表性的实例。

1) 实例 1:美国空军的"商业搭载红外有效载荷"(CHIRP)飞行验证项目

美国空军的"商业搭载红外有效载荷"(CHIRP)飞行验证项目,于 2011 年 9 月发射的一颗商业静地轨道卫星(SES-2)上搭载了一个宽视场、被动红外传感器。图9-20给出了SES卫星示意图,该传感器是美国空军的导弹预警试验传感器。美国空军官员期望执行这次任务以达到降低成本的目的。他们估计,发射一颗专用卫星来完全解决相关的技术问题要耗费5亿美元,而用搭载有效载荷仅需耗费0.65亿美元即可解决80%的技术问题。

图9-20 SES卫星示意图

2008年1月,美国通信公司(Americom,即现在的SES-Americom公司)向政府主动提出CHIRP项目建议。2008年6月,美国政府授予该公司一份价值6500万美元的合同。该项目合同主要涉及四家单位:美国空军太空与导弹系统中心是发包方;SES-Americom公司是项目主承包商,也是SES-2卫星的运营商;轨道科学公司是卫星的承包商,负责卫星研制,并提供任务操作中心;科学应用国际公司(SAIC)是红外传感器的承包商,并组建了任务分析中心。

CHIRP项目采用承包商的地面设施和任务操作团队,利用在轨数据在地面操作和评价CHIRP系统,包括敏感器指令、健康状况监测、敏感器校准和跟踪算法评估等。卫星由SES公司通过其商业卫星运营中心运营,而"商业搭载红外有效载荷"则由科学应用国际公司的任务分析中心提供指令,经过轨道科学公司的任务运营中心,再由SES公司上传。该任务数据通过星载专用设备加密后,由一台商业转发器下传到SES公司的地面站,再传送给轨道科学公司,之后实时分发给科学应用国际公司的任务分析中心以及美国空军。SES-Americom公司不参与保密数据的处理。

CHIRP传感器设计寿命原为1年,但在2012年7月顺利完成初期验证工作后,CHIRP合同延长了三次,包括追加对CHIRP传感器的宽视场凝视能力进行了验证。由于预算限制日益紧张,成功在轨运行27个月的CHIRP传感器于2013年12月正式停止使用。基于2000×2000元凝视阵列的CHIRP传感器具有一个能够从地球静止轨道上对全球1/4区域进行观测的固定式望远镜。该传感器工作期间,采集了超过 300T 的过顶持续红外(OPIR)数据,为用户分析 70 多次导弹/火箭发射事件以及 150 次其他红外事件提供了帮助[118]。

CHIRP 项目用于检验是否有意义让军事有效载荷搭载商业部门卫星进入太空。这是美国空军评估"搭载有效载荷"用作补充或替代军事专用卫星工作的一部分,将支撑下一代红外遥感器系统的研发,对于降低第三代红外监视系统(3GIRS)的技术风险至关重要。战略与国际研究中心(CSIS)高级研究员托德·哈里森表示,人们认为 CHIRP 项目是"一次巨大的成功"。当前,军方领导人正大力呼吁加强天基监视,以跟踪导弹发射和其他敌对活动。军方领导人可以考虑增加更多类似 CHIRP 的搭载有效载荷,以满足作战人员需求。

2013 年美国空军延长了 CHIRP 任务的周期,并在 8 月发布了宽视场凝视传感器样机搭载在待定商业卫星上的意见征询书。该任务是 CHIRP 的后续任务,周期为 3~5 年,成本低于 4200 万美元。

2) 实例 2:澳大利亚国防军(ADF)的专用 UHF 通信有效载荷

澳大利亚国防军采购了 Intelsat 公司的 Intelsat 22 卫星上的一个特高频(UHF)搭载有效载荷。2012 年 3 月 25 日,携带澳大利亚国防军专用 UHF 有效载荷的 Intelsat 22 卫星成功发射,该卫星还装有 24 台 C 频段和 18 台 Ku 频段转发器。此次搭载项目由 Intelsat 公司作为主承包,卫星平台和搭载的 UHF 有效载荷均由波音公司提供。搭载项目合同额为 1.67 亿美元,包含有效载荷研制、发射和 15 年在轨运行。该有效载荷占 Intelsat 22 卫星总有效载荷容量的 20%,有关项目的技术性能问题和进度延迟问题,均通过商业保险条款解决。

在此实例中,Intelsat 公司具备良好的条件和机会:①恰好在对应的国际电信联盟(ITU)区域有一个发射计划;②正好在 ADF 需要的时间内;③主要任务没有占用全部的平台和运载器能力;④具有集成 UHF 载荷及其复杂天线的条件;⑤曾对 ADF 发布的征询做出过响应。从多个方面来看,这都是一个完美的案例。ADF 放弃了常用的采购方式,没有签订政府资产合同,而是同意按照商业惯例。不然,ADF 将失去这次机会,因为 Intelsat 公司为了满足主要商业客户的要求,不可能再延期。ADF 还同意按商业惯例管理该项目,以免造成 Intelsat 客户无法接受的 Intelsat 22 卫星的延期交付。

美国 Avascent 战略咨询公司对 ADF 的搭载有效载荷进行了评估,发现这种方式比其他采购方式更加节省成本和节约时间。ADF 搭载有效载荷比采购一颗新卫星节省 50% 的成本。采用搭载有效载荷方式,从签署合同到系统运行的时间也显著缩短。对于 ADF 来说,已有的 UHF 卫星将寿命终止,采用租赁并不是切实可行的方法。如果购买一颗新的卫星则需要花费 47 个月的时间,通过选择搭载有效载荷 ADF 只用了 35 个月的时间,可以提前 1 年运行。

3) 实例3：美国DAPAR的"黑杰克"项目

"黑杰克(Blackjack)"项目是国防高级研究计划局(DARPA)于2018年发起的研究和开发项目，如图9-21所示。该项目是一个基于低轨道卫星即插即用设计理念，意在展示由更小、更轻、更廉价卫星节点构成的全球低轨星座和网状网络的重要军用价值的架构验证项目。该项目通过多个通用商业化卫星平台搭载通信、导航、侦察、预警等多类军用任务载荷，具备自主运行能力。有分析指出，"黑杰克"项目试图建立一个可匹配多种商业卫星平台的有效载荷生态系统[119]。

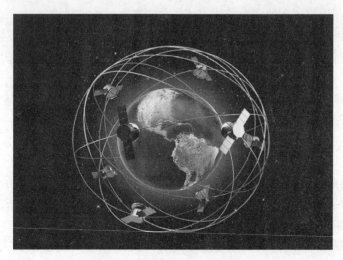

图9-21 "黑杰克"项目示意图

根据目前计划来看，"黑杰克"项目是一个由60~200颗卫星组成的星座，卫星运行在高度为500~1300km的低地球轨道上，整个系统包括有效载荷、通用平台、自主和集成、发射、运控5个独立部分。"黑杰克"项目的每颗卫星都将作为星座的1个节点，该节点能同其他卫星节点快速建立全球通信，卫星由1个商品化卫星通用平台、1个或多个可自主运行超过24h战术任务的军用载荷和1个控制单元(Pit Boss航电设备箱)组成。其中，有效载荷将尽可能地减小尺寸、质量、功率需求和降低成本，同时具有开放式架构，每2~3年实现硬软件的技术更新。

"黑杰克"项目计划分为3个阶段：

第一阶段：主要开展初步架构研究和设计，确定卫星平台和有效载荷的需求。2018—2019年选取6个载荷团队和平台团队，载荷设计可不拘于平台，但需提供预设平台的接口文件；研发有通用接口的航电设备，用于自主功能、在轨数据处理、通信管理、载荷数据加密等。2018年10月15日,DARPA宣布与小卫星制造商——蓝色峡谷技术公司达成一项价值150万美元的合同,这是该局在"黑杰克"项目下授出的首个合同,用于研发低轨的"黑杰克"军事通信与监视卫星。

第二阶段:进行详细设计与集成。开展试验卫星载荷和平台设计,评审后研制1台工程样机和2颗试验卫星。

第三阶段:进行发射和在轨飞行试验。在2021年成功发射2颗试验卫星,开展为期6个月的在轨试验,后续将用于演示验证的星座拓展到20颗卫星,每颗卫星拥有一个或多个有效载荷。此后根据第一批发射和第二批发射卫星的演示验证情况,DARPA后续可能再进行多次发射,进一步扩展"黑杰克"卫星星座。与此同时,每年更替或扩充25%以上的卫星平台或者卫星载荷技术,以使星座与最新的装备保持同步。

"黑杰克"项目一旦建成,将是一个能力极强、反应迅速、不易受到攻击或破坏的全球侦察星座,星座预计于2022年底在低轨进行战区级自主运行。

3. 发展动向

搭载有效载荷解决方案已经在技术和应用中证明是可行的,但受限于采购政策、流程和观念等因素,目前还没有得到广泛的应用,但在以下几个方面已表现出明显的发展趋势:

1) 搭载有效载荷推进缓慢的原因已引起各方注意,并逐步形成共识

对"搭载有效载荷"所有者,即政府(含军方)层面来说,采用商业卫星搭载具有多种优势,但也存在一些劣势,比如采用商业搭载,在质量、体积和功耗方面必然存在局限性;商业卫星的采购、建造和发射进度严格,与政府任务相比缺少灵活性;此外,对于地球观测任务有效载荷,虽然每年发射机会较多,但卫星的轨道位置、倾角以及提供给"搭载有效载荷"的视角有限。同时,"搭载有效载荷"所有者向运营商所支付的搭载费用没有明确标准,差异也可能很大。同时,"搭载有效载荷"为商业通信卫星项目的整个生命期增加了各种不确定性,必须以商业合同条款的形式加以约束。因为卫星运营商必须及时发射他们自己的卫星以替代性能已经下降的较老卫星,通信公司不能承受推迟发射替代卫星所带来的后果。从ADF的例子可以看出,一个采购流程如果在前端不具备灵活性,或如果在项目管理上不具备灵活性,都会使搭载有效载荷的实现受到限制。因此,搭载有效载荷的成功需要协调很多因素,主要包括:

(1) 搭载有效载荷的设计需适应现有产品线的卫星平台,满足重量、功率和温度、天线孔径和指向的约束;

(2) 协调好主载荷和搭载载荷的设计、制造、集成、测试和进度；

(3) 政府必须改变采购流程,接受通用的商业项目管理方法和理念；

(4) 政府和行业部门应该共同参与计划设计,以使商业任务和政府任务都得以实现；

(5) 政府和行业部门应紧密合作,选择互相认可的轨道位置,履行相关的国际电信联盟档案管理流程。

如果上述问题都得到高效解决,则在商业卫星上搭载政府有效载荷是可以将政府需求融合到商业卫星任务中的创新方法,也是降低航天任务成本、分散任务风险及实现快速发射的有效手段,必将受到各国政府的重视并得到广泛应用。例如,在2013年的搭载有效载荷峰会上,美国工业界官员们称美军已采取具体措施,将充分利用搭载有效载荷提供的机遇。搭载有效载荷是美军为应对一系列新预算采取的变革之一。美军在研究其重大卫星项目的备选体系架构时,已将搭载有效载荷考虑在内。

2) 商业卫星运营商希望搭载更多军事载荷,积极推动搭载有效载荷

商业卫星运营商一直希望其卫星能够搭载更多的军事载荷。

2011年美国成立了搭载有效载荷联盟(HPA)。这是一个卫星行业联盟,旨在提高各界对搭载有效载荷的认识,宣传将政府有效载荷搭载到商业卫星上的益处。HPA寻求以开放对话的方式使政府和行业一起来明确和提升搭载有效载荷的利益,解决限制搭载有效载荷使用的军用和民用政策和方法问题。因为搭载有效载荷具有实质性的成本效益,所以应鼓励政府和联盟在互利的基础上一起努力,改变现有的采购方式。

商业卫星运营商还一直在游说国会或政府支持搭载有效载荷。在美国众议院武装力量委员会的2019财年国防授权法案(NDAA)中,就要求五角大楼对搭载有效载荷的军事投资进行监督。战略与国际研究中心(CSIS)高级研究员托德·哈里森表示,美空军和国防部没有充分利用商业卫星搭载军事载荷的能力,这让国会的一些人颇为不悦,实际有很多很好的机会来增加弹性和容量。众议院武装力量委员会法案第1608节标题为"指定国防部负责协调搭载有效载荷信息的部门",要求国防部长、空军部长和其他领导人指定一个办公室,来协调"与使用商业搭载有效载荷相关的信息、流程和经验教训"。

3) 政府机构在逐渐改变观念与采购,将尝试更多搭载有效载荷

2010年,美国《国家太空政策》指出"要联合采办可靠、进度符合美国政府要求,且高效费比的航天发射服务和'搭载有效载荷'",明确提出鼓励政府发展"搭载有效载荷",为美国军方、产业界开展"搭载有效载荷"工作提供了国家层面的法律政策依据,起到战略指导作用。2011年《国家安全太空战略》和2012

年国防部《太空政策》均进一步明确这一思路。

美国航空航天局(NASA)为了使商业"搭载有效载荷"更具有可操作性,于2010年8月委托富创公司(Futron)作了一个《"搭载有效载荷"指南》的报告,从"搭载有效载荷"项目的合同签署、研制与集成、发射与在轨测试、运行和寿命末期等各个阶段作了详细的规定。该报告成为商业"搭载有效载荷"的第一个指导性手册。2018年1月,NASA通过商业通信卫星SES-14发射了搭载有效载荷GOLD。这是NASA第一个将仪器设备作为商业搭载有效载荷发射的科学任务。

2012年9月,美国国防部发布了《在商业卫星上搭载军事通信有效载荷指南》,提出了搭载军事通信有效载荷的指导性意见,该指南在操作层面明确了国防部的态度,但也为"搭载有效载荷"进行了限制,指出"未经国防部批准,卫星所有者/运营商不得向盟国政府或任何实体公布、确认、详述或出租"搭载有效载荷"容量;国防部拥有"搭载有效载荷"所在的轨道位置权与频率权;发生无线电频率干扰限制"搭载有效载荷"的使用时,卫星所有者将负责解决问题,并补偿国防部服务的损失。"不过,该指南遭到产业界的广泛批评,认为该指南约束太多,不利于"搭载有效载荷"的发展[120]。2013年8月美国空军发布了关于搭载有效载荷标准合同的最终意见征询书,这份合同将对军用有效载荷搭载在商业卫星上的程序标准进行规范。该方案旨在圈定一个合格的搭载有效载荷服务提供商。2014年,总部设在洛杉矶的美空军太空与导弹系统中心开设了一个搭载有效载荷办公室,向业界征求"搭载有效载荷解决方案",为未来的有效载荷搭载寻找合格的航天器制造商和运营商。2018年,DARPA发起的"黑杰克"项目将为构建商业"搭载有效载荷"生态系统作出新尝试。

9.3.2 智能化操作

地球、月球、火星、彗星、小行星……人类探索宇宙的脚步从未停止。近年来,随着地外星体探测与采样等太空任务需求的兴起,以及环境全面感知、自主控制等技术的快速发展,航天器有效载荷的智能化操作正逐渐成为一项很有发展前景的新型应用技术。我国自主研制的"玉兔"号巡视器在探月任务中取得了巨大成功,美国的OSIRIS-Rex对C类小行星进行特征分析与采样,日本宇宙航空研究开发机构的"隼鸟"-2号任务目的是小行星深层采样等。

1. "玉兔"号"玉兔"二号巡视器

2013年12月14日,"嫦娥"三号成功地将月面着陆器和"玉兔"号巡视器送抵月球,这标志着我国已完成了探月工程中"落"月的重要阶段[121]。12月15日4时35分,着陆器与巡视器分离,"玉兔"号巡视器顺利驶抵月球表面,开始单独活动。2013年12月15日23时45分完成"玉兔"号围绕嫦娥三号旋转拍照,并传回照片。2014年1月25日凌晨,"玉兔"号进入第二次月夜休眠。但在休眠前,受复杂月面环境的影响,"玉兔"号机构控制出现异常。2014年2月10日,第一次"玉兔"号唤醒失败。2014年2月12日夜,"玉兔"号已全面苏醒,状态趋于好转,但是出现问题的"机构"仍然有待进一步恢复。2016年7月31日晚,"玉兔"号超额完成任务,停止工作,着陆器状态良好。"玉兔"号预期服役3个月,实际一共在月球上工作了972天。

"玉兔"号巡视器是中国首辆月球车,和着陆器共同组成"嫦娥"三号探测器。在此之前,世界上发射并成功运行的月球车有5辆,其中两辆是无人探测月球车,均为苏联在20世纪70年代发射的月球车1号和月球车2号,3辆是有人驾驶的月球车,是美国"阿波罗"15号、"阿波罗"16号、"阿波罗"17号的月球车。"玉兔"号也是无人驾驶月球车,质量约140kg,与苏联的月球车相比是"小个子",小而精焊。"玉兔"号的能源为太阳能,能够耐受月球表面真空、强辐射、零下180℃到零上150℃极限温度等极端环境,具备20°爬坡、20cm越障能力,并配备有全景相机、红外成像光谱仪、测月雷达、粒子激发X射线谱仪等科学探测仪器,如图9-22所示。

图9-22 "玉兔"号巡视器

月球重力约为地球的六分之一,表面土壤非常松软,凹凸不平,有石块、有陨石坑,还有陡峭的高坡。在这种环境中,月球车既不能打滑,更不能翻车。为了克服这些困难,"玉兔"号上有全景相机和导航相机,总计是4台。通过相机"观察"周围环境,对月面障碍进行感知和识别,然后对巡视的路径进行规划。遇到超过20°的斜坡、高于20cm的石块或直径大于2m的撞击坑,能够自主判断安全避让。月球车在月面"行走"风险重重,月壤细粒会大量扬起,形成月尘,一旦附着很难清除。月尘可能引起月球车很多故障,包括机械结构卡死、密封机构失效、光学系统灵敏度下降等。在月表形貌综合模拟试验控制室,为模拟月球环境,科研人员特地从长白山运回与月球表面物质成分相近的火山灰,并通过钢丝吊挂月球车,模拟微重力环境。经过测试,"玉兔"号在月面巡视时采取自主导航和地面遥控的组合模式,不仅可以自主前进、转弯、后退,还可以原地打转、横向侧摆,确保在危机四伏的月面上畅行无阻,并把探测到的数据自动传回地球,帮助人类直接准确地了解 38 万千米外的月亮。

"玉兔"号底部安装了一台测月雷达。测月雷达获得两个通道探测数据,分别探到了月表下 140m 内和 10m 内的浅层结构。有限的时间迫使"玉兔"号高效工作——依靠各种先进设备,对月表进行三维光学成像、红外光谱分析,开展月壤厚度和结构科学探测,对月表物质主要元素进行现场分析,等等。这些科学探测数据为建立巡视探测区地形地貌、地质构造、物质成分和浅层结构于一体的综合地质剖面,以及区域地球化学与构造动力学研究打下了基础。

"玉兔"二号、嫦娥四号任务月球车,于 2019 年 1 月 3 日 22 时 22 分完成与"嫦娥"四号着陆器的分离,驶抵月球表面。首次实现月球背面着陆,成为中国航天事业发展的又一座里程碑。2019 年 9 月 13 日,"玉兔"二号在月球表面画月饼的照片发布。从照片可以看出月球车的行驶轨迹形成了一个正圆,酷似月饼的形状。

"玉兔"二号巡视器上安装了全景相机、测月雷达、红外成像光谱仪和与瑞典合作的中性原子探测仪。这些仪器将在月球背面通过就位和巡视探测,开展低频射电天文观测与研究,巡视区形貌、矿物组分及月表浅层结构研究,并试验性开展月球背面中子辐射剂量、中性原子等月球环境研究。此外,着陆器还搭载了月表生物科普试验载荷。2020 年 4 月 24 日,第五个"中国航天日"启动仪式,中国工程院院士、探月工程总设计师吴伟仁介绍:"玉兔"二号创造了月面工作最长世界纪录,获得了月球背面长度近 500m、深度为 50m 的第一幅地质剖面图,还有月球矿物组分、空间环境等宝贵数据。

2020 年 12 月 1 日 23 时,中国在月球探测中再树里程碑——"嫦娥"五号探测器(含着陆器和上升器)成功登陆月球正面。12 月 2 日 22 时,着陆器完成了月球表面自动采样,并将样品封装交给上升器携带。12 月 3 日 23 时,上升器发动机工作约 6 分钟,成功进入预定环月轨道。12 月 6 日 5 时 42 分,上升器成功与留在月球轨道的返回器和轨道器交会对接,并将月壤样本转移到返回器;12 时 35 分,上升器与返回器和轨道器再次分离,返回器与轨道器开始返回地球。2020 年 12 月 17 日凌晨,"嫦娥"五号返回器携带月球样品,在内蒙古四子王旗预定区域安全着陆。

2. 日本"隼鸟""隼鸟"-2号探测器

日本的小行星探测器"隼鸟"(Hayabusa)携带有一个小行星探测机器人"密涅瓦"(Minerva),原计划在"隼鸟"运行至"丝川"小行星表面20m时投放至行星表面,但最终探测器投放失败,并未达成预期目标,不过"隼鸟"还是实现了小行星表面的接触工作。2010年,"隼鸟"号小行星探测器成功返回地球,被日本媒体视为国家在航天领域所取得的重大成果。因为这是人类首次回收针对月球以外天体的探测器。尤其是一度被认为将"死于太空"的"隼鸟"号"起死回生",展现出日本强大的太空装备遥控能力。

"隼鸟"-2号于2014年12月发射,是日本第2个小行星采样返回任务,目标小行星为1999 JU3("龙宫")。小行星1999 JU3的自转周期为7.6h,直径为0.922 ± 0.048km,外形比例为1.3∶1.1∶1.0,几何反照率为0.063 ± 0.006,星等为18.82 ± 0.021,倾斜参数为0.110 ± 0.007,近日点/远日点为0.85/1.4AU,光谱类型为Cg。"隼鸟"-2号提供至多2km/s的速度增量。"隼鸟"-2号总重为600kg,比"隼鸟"重了90kg,90kg中一半用在提升各模块的冗余量,一半提升科学能力。"隼鸟"-2号自带2个大视场相机和1个望远相机以实现视觉导航。

"隼鸟"-2号上载有MASCOT着陆器及3个跳动探测器[122]。MASCOT是由德国宇航局制造的重量为10kg的着陆器,称为"行星表面跳动侦察机",用于行星表面探测及科学研究。MASCOT着陆器的大致结构如图9-23所示,是300mm×300mm×200mm的盒状结构,由上盖、铝架外框、捆绑电源、无线电收发单元、光口过滤装置、common E-box、动力和传动装置、近红外高光谱显微镜、ILMA、相机共10个部分组成。3个跳动探测器分别是MINERVA-II-A1、A2及B,A1、A2与"隼鸟"上的相同,载有各类科学设备,包括温度和光学传感器及7台相机;B由一个日本大学协会研制;每个探测器重1kg左右,直径18cm,高7cm。这些跳动探测器的目的是验证超低重力场环境下行星表面移动技术,同时进行行星表面科学测量。

2018年6月底,"隼鸟"-2号进入绕"龙宫"运行轨道。9月21日把MINERVA-II-A1、A2两辆微型跳跃式漫游车部署出去。尽管被"隼鸟"2任务团队称为漫游车,这2个鼓形装置却不会像美国航空航天局"好奇"火星漫游车那样用轮子四处行走,而将靠内部旋转电机在"龙宫"小行星表面上从一处跳到另一处[123],如图9-24所示。任务团队人员在介绍资料中说,"龙宫"表面引力极其微弱,所以采用常规轮式或履带式行驶结构的漫游车一开始运动就会向上飘,故此,让"密涅瓦"采用了跳跃式机构。介绍资料说,漫游车每跳一次预计都要在空中停留长达15min,每次预计最多可水平移动15m。任务团队人员介绍到,

MINERVA-Ⅱ-A1、A2将自动开展这些探测跳跃，自行规划下一步前往何处。

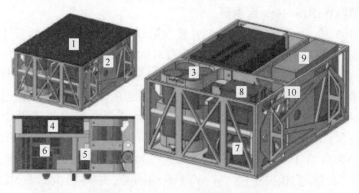

图9-23 MASCOT着陆器的结构图

图9-24 MINERVA-Ⅱ-A1、A2漫游车在"龙宫"小行星上（效果图）

MASCOT着陆器于2018年10月4日成功投放到目标小行星表面。MASCOT着陆器也是靠跳跃来行驶，而其跳跃靠的是操纵其体内的一个金属"摇臂"。着陆器还利用该摇臂在"龙宫"表面上把自己立起来。它需呈直立姿态才能采集数据并发给"隼鸟"-2号。着陆器载有4台仪器，包括相机、辐射计、光谱仪和磁强计。该着陆器动作必须快一些，因为其蓄电池预计会在着陆后约16h耗尽,且无法重新充电。

3. 美国 OSIRIS-Rex 探测器

2011年5月,OSIRIS-Rex 被选中成为第3个新边境计划,耗资上限为8.5亿美金。参与单位为洛马公司和NASA的戈达德太空飞行中心(NASA Goddard Spaceflight Center)。该任务是从50万颗小行星中筛选出能够满足当前火箭能力内速度增量的小行星。以其轨道特性能够满足在计划时间内采样返回为筛选条件,筛选后剩下350颗。寻找直径大于200m,避免自旋过快而无法着陆接触采样的小行星,余下29颗,其中C类小行星只有5颗,Bennu就在其中。在筛选完成之后,NASA在1999—2000年和2005—2006年利用地面观测手段进行了两次地面观测,获取了Bennu的7m分辨率的图片,并得到大致的密度和轨道特性[124]。

OSIRIS-Rex的任务目标主要包括以下5部分:

(1) 表征原始碳基小行星的综合属性,并与地面观测数据进行比对分析。

(2) 对全球性质、化学成分和含碳矿物学的分布进行测绘,探索原始的小行星的特征地质和动态的演变,并提供返回的样品。

(3) 记录小行星质地、形态、生物化学,将采样点的风化层的光谱特性提高到厘米量级。

(4) 返回并分析足够质量原始碳基小行星风化层的样品,用以研究小行星自然、历史,以及它的构成物质和有机材料的分布。

(5) 测量有潜在危险的小行星亚尔科夫斯基效应。

2016年9月使用AtlasV411火箭将OSIRIS-Rex发射升空[125]。OSIRIS-Rex于2018年底抵达Bennu小行星,后于2019年1月成功进入Bennu轨道。其上的载荷有OCAMS相机套装、OVIRS可见光/红外光谱仪、OTES热辐射光谱仪、OLA激光雷达扫描仪、DEXIS X射线成像光谱仪和无线电科学观测仪器。任务初期,探测器对Bennu进行绕飞,OSIRIS-Rex探测器内部的OLA完成扫描Bennu表面,扫描得到的Bennu小行星3D激光影像已在NASA官网公布。同时,使用中端视场成像仪MapCam观测小行星的尘埃羽状物,将光度和光谱数据与地球观测值作对比,其结果将决定如何规划安全逼近策略。在逼近后期阶段,获取Bennu具体图像,用以建立Bennu形状模型,刻画Bennu综合全局属性[126]。随着不断地逼近,相继获得Bennu的全局特性参数、重力场分布、小行星内部结构信息,在1km轨道上预计获取5cm精度图像、具体雷达观测、X光探测和热学探测地表最高温度,优选出2个基本采样点和2个备用采样点[127]。

OSIRIS-Rex采用接触式采样,采样装置为TAGSAM采样机构,如图9-25所示。逼近任务结束后,航天器缓慢下降,先从1km轨道下降到距离表面125m

处待命,然后在55m处匹配上Bennu自旋和表面指向,主要采用视觉导航引导采样机构贴近采样点。在采样过程中,使用高压氮气吹动表层风化层采样,通过预设机构将表面风化层从两侧吹入收集装置内部。OSIRIS-Rex在实际采样前先进行两次预演,预演成功后才进行真正的采样任务,以提高采样成功的概率。采样结束后,OSIRIS-Rex离开小行星表面,回到安全轨道,将TAGSAM中的样品放入样品返回装置,用特制相机确认其已经摆放稳妥后,在2021年5月离开Bennu返航[128]。

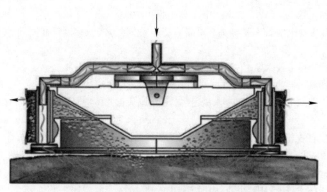

图9-25　TAGSAM采样机构示意图

参 考 文 献

[1] 徐福祥. 卫星工程概论[M]. 北京:中国宇航出版社,2003.
[2] 中国人民解放军总装备部军事训练教材编辑工作委员会编. 航天器[M]. 北京:国防工业出版社,2006.
[3] 赵少奎. 导弹与航天技术导论[M]. 北京:中国宇航出版社,2008.
[4] 李大耀. 谈谈航天器的有效载荷[J]. 中国航天,2000,(7):28-29.
[5] 吴开林. 航天器基本特点与设计要求概述(三)——航天器总体特性及组成[J]. 航天标准化,2002,(3):43-47.
[6] 崔绍春. 卫星有效载荷的地位和作用[J]. 航天返回与遥感,2003,24(1):61-65.
[7] (美)特里布尔(Tribble, A. C.)著,唐贤明,译. 空间环境[M]. 北京:中国宇航出版社,2009.
[8] 都亨,叶宗海主编. 低轨道航天器空间环境手册[M]. 北京:国防工业出版社,1996.
[9] 褚桂柏. 航天技术概论[M]. 北京:中国宇航出版社,2002.
[10] The NASA Orbital Debris Program Office. Monthly number of cataloged objects in earth orbit by object type [J]. Orbital Debris Quarterly News,2011,15(1):10.
[11] 李怡勇,沈怀荣,李智,等. 空间碎片的环境分析[A]. 2009年中国宇航学会学术年会论文集,北京,2010:215-220.
[12] 郭荣. 近地轨道航天器的空间碎片碰撞预警与轨道规避策略研究[D]. 长沙:国防科学技术大学研究生院,2005:10-12.
[13] Liou J-C. Collision activities in the future orbital debris environment[J]. Advances in Space Research,2006,38(9):2102-2106.
[14] Anderson, B. J., et al. Natural Orbital Environment Guidelines for Use in Aerospace Vehicle Development [J]. NASA Technical Manual 4527,June 1994.
[15] Grujicic M,Pandurangan B,Zhao C L,et al. Hypervelocity impact resistance of reinforced carbon – carbon/carbon – foam thermal protection systems[J]. Applied Surface Science,2006,252(14):5035-5050.
[16] 李春来,欧阳自远,都亨. 空间碎片与空间环境[J]. 第四纪研究,2002,22(6):540-551.
[17] 张庆明,黄风雷. 空间碎片环境及其危害[J]. 中国安全科学学报,1996,6(5):15-20.
[18] Bernhard R P,Christiansen E L,Kerr J H. Space shuttle meteoroid and orbital debris impact damage[J]. International Journal of Impact Engineering,2001,26(1-10):33-38.
[19] The NASA Orbital Debris Program Office. Accidental collisions of cataloged satellites identified[J]. Orbital Debris Quarterly News,2005,9(2):1-2.
[20] Johnson N L. First natural collision of cataloged earth satellites[J]. Orbital Debris Quarterly News,1996,1(2):1-2.
[21] Becky I,Tariq M. U. S. satellite destroyed in space collision[EB/OL]. (2009-02-11)[2009-03-21].

http://www.space.com/news/090211-satellite-collision.html.

[22] 李怡勇,李智,沈怀荣,等．美俄卫星撞击碎片分析[J]．装备指挥技术学院学报,2009,20(2)：59-63．

[23] 刘尚合,武占成,张希军．电磁环境效应及其发展趋势[J]．国防科技,2008,29(1)：1-6．

[24] 阮镰,章文晋．飞行器研制系统工程[M]．北京：北京航空航天大学出版社,2008．

[25] 王希季,李大耀．卫星设计学[M]．上海：上海科学技术出版社,1997．

[26] 徐博明．气象卫星有效载荷技术[M]．北京：宇航出版社,2005．

[27] 杨维垣．卫星研制中的接口数据管理[J]．中国空间科学技术,1993,13(1)：25-32．

[28] 董维芳．航天器有效载荷部件可靠性设计审查[J]．空间电子技术,2001,(3)：61-64．

[29] 王奕首．卫星有效载荷配置和布局设计方法[D]．大连：大连理工大学博士学位论文,2008．

[30] 赵光恒,林宝军,王建一．神舟飞船有效载荷系统集成设计与飞行试验效果评价[J]．航天器工程,2004,13(1)：65-71．

[31] 张雅声,樊鹏山,刘海洋,等．掌握和精通卫星工具箱STK[M]．北京：国防工业出版社,2011．

[32] 汪开龙．有效载荷系统电磁兼容试验[J]．空间电子技术,1997,(3)：50-52．

[33] 李献球．导航卫星有效载荷在轨测试系统设计研究[J]．无线电工程,2014,44(12)：39-42．

[34] 马文坡．航天光学遥感技术[M]．北京：中国科学技术出版社,2010．

[35] 孙家抦．遥感原理与应用．2版[M]．武汉：武汉大学出版社,2009．

[36] 姜挺,龚志辉．航天遥感空间系统[M]．北京：解放军出版社,2003．

[37] 陈世平．空间相机设计与试验[M]．北京：宇航出版社,2003．

[38] 孙家栋．导弹武器与航天器装备[M]．北京：原子能出版社,2003．

[39] 王永刚,刘玉文．军事卫星及应用概论[M]．北京：国防工业出版社,2003．

[40] 徐慨,陈霄,董蛟．国外航天侦察卫星的现状与发展[J]．信息通信,2015,(3)：76-79．

[41] 太阳谷．美国侦察预警卫星体系浅析[EB/OL]．http://www.360doc.com/content/19/0226/22/36246689_817760653.shtml．

[42] 杨海燕,安雪滢,郑伟．美国"未来成像体系结构"关键技术及失败原因分析[J]．航天器工程,2009,18(2)：90-94．

[43] 王丽娜．卫星通信系统[M]．北京：国防工业出版社,2006．

[44] 超级 loveovergold．GEO 通信卫星的秘密|看天线,识卫星——漫谈卫星天线(四)[EB/OL]．卫星与网络,https://www.sohu.com/a/271059139_466840．

[45] 李靖,王金海,刘彦刚,等．卫星通信中相控阵天线的应用及展望[J]．无线电工程．2019,49(12)：1076-1084．

[46] 李博．第二代铱星(Iridium NEXT)[J]．卫星应用,2017,(9)：70．

[47] 廖守忆,戴金海．卫星通信有效载荷分系统建模与仿真[J]．计算机仿真,2004,21(9)：20-23．

[48] 太阳谷．美军高轨通信卫星系统浅析[EB/OL]．http://www.360doc.com/content/19/0806/19/11708174_853365189.shtml．

[49] 李云．首颗"先进极高频"卫星抵达运行轨道[J]．中国航天．2012,(01)：28-30．

[50] 张更新．现代小卫星及其应用[M]．北京：人民邮电出版社,2009．

[51] 周宇昌,李孝强,曹桂兴．导航卫星有效载荷技术现状及发展趋势[J]．空间电子技术,2003,(3)：9-21．

[52] 赵琳,丁继成,马雪飞．卫星导航原理及应用[M]．西安：西北工业大学出版社,2011．

[53] 北斗卫星导航系统介绍[EB/OL]. (2021-02-15)[2021-02-15]. http://www.beidou.gov.cn/xt/xtjs/201710/t20171011_280.html.

[54] 焦维新. 空间探测[M]. 北京:北京大学出版社,2002.

[55] 祝竺,白彦峥,段小春,等. 卫星重力梯度测量中星载重力梯度仪潜在测量精度研究[J]. 地球物理学进展,2017,32(2):0559-0565.

[56] 边少锋,纪兵. 重力梯度仪的发展及其应用[J]. 地球物理学进展,2006,21(2):660-664.

[57] 祁先锋. 空间碎片观测综述[J]. 中国航天,2005,(7):24-26.

[58] 吕杰,吴季. 天基雷达观测空间碎片的研究现状及关键技术分析[J]. 航天返回与遥感,2003,24(4):28-33.

[59] 袁庆智,孙越强,王世金,等. 国外天基空间碎片探测器研究[J]. 国际太空,2004,(2):70-75.

[60] 袁庆智,孙越强,王世金,等. 天基微小空间碎片探测研究[J]. 空间科学学报,2005,25(3):212-217.

[61] NASA Langley Research Center. Long Duration Exposure Facility (LDEF) Archive System[EB/OL]. (2012-12-01)[2012-12-01]. http://setas-www.larc.nasa.gov/LDEF/index.html.

[62] ESA. SPADUS Space Dust and Energetic Particle Experiment[EB/OL]. (2012-12-01)[2012-12-01]. http://cse.taylor.edu/~physics/spadus/.

[63] ESA. Geostationary Orbit Impact Detector[EB/OL]. (2012-12-01)[2012-12-01]. http://space-env.esa.int/index.php/geostationary-orbit-impact-detector.html.

[64] 孙辉先,李慧军,张宝明,等. 中国月球与深空探测有效载荷技术的成就与展望[J]. 深空探测学报,2017,4(6):495-509.

[65] 新华. "嫦娥一号"卫星携带8件装备各有神通[J]. 军民两用技术与产品,2007,(12):8.

[66] 黄敏超,胡小平,吴建军,等. 空间科学与工程引论[M]. 长沙:国防科技大学出版社,2006.

[67] 徐冰. 国外重力探测卫星的发展[J]. 国际太空,2015,(440):53-62.

[68] 康琦,胡文瑞. 微重力科学实验卫星——"实践十号"[J]. 中国科学院院刊,2016,31(5):574-580.

[69] Stsver D. Battlefield space[J]. Popular Science,2005,(11):11-13.

[70] 张明,于小红,苏宪程. 美军天基武器装备的发展及启示[J]. 装甲兵工程学院学报,2007,21(6):15-19.

[71] 张俊华,杨根,徐青. 微小卫星的现状及其在空间攻防中的应用[J]. 航天电子对抗,2008,24(4):14-17.

[72] 杨明,杨华,吴晓迪. 美国卫星系统防护技术研究[J]. 飞航导弹,2009,(6):31-35.

[73] 吴勤,范炳健. 美国空间对抗装备与技术发展研究[J]. 航天电子对抗,2008,24(1):20-23,49.

[74] 魏炳朝,向维. 军用卫星通信抗干扰技术研究[J]. 无线电通信技术,2008,34(1):15-18.

[75] 余文成,杨臻. 高能激光防护技术现状及应用前景[J]. 四川兵工学报,2008,29(1):14-16.

[76] 李勇,王晓,易明,等. 天基光电成像遥感设备面临的威胁及其对抗技术[J]. 红外与激光工程,2005,34(6):631-635.

[77] 郑同良. 军用卫星系统安全防护技术发展概况[J]. 航天电子对抗,2004,(2):5-9.

[78] 欧宁,刘映国. 空间机动平台在航天器维护保障中的应用前景[J]. 装备指挥技术学院学报,2008,19(4):47-50.

[79] 唐恩凌,张静. 等离子体隐身技术及发展现状[J]. 飞航导弹,2008,(5):13-15.

[80] 吴勤,高雁翎. 美国的空间对抗装备技术[J]. 中国航天,2007,(7):40-42.

[81] 林飞,刘晓恩. 作战及时响应空间——探索新的转型能力[J]. 中国航天,2007,(12):24-26.

[82] 朱毅麟. 新概念航天器——模块化分离式卫星[J]. 中国航天,2008,(8):37-38.

[83] Philip E. Nielsen. Effects of Directed Energy Weapons[M]. Library of Congress Cataloging-in-Publication Data,United States,1994.

[84] 薛海中. 新概念武器[M]. 北京:航空工业出版社,2009.

[85] 朱铁稳. 美国新概念武器发展综述[J]. 世界空军装备,2007,(5):17-23.

[86] 苗濛. 苏联天基激光武器的陨落[J]. 航空知识,2010,(5):29-31.

[87] 陆彦文,陆启生. 军用激光技术[M]. 北京:国防工业出版社,1999.

[88] 桑凤亭,金玉奇,多丽萍. 化学激光及其应用[M]. 北京:化学工业出版社,2006.

[89] 孙景文,李志民. 导弹防御与空间对抗[M]. 北京:原子能出版社,2004.

[90] 邓开发,陈洪,是度芳,等. 激光技术与应用[M]. 长沙:国防科技大学出版社,2001.

[91] 董小刚. 军用激光教程[M]. 北京:装甲兵工程学院,2006.

[92] Albrecht G F,George E V,Krupke W F,et al. High energy bursts from solid state laser operated in the heat capacity limited regime:USA,5526372[P]. 1996-06-11.

[93] Solid state heat capacity laser[J]. Science & Technology Review,2002,10:8-9.

[94] 贾伟. 美研制出67kW固体热容激光器[J]. 激光与红外,2007,37(8):702-704,711.

[95] LaFortune K N,Hurd R L,Fochs S N,et al. Technical challenges for the future of high energy lasers[A]. In:High Energy/Average Power Lasers and Intense Beam Applications[C]. Proc. of SPIE Vol. 6454, 2007,pp. 645400-1~645400-11.

[96] Albrecht G F,Suttom S B,George E V,et al. Solid-state heat capacity lasers[J]. Laser and Particle Beams,1998,16(4):605-625.

[97] 朱林泉,朱苏磊. 激光应用技术基础[M]. 北京:国防工业出版社,2004.

[98] (美)Mike Golio. 孙龙祥,赵玉洁,张坚,等,译. 射频与微波手册[M]. 北京:国防工业出版社,2006.

[99] Chang K,Sun C. Millimeter-wave power-combining techniques[J]. IEEE Trans. Microw. Theory Tech., 1983,31(2):97-107.

[100] 宋开军. 基于波导的微波毫米波空间功率合成技术研究[D]. 成都:电子科技大学电磁场与微波技术专业博士学位论文,2007.

[101] Harvey J,Brown E R,Rutledge D B,et al. Spatial power combining for high-power transmitters[J]. IEEE Microwave Magazine,2000,1(4):48-59.

[102] 惠钟锡. 高功率微波之合成[J]. 电子技术参考,1995,(4):283-284.

[103] 赵荣,侯德亭,郭杰,等. 高功率微波空间功率合成方法研究[J]. 信息工程大学学报,2007,8(4): 443-445,462.

[104] 姜志保,郑波,胡文华. 新概念武器的研究现状与发展趋势[J]. 飞航导弹,2005,(11):25-28.

[105] 万自明,陈定昌,殷兴良. 大气层内飞行的KKV关键技术分析综述[J]. 系统工程与电子技术, 1999,21(10):1-5.

[106] Zes D. EXO-atmospheric intercept with J2 correction[A]. AIAA 98-4305,AIAA Guidance,Navigation, and Control Conference and Exhibit,Boston,MA,Aug. 10-12,1998.

[107] 高大远,陈克俊,胡德文. 动能拦截器末制导控制系统建模与仿真[J]. 宇航学报,2005,26(4): 420-424,435.

[108] 刘旭蓉,王志安,陈凌云. 美国的动能武器发展现状[J]. 中国航天,2008,(6):41-44.

[109] 谷志军,陈磊. 大气层外动能拦截器顺轨拦截技术研究[J]. 宇航学报,2007,28(5):1195-1198.

[110] Vincent T L,Cottrell R G,Morgan R W. Minimizing maneuver advantage requirements for a hit-to-kill interceptor[A]. AIAA Guidance,Navagation and Control Conference and Exhibit,Aug. 5-11,2001.

[111] Lamontagne C G. Hypervelocity impact damage to polymer matrix composite structures in space[D]. Department of Aerospace Science and Engineering,University of Toronto,Canada,2003.

[112] Johnson N L,Krisko P H,Liou J-C,et al. NASA's New Breakup Model of EVOLVE 4.0[J]. Adv. Space Res.,2001,28(9):1377-1384.

[113] 李怡勇,沈怀荣. 航天器撞击解体模型比较分析[J]. 装备指挥技术学院学报,2009,20(5):56-62.

[114] Liou J-C,Hall D T,Krisko P H et al. LEGEND - A Three-dimensional LEO-to-GEO Debris Evolutionary Model[J]. Adv. Space Res.,2004,34:981-986.

[115] Michael O,Sebastian S,Carsten W et al. A revised approach for modelling on-orbit fragmentations[A]. AIAA/AAS Astrodynamics Specialist Conference and Exhibit. AIAA 2004-5221. 2004. 1-7.

[116] 洪海丽,倪淑燕,柴黎. 搭载有效载荷及其发展现状[J]. 中国航天,2014,(8):25-28.

[117] 汉京滨,张雅声,汤亚锋. 太空体系弹性研究现状[J]. 中国航天,2018,(7):28-32.

[118] 岳桢干. 美国空军拟于2016年验证商业搭载红外有效载荷后继技术[J]. 红外,2014,35(2):8.

[119] 李菲菲,胡敏,武瞰,等. "黑杰克"项目动向及应用前景分析[J]. 中国航天,2020,(9):57-61.

[120] 刘豪. 国外商业卫星搭载有效载荷发展研究[J]. 国际太空,2014,(1):24-30.

[121] 吴伟仁,周建亮,王保丰,等. 嫦娥三号"玉兔号"巡视器遥操作中的关键技术[J]. 中国科学:信息科学,2014,44(4):425-440.

[122] REILL J,SEDLMAYR H,NEUGEBAUER P,et al. MASCOT-asteroid lander with innovative mobility mechanism[J]. ASTRA,2015,(2):1-7.

[123] 朱天宜. 日本探测器向龙宫小行星投放漫游车和着陆器[J]. 中国航天,2018,(11):66-68.

[124] BINZEL R P,DEMEO F E,BURT B J,et al. Spectral slope variations for OSIRIS-REx target Asteroid (101955) Bennu:possible evidence for a fine-grained regolith equatorial ridge[J]. Icarus,2015,256:22-29.

[125] HERGENROTHER C,HILL D. The OSIRIS-REx target asteroids project:a small telescope initiative to characterize potential spacecraft mission target asteroids[J]. Minor Planet Bulletin,2013,40:164-166.

[126] REUTER D C,SIMON-MILLER A A. The OVIRS visible/IR spectrometer on the OSIRIS-REx mission [J]. 2012.

[127] HERGENROTHER C W,BARUCCI M A,BARNOUIN O,et al. The design reference asteroid for the OSIRIS-REx mission Target (101955) Bennu[J]. arXiv preprint arXiv,2014:1409.

[128] 邱成波,孙煜坤,王亚敏,等. 近地小行星采矿与防御计划发展现状[J]. 深空探测学报,2019,6(1):63-72.